高职高专"十二五"规划教材
——煤化工系列教材

煤化工安全与案例分析

谢全安　赵　奇　主编
杨庆斌　　　主审

化学工业出版社
·北京·

本书共分八章，主要以事故案例的形式分析了煤化工生产中各类事故发生的原因及预防措施，内容涉及火灾爆炸事故、电气安全与事故、压力容器安全与事故、毒物防护与事故、机械伤害及坠落事故、检修安全与事故、职业危害与防护、安全管理与事故应急救援等方面，并以实例的方式简要介绍了事故应急救援预案的编制。

本书可作为高职高专煤化工专业及部分本科相关专业的教材，也可作为煤化工生产管理人员的参考用书。

图书在版编目（CIP）数据

煤化工安全与案例分析/谢全安，赵奇主编．—北京：化学工业出版社，2011.8（2025.2重印）
高职高专"十二五"规划教材——煤化工系列教材
ISBN 978-7-122-11914-8

Ⅰ．煤…　Ⅱ．①谢…②赵…　Ⅲ．煤化工-安全生产-高等职业教育-教材　Ⅳ．TQ53

中国版本图书馆 CIP 数据核字（2011）第 144842 号

责任编辑：张双进	文字编辑：李姿娇
责任校对：吴　静	装帧设计：王晓宇

出版发行：化学工业出版社（北京市东城区青年湖南街13号　邮政编码100011）
印　　装：北京盛通数码印刷有限公司
787mm×1092mm　1/16　印张14　字数357千字　2025年2月北京第1版第7次印刷

购书咨询：010-64518888　　　　　　　　售后服务：010-64518899
网　　址：http://www.cip.com.cn
凡购买本书，如有缺损质量问题，本社销售中心负责调换。

定　价：38.00元　　　　　　　　　　　　　　　　　　　　　　　　版权所有　违者必究

前　言

煤化工生产过程中，存在着易燃易爆物、毒物、压力容器、电气火花、高温、机械车辆等很多不安全因素，若设计不当、安装不好、操作失误、设备未定期检修、生产管理不科学，就很有可能发生火灾、爆炸、中毒、机械伤害等事故。煤化工生产中还存在着尘毒、噪声、高温等职业危害，这些都给职工生命和国家财产带来很大威胁。随着煤的大规模气化及液化等新型煤化工技术的发展，易燃易爆物质种类增加，且多采用压力容器生产，危险因素更为复杂。

因此，煤化工从业人员应不断加强安全生产知识的学习，掌握防火、防爆、防毒、检修安全、压力容器安全等方面的安全技术以及安全管理、事故应急救援的知识，掌握防慢性中毒、防尘、噪声治理、振动消除、人体防护等职业卫生方面的知识，从而防止事故的发生，保护自身安全，保障煤化工装置的安全运行，减少国家及企业财产损失。

为便于教学，本书在介绍煤化工生产中火灾、爆炸、中毒、机械伤害等方面基本安全知识的基础上，编排了大量相关事故案例并详细分析了事故发生的原因及预防措施，还介绍了职业危害的防护知识及安全管理知识，最后以实例的形式阐明了事故应急救援的措施。

本书可作为高职高专煤化工专业的教材，也可作为煤化工安全生产管理人员的参考用书及培训教材，还可用作煤化工安全评价的参考资料。使用本书进行教学，可根据不同的专业和不同的课时选择教学内容，建议以50学时为宜。

全书共分八章。河北联合大学化工与生物技术学院谢全安编写第一、二、三、四、六章，煤炭科学研究总院北京煤化工分院赵奇编写第七、八章，河北联合大学化工与生物技术学院朱靖编写第五章。全书由谢全安负责统稿，曹妃甸京唐钢铁焦化部杨庆斌高级工程师担任本书的主审。

在本书的编写过程中，河北联合大学化工与生物技术学院李连顺、王杰平、孙元甲、白宁博、张国杰等同学帮忙进行收集整理事故案例的工作，在此对他们表示感谢！

限于编者水平，加上时间紧迫，书中不妥之处在所难免，敬请专家和广大读者批评指正。

编者
2011 年 6 月

目 录

第一章　火灾爆炸事故预防及案例分析 …… 1
　第一节　燃烧基础知识 …………………… 1
　　一、燃烧及燃烧条件 ………………… 1
　　二、燃烧形式 ………………………… 1
　　三、热值与燃烧温度 ………………… 5
　　四、燃烧速率 ………………………… 6
　第二节　爆炸基础知识 …………………… 7
　　一、爆炸及破坏作用 ………………… 7
　　二、爆炸的分类 ……………………… 8
　　三、爆炸极限 ………………………… 9
　　四、煤尘爆炸 ………………………… 13
　第三节　煤化工生产中火灾爆炸危险性
　　　　　分类 ……………………………… 14
　　一、可燃气体的火灾危险性分类 …… 15
　　二、可燃液体的火灾危险性分类 …… 15
　　三、固体、设备及房间的火灾危险性
　　　　分类 ……………………………… 15
　第四节　火灾爆炸事故的预防 …………… 15
　　一、火灾爆炸事故的原因 …………… 15
　　二、火灾爆炸事故的预防 …………… 16
　第五节　防火防爆安全装置 ……………… 21
　　一、阻火泄压装置 …………………… 21
　　二、测爆装置 ………………………… 26
　第六节　火灾爆炸事故的处理 …………… 27
　　一、灭火原理与方法 ………………… 27
　　二、灭火剂的种类及选用 …………… 28
　　三、消防设施 ………………………… 30
　　四、着火事故的处理 ………………… 33
　　五、爆炸事故的处理 ………………… 34
　第七节　烧烫伤事故预防 ………………… 34
　　一、焦炉作业烧烫伤事故 …………… 34
　　二、防范措施 ………………………… 35
　　三、烧烫伤的应急救护 ……………… 35
　第八节　火灾爆炸事故案例分析 ………… 35
　复习题 ……………………………………… 49

第二章　电气安全与事故案例分析 ……… 50
　第一节　电气防火防爆 …………………… 50
　　一、爆炸和火灾危险场所的区域划分 … 50
　　二、防爆电气设备的类型和标志 …… 51
　　三、防爆电气设备的选型 …………… 53
　　四、电气防爆的其他措施 …………… 54
　第二节　防雷技术 ………………………… 55
　　一、雷电的分类及危害 ……………… 55
　　二、常用防雷装置的种类与作用 …… 56
　　三、化工设施的防雷 ………………… 57
　　四、防雷装置的检查和电阻测量 …… 57
　第三节　静电防护技术 …………………… 58
　　一、静电的产生及危害 ……………… 58
　　二、静电的安全防护 ………………… 60
　第四节　用电安全技术 …………………… 62
　　一、电流对人体的作用 ……………… 62
　　二、电流对人体的伤害 ……………… 63
　　三、防止触电的技术措施 …………… 63
　　四、焦炉作业触电事故及预防 ……… 64
　　五、触电急救 ………………………… 64
　第五节　电气事故案例分析 ……………… 65
　复习题 ……………………………………… 68

第三章　压力容器安全与事故案例分析 … 69
　第一节　压力容器概述 …………………… 69
　　一、压力容器的分类 ………………… 69
　　二、压力容器的制造材料 …………… 71
　　三、压力容器的设计、制造和安装 … 71
　第二节　压力容器的定期检验 …………… 73
　　一、定期检验的要求 ………………… 73
　　二、定期检验的内容 ………………… 73
　　三、定期检验的周期 ………………… 74
　第三节　压力容器的安全附件 …………… 75
　　一、安全阀 …………………………… 75
　　二、防爆片 …………………………… 76
　　三、防爆门 …………………………… 76
　　四、压力表 …………………………… 77
　　五、液面计 …………………………… 77
　第四节　压力容器的安全使用 …………… 78
　　一、压力容器的使用管理 …………… 78
　　二、压力容器的操作与维护 ………… 79
　　三、压力容器破坏形式和缺陷修复 … 81
　　四、压力容器安全状况等级评定 …… 83
　第五节　压力管道 ………………………… 84
　　一、管道的标准 ……………………… 84

  二、高压管道操作与维护 …………… 86
  三、高压管道技术检验 ………………… 86
 第六节 蒸汽锅炉安全措施 ……………… 88
  一、锅炉简介 ……………………………… 88
  二、锅炉运行安全 ………………………… 88
  三、锅炉常见事故及处理 ………………… 89
 第七节 压力容器事故案例分析 ………… 91
 复习题 …………………………………………… 93

第四章 毒物防护与事故案例分析 …… 95
 第一节 中毒的概念 ………………………… 95
  一、职业中毒 ……………………………… 95
  二、毒性物质的毒理作用 ………………… 96
 第二节 毒物危害及中毒急救 …………… 97
  一、一氧化碳（CO） ……………………… 97
  二、苯类 …………………………………… 100
  三、萘（$C_{10}H_8$） …………………………… 102
  四、苯酚（C_6H_5OH） …………………… 102
  五、甲醇（CH_3OH） ……………………… 104
  六、二硫化碳（CS_2） …………………… 105
  七、吡啶（C_5H_5N） …………………… 106
  八、氨（NH_3） …………………………… 107
  九、硫化氢（H_2S） ……………………… 108
  十、氰化氢（HCN） ……………………… 109
  十一、二氧化硫（SO_2） ………………… 110
  十二、氮氧化物（NO_x） ………………… 110
 第三节 毒物的防护 ………………………… 110
  一、中毒事故的预防 ……………………… 111
  二、毒物泄漏处置 ………………………… 113
  三、中毒人员的搬运 ……………………… 114
  四、心肺复苏法简介 ……………………… 115
 第四节 毒物防护设施 ……………………… 119
  一、呼吸器 ………………………………… 119
  二、有毒气体报警仪 ……………………… 126
  三、高压氧舱 ……………………………… 127
 复习题 …………………………………………… 127

第五章 机械伤害及坠落事故预防 …… 129
 第一节 运转机械安全技术 ……………… 129
  一、运转机械的不安全状态 ……………… 129
  二、人的不安全行为 ……………………… 130
  三、运转机械安全防护 …………………… 131
 第二节 备煤机械安全 ……………………… 132
  一、卸煤及堆取煤机械 …………………… 132
  二、破碎机及粉碎机 ……………………… 133
  三、皮带运输机 …………………………… 134
 第三节 焦炉机械伤害事故预防 ………… 135

  一、焦炉机械的特点 ……………………… 135
  二、焦炉机械伤害事故 …………………… 135
  三、防范措施 ……………………………… 138
 第四节 坠落事故预防 ……………………… 139
  一、煤塔坠落及窒息事故预防 …………… 139
  二、焦炉坠落事故预防 …………………… 140
  三、化工高处作业安全 …………………… 141
  四、焦炉砌筑安全 ………………………… 142
 复习题 …………………………………………… 142

第六章 检修安全与事故案例分析 …… 144
 第一节 化工检修安全管理 ……………… 144
  一、检修的分类 …………………………… 144
  二、检修前的安全管理 …………………… 144
 第二节 装置安全停车 ……………………… 145
  一、停车操作 ……………………………… 146
  二、抽堵盲板 ……………………………… 146
  三、置换、吹扫和清洗 …………………… 146
  四、其他注意事项 ………………………… 147
 第三节 置换作业安全 ……………………… 147
  一、置换方法 ……………………………… 147
  二、置换方案及安全条件 ………………… 148
  三、停送煤气作业 ………………………… 149
  四、气柜置换作业 ………………………… 150
 第四节 动火作业安全 ……………………… 151
  一、动火作业管理 ………………………… 151
  二、置换动火安全 ………………………… 152
  三、带压不置换动火安全 ………………… 153
 第五节 设备内作业安全 …………………… 154
  一、设备内作业的管理 …………………… 154
  二、设备内作业安全要求 ………………… 155
 第六节 检修后安全开车 …………………… 156
  一、现场检查清理 ………………………… 156
  二、试车 …………………………………… 156
  三、开车前的安全检验 …………………… 156
  四、开车安全 ……………………………… 157
 第七节 焦炉烘炉、开工安全 …………… 157
  一、烘炉安全措施 ………………………… 157
  二、焦炉开工安全措施 …………………… 159
 第八节 煤气带压作业安全 ………………… 160
  一、煤气带压作业 ………………………… 160
  二、带压作业安全措施 …………………… 160
 第九节 泄漏处置对策 ……………………… 161
  一、管道及设备泄漏处理 ………………… 161
  二、管件泄漏处理 ………………………… 163
  三、水封及排水器漏气处理 ……………… 163

第十节　检修事故案例分析……………163
复习题……………………………………168

第七章　职业危害与防护　170
第一节　尘毒防护　170
一、多环芳烃的毒害作用…………………170
二、粉尘危害………………………………172
三、尘毒的防护……………………………173
第二节　高温辐射的危害与防护　174
一、高温辐射的危害………………………174
二、防止高温辐射的措施…………………175
第三节　噪声的危害与防护　175
一、声音的物理量…………………………175
二、噪声的来源及分类……………………176
三、噪声的危害及接触限值………………177
四、噪声控制………………………………177
第四节　振动的危害与防护　180
一、振动及其类型…………………………180
二、振动的危害……………………………180
三、振动控制………………………………180
第五节　电磁辐射危害与防护　181
一、电离辐射的危害与防护………………181
二、非电离辐射的危害与防护……………183
第六节　个人防护用品　184
一、头部、面部的防护……………………184
二、听觉器官的防护………………………184
三、足部的防护……………………………185
四、躯体的防护……………………………185
五、防坠落用具……………………………187
复习题……………………………………187

第八章　安全管理与事故应急救援　188
第一节　煤化工生产安全管理　188
一、安全生产管理的基本原则……………188
二、安全生产管理措施……………………188
第二节　安全生产管理制度　190
一、安全生产责任制………………………190
二、安全教育培训制度……………………192
三、安全检查及隐患整改制度……………194
四、安全技术措施计划管理制度…………195
五、事故管理制度…………………………195
第三节　事故应急救援　196
一、事故应急救援的基本原则和任务……197
二、事故应急管理的过程…………………197
第四节　事故应急救援预案　198
一、事故应急救援预案的作用……………198
二、事故应急救援预案的内容……………198
三、应急预案的演练………………………198
第五节　事故应急救援预案实例　199
一、企业基本情况…………………………199
二、危险目标的确定及事故应急处理……200
三、应急救援指挥部的组成、职责和分工……………………………………207
四、事故报警与应急通讯…………………208
五、应急救援保障…………………………208
六、培训与演练……………………………208
七、附件……………………………………208
复习题……………………………………208

附录　210
附录1　制气车间主要生产场所爆炸和火灾危险区域等级…………………210
附录2　焦化厂主要生产场所建筑物内火灾危险性分类…………………………211
附录3　焦化厂室内爆炸危险环境区域划分…………………………………212
附录4　工作场所有害因素职业接触限值…………………………………213
附录5　常用安全生产法律法规……………214
附录6　安全防护设施………………………216

参考文献　218

第一章 火灾爆炸事故预防及案例分析

传统的煤化工生产中，易燃易爆的物质主要为煤气、芳香烃、焦油各种馏分、甲醇等；以煤液化为主的新型煤化工生产中，其产物主要是易燃易爆的石脑油、汽油、柴油及甲烷等各种烃类。一旦这些易燃易爆物质由于各种原因发生泄漏，遇到火源，就会有着火的危险；达到爆炸极限，遇到火源，就会发生火灾爆炸事故。因此加强煤化工生产安全，防火防爆是首要问题。

第一节 燃烧基础知识

一、燃烧及燃烧条件

燃烧是可燃物质与助燃物质发生的一种发光发热的氧化反应，其特征是发光、发热、生成新物质。如煤的风化过程，虽属氧化反应，有新物质生成，但没有产生光和热，不能称其为燃烧；灯泡中灯丝通电后虽发光、发热，但未产生新物质，而不是氧化反应，也不能称之为燃烧。

可燃物质（一切可氧化的物质，如氢气、一氧化碳以及甲烷、苯等烃类）、助燃物质（氧化剂，如空气、氧气、氯气等物质）和火源（能够提供一定的温度或热量，如明火、静电火花、化学能等）是物质燃烧的三个基本条件，缺少其中的任何一个条件，燃烧均不会发生。对于正在进行的燃烧，只要充分控制三个条件中的任何一个，燃烧就会终止，这就是灭火的基本原理。

要使燃烧发生或继续维持，不仅必须同时具备燃烧三要素，而且还需满足其充分条件：

① 具备一定的可燃物浓度，可燃物浓度需达到着火极限或着火范围（即爆炸极限），否则不能燃烧。例如，氢气在常温常压的空气中浓度小于4%（燃烧极限）时就不能燃烧。

② 供给一定数量的氧化剂，否则燃烧不能进行。例如，当空气中的氧含量从21%降到14%～16%时，木柴的燃烧就会终止。

③ 具有足够温度的点火源或最小点火能。

二、燃烧形式

由于可燃物质的存在状态不同，因此它们的燃烧形式是多种多样的。根据燃烧的起因和剧烈程度的不同，燃烧分为闪燃、着火和自燃。

1. 闪燃与闪点

当火源接近易燃或可燃液体时，液面上的蒸气与空气混合物会发生瞬间（持续时间少于5s）火苗或闪光，这种现象称为闪燃。引起闪燃时的最低温度称为闪点。在闪点时，液体的蒸发速度并不快，蒸发出来的蒸气仅能维持一刹那的燃烧，还来不及补充新的蒸气，所以一闪即灭。从消防角度来说，闪燃是将要起火的先兆。某些可燃液体的闪点见表1-1。

混合物的闪点需实际测定。如粗苯是苯、甲苯、二甲苯的混合物，其闪点约为12℃，不同比例的混合物闪点不同，以实际测定为准；不同比例的甲醇-汽油闪点应介于甲醇和汽油闪点之间。某些固体，也能在室温下挥发或缓慢蒸发，因此也有闪点，如萘的闪点为78.9℃。

表 1-1 某些可燃液体的闪点

液体名称	闪点/℃	液体名称	闪点/℃
苯	-11.1	焦油	96~105
甲苯	4.4	焦化轻油	28~58
粗二甲苯	28.3~46.1	酚油	>120
邻二甲苯	72.0	萘油	78
间二甲苯	25.0	洗油	100
对二甲苯	25.0	蒽油	140
乙苯	21.1	沥青	232
三甲苯	50	萘	80
苯乙烯	31.1	蒽	121
二硫化碳	-30	醋酸	38
吡啶	20	醋酐	49
甲基吡啶	39~57	脱酚酚油	45
苯酚	79.4	间-对甲酚	94.44
二甲酚	127.2~165	喹啉	99
汽油	-42.8	二甲醚	-41.4
煤油	28~58	石脑油(也称轻油,不同于焦化轻油)	-2
甲醛	32	轻柴油	>55
甲醇	16(开口),12(闭口)	重柴油	>120
乙醇	14	煤油	28~45
醋酸甲酯	-10	乙二醇	116

在化工生产中,可根据各种可燃液体闪点的高低来衡量其危险性,即闪点越低,火灾的危险性越大。通常把闪点低于45℃的液体,称为易燃液体;把闪点高于45℃的液体,称为可燃液体。

2. 着火与着火点

当温度超过闪点并继续升高时,若与火源接触,不仅会引起易燃物质与空气混合物的闪燃,而且会使可燃物燃烧。这种当外来火源或灼热物质与可燃物接近时,产生持续燃烧的现象叫着火。使可燃物质持续燃烧5s以上时的最低温度,称为该物质的着火点或燃点,也叫着火温度、火焰点。一般燃点比闪点高出5~20℃,易燃液体的燃点与闪点很接近,仅差1~5℃;可燃液体,特别是闪点在100℃以上时,两者相差30℃以上。一些常见可燃气体的着火温度可见表1-2。

表 1-2 一些可燃气体的着火温度(常压空气中)

可燃气体名称	着火温度/℃	可燃气体名称	着火温度/℃
氢	510	焦炉煤气	550~650
一氧化碳	610	高炉煤气	700~800
甲烷	645	转炉煤气	530
乙烷	530	发生炉煤气	650~700
乙烯	540	水煤气	550
乙炔	335	连续直立炭化炉煤气	560~600

3. 自燃与自燃点

自燃是可燃物质自行燃烧的现象。可燃物质在没有外界火源的直接作用下,常温下自行发热,或由于物质内部的物理、化学或生物反应过程所提供的热量聚积起来,使其达到自燃温度,从而发生自行燃烧。可燃物质发生自燃的最低温度称为自燃点,自燃点越低,则火灾危险性越大。

自燃又可分为受热自燃和自热自燃。受热自燃是指可燃物质在外界热源作用下，温度升高，当达到自燃点时，即着火燃烧。如化工生产中，可燃物由于接触高温表面、加热和烘烤过度、冲击摩擦，均可导致自燃。自热自燃是某些物质在没有外来热源影响下，由于本身产生的氧化热、分解热、聚合热或发酵热，如煤的缓慢氧化过程，使煤的温度上升，达到自燃点而燃烧的现象。某些可燃物质的自燃点见表1-3。

表 1-3 某些可燃物质的自燃点

液体名称	自燃点/℃	液体名称	自燃点/℃
苯	555	焦油	580～630
甲苯	535	萘	526
邻二甲苯	463	蒽	590
间二甲苯	525	洗油	478～480
对二甲苯	525	沥青	270～300
乙苯	430	醋酐	315
三甲苯	485	乙二醇	412
苯乙烯	410	喹啉	480
二硫化碳	102	二甲醚	350
吡啶	482	汽油	280
甲基吡啶	538	石脑油	500 左右
苯酚	715	轻柴油	350～380
二甲酚	515	重柴油	300～330
甲醛	430	煤油	380～425
甲醇	455	蜡油	300～380
乙醇	422	渣油	230～240
醋酸甲酯	502	硫黄	250
甲胺	430	氨	651

(1) 自燃点与燃点的概念区别

自燃点是可燃物质由于自身化学反应、物理作用等产生的热量而升温到无需外来火源就能自行燃烧的温度。燃点（即着火点或着火温度）是可燃物质在某一点（或局部）被外来火源引燃后，将火源移去仍能保持继续燃烧的最低温度。两者最大的差别在于燃烧发生时有无明火直接作用。自燃点和燃点的关系与可燃物质的状态有关。

可燃液体的燃烧一般是由于受热汽化形成蒸气以后，按可燃气体的燃烧方式进行的，并不是液体本身在燃烧。例如，车用汽油在－38～－25℃时，有外来火源就能引起着火，这是因为在该温度下车用汽油蒸发出的可燃蒸气与空气混合，在某一点被火源点燃，撤走火源，其燃烧释放出的热量足以维持燃烧的继续。而在无外来火源的情况下，外来热源对其可燃蒸气与空气的混合气体加热，混合气体由于对流，受热比较均匀，直至温度达到引起燃烧的温度（即外来火源引燃混合气体时引燃处的最低温度），才能自行燃烧。因而，可燃液体的自燃点一般都比燃点高。

可燃固体燃烧情况很复杂，可分为三种方式：受热后先熔化，再蒸发产生蒸气，并分解、氧化燃烧；受热时直接分解析出气态产物再氧化燃烧；无火焰的表面燃烧。由于燃烧方式的多样性，加之固体形状差异较大，所以可燃固体燃点与自燃点的关系比较复杂。以木材燃烧为例，木材遇到外来火源时受热升温，110℃以下只能放出水分，130℃时开始分解，150～200℃分解出的主要是水和二氧化碳，并不能燃烧，200℃以上分解出一氧化碳、氢气和碳氢化合物，295℃时开始燃烧，移去火源后，燃烧继续。若木材由外界加热，其化合物随着温度的升高分解、碳化，到250℃时不需火源就出现火焰，并燃烧起来。

对于可燃气体，其自燃点受可燃气体浓度的影响很大。可燃气体只有在一定浓度范围内才能燃烧，并且处于反应化学计量比时的自燃点最低。在通常情况下，都是采用反应化学计量比时的自燃点作为标准自燃点。虽然可燃气体自燃点的数据比较齐全，但却找不到与燃点相关的数据资料。有些人认为可燃气体的燃点与自燃点是同一温度，这一说法并不很科学，比如，乙炔常温下就能被点燃，那么在零下几度甚至零下几十度还能燃烧吗？这些都还有待于通过实验获得可靠的数据，况且气体的燃点还受限于点火源的能量，因此，表1-2通常称为可燃气体的着火温度，实际上严格地说是可燃气体的自燃点。

（2）煤的储存安全

煤堆容易自燃，是由于煤堆内部接触空气所发生的氧化反应引起的，氧化反应产生的热量不能散发出来，因而又加速了煤的氧化。这样使热量逐渐积聚在煤堆里层，促使煤堆内部温度不断升高，当温度达到煤的燃点时，煤堆就会自行着火。煤的着火点高低主要与煤化程度有关，一般规律是挥发分越高的煤，着火点越低，所以从不同煤化程度的煤来看，以泥炭的燃点最低，其次是褐煤和烟煤，无烟煤的燃点最高。在烟煤中，以煤化程度最低的长焰煤和不黏煤的燃点为最低，其次是气煤、肥煤和焦煤，瘦煤和贫煤的燃点最高。各牌号煤的燃点范围见表1-4。

表1-4 一些煤的自燃点（常压空气中）

煤　种	自燃点/℃	煤　种	自燃点/℃
泥炭	<250	肥煤	320～360
褐煤	270～310	焦煤	350～370
长焰煤	275～320	瘦煤	350～380
不黏煤	280～305	贫煤	360～385
弱黏煤	310～350	无烟煤	370～420
气煤	300～350	焦炭	550～650

另一种自燃原因是煤与水蒸气相遇，由于煤本身有一种吸附能力，水蒸气能在它表面凝结变成液体状态，并析出热量，当煤堆达到一定的温度后，再因氧化作用，温度会继续升高达到煤的自燃点，发生自行着火。

这两种情况在煤堆的自行着火过程中是相互进行的，因此，在储存煤时要采取安全措施，不可麻痹大意。储存煤的防火要求如下。

① 煤堆不宜过高过大，煤堆的储存高度可按表1-5执行。

表1-5 煤堆储存时间及高度要求

煤的种类	储存期限/月	煤堆高度/m		煤堆宽度/m	煤堆长度/m
		2月以下	2月以上		
褐煤	1.5	2～2.5	1.5～2	<20	不限
烟煤	3	2.5～3.5	2～2.5	<20	不限
瘦烟煤	6	3.5	2.5	<20	不限
无烟煤	6	不限	不限	不限	不限

② 煤堆应层层压实，减少与空气的接触面，减少氧化的可能性，或用多洞的通风孔散发煤堆内部的热量，使煤堆经常保持在较低的温度状态。

③ 较大的煤仓中，煤块与煤粉应分别堆放。

④ 经常检查煤堆温度，自燃一般发生在离底部1/3堆高处，测量温度时应在此部位进

行。如发现煤堆温度超过65℃，应立即进行冷却处理。

⑤ 室内储煤最好用阻燃材料建造的库房，室内要保持良好通风，煤堆高度离房顶不得少于1.5m。

⑥ 为使煤堆在着火之初能及时扑灭，煤仓应有专用的消防水桶、铁铲、干沙等灭火工具。

⑦ 如发现煤堆已着火，不能直接往煤堆上浇水进行扑灭，因水往往浸透不深，并可产生水蒸气，会加速燃烧，如果用大量的水能将煤淹没，可用水扑救。一般都是将燃烧的煤从煤堆中挖出后，再用水浇灭。此外，还可用泥浆水灌救，泥浆可在煤的表面糊上一层泥土，阻止煤堆继续燃烧。在扑灭煤堆火时，应注意防止煤堆塌陷伤人。

(3) 焦炉煤气管道沉积物自燃

焦炉煤气中的氧含量为0.4%～0.6%，在金属表面上会形成相应的氧化物，而金属氧化物会与煤气中的硫化氢反应，煤气中的硫化氢还会与铁反应：

$$Fe_2O_3 + 3H_2S \longrightarrow Fe_2S_3 + 3H_2O$$

$$Fe + H_2S \longrightarrow FeS + H_2 \uparrow$$

从上面反应可看到，运行的煤气管道内存在大量的铁的硫化物Fe_2S_3和FeS，在进行煤气作业时，硫化物会与空气中的氧气接触，又发生下面的化学反应：

$$2Fe_2S_3 + 3O_2 \longrightarrow 2Fe_2O_3 + 6S \downarrow$$

$$4FeS + 3O_2 \longrightarrow 2Fe_2O_3 + 4S \downarrow$$

上述反应为放热反应，一般情况下，如果硫化物比较致密，氧气不能进入其内部，不会形成热量积聚，仅在其表面生成黄色的晶体，即硫单质。如果铁的硫化物比较松散，氧气极易与其内部接触反应置换出单质硫，产生大量的热能瞬时积累，使得局部温度瞬时升高，达到硫的着火点后，就会导致硫的燃烧而自燃。抽堵盲板时煤气一旦与其接触就会发生着火；如果是煤气置换时煤气与空气混合气达到爆炸极限，一旦与其接触即可发生爆炸。在较长时间停运的煤气管道中发现过这种现象，因此，硫化物是煤气安全生产的"隐形杀手"。从某厂对焦炉煤气管道内沉积物的分析结果看，萘含量为17.85%，其自燃点为526℃；硫化亚铁含量为15.77%；单质硫含量为36.8%，其自燃点为250℃；存在少量的煤焦油，其着火温度为220℃。硫化亚铁被氧化后放热使能量聚积，而硫的自燃温度又很低，可引燃煤焦油及萘等可燃物。

三、热值与燃烧温度

1. 热值

单位质量或单位体积的可燃物质完全烧尽时所放出的热量称为该物质的热值。热值也叫发热量，是表示燃料优劣的重要指标之一，也是决定燃烧温度的主要因素。以煤气为例，$1Nm^3$煤气完全燃烧所放出的热量称为煤气的热值，单位为kJ/m^3。N指标准状态，即处于0℃，一个标准大气压时的状态。

热值可分为高热值和低热值。高热值是指$1Nm^3$煤气完全燃烧后其烟气被冷却至原始温度，而其中的水蒸气以凝结水状态排出时所放出的热量；低热值是指$1Nm^3$煤气完全燃烧后其烟气被冷却至原始温度，但烟气中的水蒸气仍为蒸汽状态时所放出的热量。高、低热值之差实际为水的气化潜热。通常用低热值表示煤气的发热量。

煤气的热值既可以通过实验来测定，也可以根据煤气中各可燃成分的比例算出。不同种类的煤气具有不同的热值。煤气的低热值可以按下式计算：

$$Q_{低} = Q_1 X_1 + Q_2 X_2 + Q_3 X_3 + \cdots$$

式中　Q_1，Q_2，Q_3——各可燃成分的热值，kJ/m^3；

X_1，X_2，X_3——各可燃成分在煤气中的百分数。

煤气中一些可燃成分的低热值如下：CO 为 12730kJ/m³；H_2 为 10840kJ/m³；CH_4 为 35840kJ/m³。

煤气热值的大小主要取决于煤气中所含的可燃成分（CO、H_2、CH_4、C_mH_n）和惰性成分（N_2、CO_2、O_2）的含量。煤气按热值大小（指低热值）可分为三种：热值在 14651kJ/m³ 以上时，为高发热值煤气，如焦炉煤气（热值 16747～18003kJ/m³）、直立炭化炉煤气（热值 16957kJ/m³）；热值在 6279～14651kJ/m³ 时为中发热值煤气，如转炉煤气（热值 6280～8374kJ/m³）和铁合金炉煤气（热值 10467kJ/m³）；热值在 6279kJ/m³ 以下时，为低发热值煤气，如高炉煤气（热值 3349～4187kJ/m³）和发生炉煤气（热值 3768～6280kJ/m³）。

2. 燃烧温度

物质燃烧时的火焰温度叫做燃烧温度。可燃物的种类、成分、燃烧条件和传热条件等都能影响燃烧温度。燃烧温度实际为燃烧时燃烧产物所能达到的温度，而燃烧产物中所含热量的多少，取决于燃烧过程中热量的收入和支出。一些煤气的理论燃烧温度分别为：焦炉煤气 2150℃左右；发生炉煤气 1300℃左右；炭化炉煤气 1990～2000℃；高炉煤气 1500℃左右；转炉煤气理论的燃烧温度比高炉煤气高；铁合金炉煤气的理论燃烧温度比转炉煤气稍高。

四、燃烧速率

燃烧速率亦称为正常火焰传播速率，用来表示可燃物燃烧的快慢。

1. 气体燃烧速率

气体燃烧速率是指单位时间内燃烧物质表面的火焰沿垂直于表面的方向向未燃烧部分传播的距离，m/s。它也是单位时间内在单位火焰面积上所烧掉的气体的体积，其单位可写作 m³/(m²·s)。

管道中气体的燃烧速率与管径有关。当管径小于某个小的量值时，火焰在管中不传播；若管径大于这个小的量值，火焰传播速率随管径的增加而增加，但当管径增加到某个量值时，火焰传播速率便不再增加，此时即为最大燃烧速率。

燃烧速率的大小，还与可燃气体种类、浓度、压力、温度等条件有关。

① 可燃气体成分中碳、氢、硫、磷等可燃元素的相对含量越多，燃烧速率越快。

② 混合气中惰性气体浓度增加时，火焰传播速率降低；惰性气体的热容越大，火焰传播速率降低越快，甚至会使火焰熄灭。

③ 可燃气体混合物起始温度越高，燃烧后放热越多，火焰传播速率越快。

④ 燃烧速率与混合物中可燃气体的浓度有关。从理论上讲，火焰传播速率应在化学计量比时达到最大值。但实际测试表明，火焰传播的最大速率并不是在混合气中可燃气体与氧化剂按化学计量比燃烧时的速率，而是在可燃气体浓度稍高于化学计量比燃烧时的速率。

⑤ 与火焰传播方向有关，一般是向上最快，横向次之，向下最慢。

常见的一些可燃气体的最大燃烧速率见表 1-6。

2. 液体燃烧速率

液体燃烧速率取决于液体的蒸发。包括以下两种表示方法。

(1) 质量速率

指在每平方米可燃液体表面，每小时烧掉的液体的质量，kg/(m²·h)。

(2) 直线速率

表 1-6　一些可燃气体与空气混合物的最大燃烧速率

燃气种类	燃烧速率/(cm/s)	混合比/%	燃气种类	燃烧速率/(cm/s)	混合比/%
一氧化碳	45.0	51.0	丙烷	39.0	4.54
氢	270	43.0	乙烯	38.6	2.26
甲烷	33.8	9.96	乙炔	163	10.2
乙烷	40.1	6.28	苯	40.7	3.34

指每小时烧掉可燃液层的高度，单位为 m/h。火焰沿液面蔓延的速率决定于液体的初温、热容、蒸发潜热以及火焰的辐射能力。

3. 固体燃烧速率

固体燃烧速率取决于燃烧比表面积，即燃烧表面积与体积的比值越大，燃烧速率越大，反之，则燃烧速率越小。

第二节　爆炸基础知识

一、爆炸及破坏作用

爆炸是物质发生急剧的物理、化学变化，在瞬间释放出大量能量并伴有巨大声响的过程。爆炸常伴随发热、发光、高压、真空、电离等现象，并具有很大的破坏作用。爆炸的一个本质特征是爆炸点周围介质压力的急剧升高，这种压力突跃变化，是产生爆炸破坏作用的直接原因之一。

爆炸现象一般具有如下特征：爆炸过程进行得很快；爆炸点附近瞬间压力急剧升高；发出或大或小的响声，很多还伴随有发光；周围介质发生振动或邻近物质遭受破坏。爆炸的主要破坏作用形式有以下几种。

(1) 碎片打击

机械设备、装置、容器、建筑等爆炸以后，变成碎块或碎片飞散出去，会在相当广的范围内造成危害。碎片飞散范围通常是 100～500m，也可更远。快速飞行的碎片对人具有杀伤力，对阻挡物具有破坏作用。

(2) 冲击波

物质爆炸时，产生的高温高压气体以极高的速度膨胀，挤压周围空气，把爆炸反应释放出的部分能量传递给压缩的空气层，空气受冲击而发生扰动，使其压力、密度等产生突变，这种扰动在空气中传播就称为冲击波。冲击波最初出现正压力，而后又出现负压力（气压下降后的空气振动，产生吸引作用），正、负压交替产生，在它作用的区域内产生震荡作用。冲击波的传播速度极快，方向随时随地而变，防不胜防。

冲击波的冲击破坏作用，主要是由其波阵面上的超压引起的。在爆炸中心附近，空气冲击波波阵面上的超压可达几至十几个大气压，致使人员伤亡，机械设备、管道等遭受严重破坏。当冲击波大面积作用于建筑物时，波阵面超压在 20～30kPa 内，就足以使大部分砖木结构建筑物受到强烈破坏；超压在 100kPa 以上时，除坚固的钢筋混凝土建筑外，其余部分将全部破坏。另外，冲击波的震荡作用，可使物体因震荡而松散，甚至破坏。

(3) 造成火灾

通常爆炸气体在极短的瞬间扩散，对一般可燃物质不足以造成起火燃烧，甚至有时冲击波还能起到灭火作用。但遗留的大量热能或残余火种，会把从破坏的设备内流出的可燃气体或易燃、可燃液体的蒸气点燃，加重爆炸的破坏程度。

（4）造成中毒和环境污染

很多爆炸性气体不仅可燃，而且有毒，爆炸时可引起大量有毒有害物质外泄，造成人员中毒和环境污染，形成二次或长期灾害。

二、爆炸的分类

1. 按爆炸能量来源不同分类

（1）物理爆炸（又称为爆裂）

物理爆炸是指物质的物理状态（如温度、压力等）发生急剧变化而引起的爆炸。例如蒸汽锅炉、压缩气体、液化气体过压等引起的爆炸都属于物理爆炸。物质的化学成分和化学性质在物理爆炸后均不发生变化。

因设备内的液体或气体介质迅速膨胀，压力急剧上升并超过设备所能承受的强度，致使容器破裂而发生的爆炸，也属于物理爆炸。如煤气发生炉的物理爆炸，就是煤气发生炉蒸汽水套发生的爆炸。往往是由于受压设备（蒸汽水套）所承受压力超过机械强度限度，或由于蒸汽水套的金属材料受热过度、腐蚀失修而机械强度降低所致。

此类事故多是蒸汽水套严重缺水（缺水事故大多是由于设备事故或是操作者失误造成）又突然进水导致爆炸。因为水套缺水后，水套钢板干烧过热，甚至燃红，使强度大大下降；另一方面，过热的钢板温度与给水温度相差极为悬殊，钢板先接水的部位因遇冷急剧收缩而龟裂，在蒸汽压力的作用下，龟裂处随即裂成大口造成爆炸。

另外，蒸汽水套钢板的锈蚀和结垢也可以造成蒸汽水套的爆炸事故。因为一般钢板的热导率为 $46.53W/(m·K)$，当蒸汽水套钢板表面有水垢时传热量大大减小，水垢的热导率为钢板的 $1/20$，而烟灰垢为钢板的 $1/200$，这样特别容易造成蒸汽水套钢板的过热。锈蚀又可造成蒸汽水套钢板壁的苛性脆化而龟裂。这种裂纹最初相当细微，但发展很快，在水套内蒸汽压力作用下和炉内高温条件下裂纹会在瞬间迅速扩大撕裂，最终造成爆炸事故。

凡属物理爆炸事故一般都是两次爆炸，可以听到两响，先是一声闷响，在 $1\sim 2s$ 后又是一声巨响。这类事故的主要原因是蒸汽水套内的压力超过了水套环形焊缝和水套壁所能承受的压力而使焊接缝及钢板破坏；水套内壁破坏后，水套内大量的水涌向炉内遇到炽热的燃料层，产生蒸汽和水煤气形成二次爆炸。二次爆炸的能量远远大于一次爆炸的能量。但这类事故容易事先被操作者发现，可以防止其发生，因为蒸汽水套是由锅炉钢板制成的，具有塑性，爆炸之前先有明显的变形，操作者在事先可听到炉鸣（在事故前几分钟都不同程度地听到炉鸣），如能及时放汽降压，完全可避免爆炸事故的发生。

（2）化学爆炸

化学爆炸是指物质发生急剧化学反应，生成一种或多种新物质，产生大量的气体和热能，体积迅速扩大几十或几百倍，瞬间形成高温高压而引起的爆炸，物质的化学成分和化学性质在爆炸后均发生了质的变化。如可燃气体、可燃液体蒸气和可燃粉尘与空气混合物的爆炸等。发生化学爆炸必须具备三个条件：反应过程的放热性，反应过程的高速度，反应过程生成气态产物。

（3）核爆炸

核爆炸是指由原子核反应引起的爆炸。如原子弹、氢弹、中子弹的爆炸。

2. 按所发生的化学变化分类

（1）简单分解爆炸

简单分解爆炸是简单分解爆炸物自身分解并放热而引起的爆炸。简单分解爆炸发生的化学反应是分解反应，不发生燃烧反应。

这类爆炸物大多是具有不稳定结构的化合物，爆炸所需热量可由自身分解时产生。如乙炔银（Ag_2C_2）、碘化氮（NI_3）、高压乙炔等，这类物质爆炸危险性很大，受到摩擦、撞击甚至轻微振动，即可能引起爆炸。

(2) 复杂分解爆炸

复杂分解爆炸是物质分子在分解反应的同时伴随有自身氧化还原反应的燃烧爆炸，燃烧所需的氧化剂由本身分解供给。含氧炸药（如苦味酸、TNT、硝化棉等）的爆炸即属此类，这类物质的危险性比简单分解爆炸物稍低。

(3) 爆炸性混合物爆炸

爆炸性混合物爆炸是可燃气体、可燃蒸气、薄雾、可燃粉尘（如煤尘）或纤维单独或共同与氧化剂（如空气）按一定比例混合为爆炸性混合物，在点火源作用下，通过瞬间的燃烧反应而发生的爆炸。与一般气体燃烧过程相比，主要区别在于其燃烧速率极快。

可燃气体、可燃蒸气、可燃粉尘爆炸必须同时具备三个要素，即可燃物、空气（氧气）和火源（或高温）。以上三个条件缺一不可，是互相制约的，同时也是互相联系的。"缺一不可"是指相互制约的一面；"三个条件同时具备"就有可能发生爆炸，是指相互联系的一面。

煤尘爆炸是煤尘粒子表面和氧作用的结果。当煤尘表面达到一定温度时，由于热分解或干馏作用，煤尘表面会释放出可燃气体，这些气体与空气形成爆炸性混合物，而发生煤尘爆炸，因此煤尘爆炸的实质是气体爆炸。

3. 按传播速度分类

(1) 爆燃

预混的可燃气体着火时，火焰传播速度较慢，几乎不产生压力和爆炸声响，这种情况称为缓燃。而当燃烧速度很快时，将可能产生压力波和爆炸声，这种情形称之为爆燃。爆燃为亚音速流动，一般速度为 0.3~10m/s。

(2) 爆轰

在密闭容器中的可燃混合气体一旦着火，火焰便在整个容器中迅速传播，使整个容器中充满高压气体，压力在短时间内急剧上升，形成爆炸，而当其内部压力超过初压的 10 倍时，会产生爆轰。爆轰为超音速的流动，其传播速度为每秒 1000m 至数千米以上。爆轰突然引起极高的压力，其传播是通过超音速的冲击波，燃烧也落在它的后面，冲击波能远离爆轰地而独立存在，并能诱发该处的爆炸性气体混合物、其他炸药的爆炸，称为殉爆。

三、爆炸极限

1. 爆炸极限的概念

可燃气体、液体蒸气及粉尘与空气的混合物，并不是在任何组成下都可以燃烧或爆炸，而且燃烧（或爆炸）的速率也随组成而变。通常把发生爆炸的浓度称作爆炸极限。爆炸极限通常用体积分数来表示，其中可能发生爆炸的最低浓度称为爆炸下限，最高浓度称为爆炸上限，在爆炸下限至爆炸上限之间的燃气浓度范围就是爆炸极限或称爆炸极限范围，这种混合气体就是爆炸性混合气体。

高于上限或低于下限的混合气体遇引爆能量不会发生爆炸，所以不是爆炸性混合气体。低于下限的混合气体中有大量的空气，而可燃气体不足，所以既不会燃烧，也不会爆炸；高于上限的混合气体中有大量的可燃气体，所以能够燃烧，也不会发生爆炸。只有在这两个浓度之间才有爆炸危险。一些物质和某些煤气的爆炸极限见表 1-7 和表 1-8。

表 1-7　一些物质的爆炸极限（空气中）

物质名称	爆炸极限(体积分数)/%		物质名称	爆炸极限(体积分数)/%	
	下限	上限		下限	上限
一氧化碳	12.5	74.2	丙烷	2.4	9.5
氢气	4.0	74.2	丙烯	2.0	11.1
甲烷	5.0	15.0	苯	1.2	8.0
乙烷	3.0	15.5	甲苯	1.2	7.0
乙烯	2.7	28.6	邻二甲苯	1.0	7.6
乙炔	2.5	80.0	氨	15.0	27.0
二硫化碳	1.2	50.0	氰化氢	5.6	40.0
硫化氢	4.3	45.5	甲醇	6.7	36.5
乙苯	1.27	7.0	乙醇	3.3	18.9
三甲苯	1.1	6.4	醋酸甲酯	3.2	15.6
苯乙烯	1.1	6.1	醋酸	4.0	17
吡啶	1.8	12.4	醋酐	2.67	10.13
甲基吡啶	3.5	19	二甲醚	3.45	26.7
苯酚	3.3	19	石脑油	1.2	6.0
汽油	1.4	7.6	轻柴油	1.5	4.5
轻油	1.2	6.0	煤油	0.7	5.0
酚油	3.3	19.0	萘	0.9	5.9
甲醛	7.0	73	乙二醇	3.2	15.3

表 1-8　一些煤气的爆炸极限（空气中）

煤气名称	爆炸极限(体积分数)/%		煤气名称	爆炸极限(体积分数)/%	
	下限	上限		下限	上限
焦炉煤气	4.5	35.8	无烟煤发生炉煤气	15.5	84.4
高炉煤气	30.8	89.5	水煤气	6.9	69.5
转炉煤气	18.2	83.2	铁合金煤气	10.8	75.1
烟煤发生炉煤气	14.6	76.8	直立炭化炉煤气	7.0	56.0
天然气	4.5	13.5	LPG	1.5	9.5

根据爆炸极限可以知道它们的危险程度。

① 爆炸范围越大，其危险性越大，如氢气的爆炸极限范围比氨大5倍多，说明氢气危险性比氨大得多。

② 爆炸下限越低，危险性越大，如焦炉煤气稍有泄漏容易进入下限范围，应特别防止跑、冒、滴、漏，防止其达到爆炸下限。

③ 如爆炸上限较高的可燃气体，也只需不多的空气进入设备和管道中，就能进入爆炸范围，所以应特别注意设备的密闭和保持正压，严防空气进入。

因此，爆炸极限可作为制定安全生产操作规程的依据，在生产和使用可燃气体的场所，根据其爆炸极限及其他理化性质，采取相应的防爆措施，如通风、惰性气体稀释、置换、检测报警等，以保证生产场所可燃气体浓度严格控制在下限以下。

2. 爆炸极限的影响因素

(1) 初始温度

可燃性混合气的初始温度升高，会使反应物分子的活性增大，使爆炸反应容易发生。因此初始温度越高，爆炸极限范围就越宽，即下限降低，上限升高。

由25℃时的爆炸极限可以算出 t℃时的爆炸极限，根据 Burgess-Wheeler 法则，Zabetakis 等人给出如下修正式：

$$L_t = [1 \pm 0.000721(t-25)] \times L_{25}$$

式中　L_t——t℃时的爆炸上限或下限；

　　　L_{25}——25℃时的爆炸上限或下限。

（2）初始压力

一般来说，压力增高，爆炸极限范围扩大，这是因为系统压力增高，使分子间距缩小，碰撞概率增加，燃烧反应更容易进行。从实验得知，压力增高时，爆炸下限降低不大明显，而爆炸上限增加较多，因此爆炸极限范围增大。而压力降低，爆炸极限范围缩小，当压力降到某值时，下限与上限重合，此时对应的压力称为爆炸的临界压力。若压力降到临界压力以下，则混合气不会爆炸，因此，在密闭容器中进行负压操作，对安全生产是有利的。

（3）惰性气体或杂质

在可燃混合气中加入惰性气体，会使爆炸极限范围缩小，当惰性气体含量达到某一浓度时可使混合气不爆炸。这是因为加入的惰性气体，可在可燃气分子与氧分子之间形成一道屏障；当活化分子撞击惰性气体分子时，会减少或失去活化能，使反应链中断；若已经着火，惰性气体还可吸收放出的热量，对燃烧起到抑制作用。

一般来说，随着水分的增加，爆炸范围会缩小。这是因为湿气蒸发会吸热和吸收辐射能量，并部分地阻止燃烧反应，而且爆炸性混合气加上水蒸气，就像加入稀释剂，会影响燃烧特性。但也有例外，如当一氧化碳与空气的混合物经过仔细干燥后，点火不会发生爆炸，而加入很小的含湿量后，点火就会产生移动的火焰面；随着含湿量的增加，火焰蔓延速度也增加，大约在 6% 附近，火焰速度达到最大值；再增加含湿量，速度就会下降。这是因为水分子中的羟基参加了一氧化碳燃烧的链反应。

当煤气中有煤尘和焦油存在时，也能使煤气爆炸极限增大。

（4）点火源

增加点火源的能量、增大火源的表面积和延长火源与混合物的接触时间，都会使可燃气爆炸范围增大。

对于一定浓度的爆炸性混合物，都有一个引爆该混合物的最低能量，浓度不同，引爆的最低能量也不同。能引起爆炸性混合物燃烧爆炸时所需的最小能量称为最小点火能（或最小引爆能），表 1-9 列出了部分可燃混合气体的最小点火能。

表 1-9　部分可燃混合气体的最小点火能

气体	体积分数/%	最小点火能/mJ	气体	体积分数/%	最小点火能/mJ
氢气	29.5	0.019	丙烯	4.44	0.282
甲烷	8.50	0.280	乙炔	7.73	0.020
乙烷	6.00	0.310	苯	2.71	0.55
乙烯	6.52	0.096	硫化氢	12.2	0.077
丙烷	4.02	0.310	氨	21.80	0.77

（5）容器

若容器材质的导热性好，尺寸又小到一定程度，器壁的热损失较大，自然就降低了混合气分子的活性，导致爆炸范围缩小。有文献报道，当散出热量等于火焰放出热量的 23% 时，火焰即会熄灭。

实验证明，容器尺寸越小，爆炸范围越窄。这可从器壁效应得到解释：燃烧持续不断的条件是新生的自由基的数量必须等于或大于消失的自由基，可是随着容器尺寸的缩小，自由基与反应分子之间的碰撞概率不断减小，而自由基与器壁的碰撞概率不断增大，当器壁间距降至某一数值时，燃烧就无法继续。

有时容器材质对爆炸极限也有影响。有些材料或杂质对可燃气爆炸有催化作用，例如氧化铜；有些材料则有钝化作用。

(6) 火焰传播方向

火焰由下而上传播时爆炸下限最小，由上而下传播时最大，水平方向时在两者之间。为安全起见，在实际应用中一般都采用最小爆炸下限和最大爆炸上限。

3. 爆炸极限的测定与计算

(1) 爆炸极限的实验测定

根据《空气中可燃气体爆炸极限测定方法》(GB/T 12474—2008) 的规定，可对可燃气体在空气中的爆炸极限进行测定，该法适用于常温常压下测定可燃气体在空气中的爆炸极限值。

爆炸极限的影响因素很多，不同的测试条件下所测得的爆炸极限的数据是有差异的，一般表中所列爆炸极限都是在标准条件下测得的，在采用这些数据时，应根据实际条件进行适当修正。

(2) 爆炸极限三角形图

由一种可燃气和一种助燃气组成的两成分混合爆炸性气体，其爆炸极限范围即上、下限之间的浓度范围。实际上两成分的混合爆炸性气体的情况并不多，多数为多成分的混合爆炸性气体。但无论是几元组成的混合气系列，都可以化简成一种最基本的组成系列，即三元爆炸性混合气体系列。最基本的三成分系列爆炸范围图是由任意一种可燃气 F、助燃气 O_2 和惰性气体 N_2 所组成的，如图 1-1 所示。

X_1、X_2 是可燃气 F 在氧气中的爆炸下限和上限；X_1'、X_2' 是可燃气 F 在空气中的爆炸下限、上限。A 点处 O_2 含量为 21%，则 FA 为可燃气体在空气中浓度的组成线。

当已知某可燃气 F 在氧气和空气中的爆炸下限、上限 X_1、X_2 和 X_1'、X_2' 时，即可作出该可燃气的爆炸范围图。取定 4 个坐标点后，将 X_1、X_1' 和 X_2、X_2' 连接并延伸相交于 C，

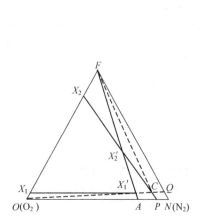

图 1-1 可燃气体-氧气-氮气混合气爆炸范围图

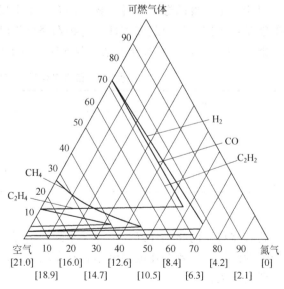

图 1-2 空气中可燃气爆炸极限随氮气加入变化情况

（方括号内数据为加入氮气后氧的含量/%）

则三角形△X_1X_2C内的任一组分都是可爆炸组分,组成了可燃气体与氧气、氮气混合气体的爆炸极限范围图。

图1-1中的三角形△FAN也可画成如图1-2等边三角形的形式,这样就形成了可燃气在空气中的爆炸极限随氮气的加入其爆炸极限范围变小的情况。当氮气含量达到一定值时,混合气体的浓度范围就不在爆炸极限范围之内了,这就是采用氮气置换可燃气体的原理。

(3) 气体混合物爆炸极限的计算

对于不含氧或惰性气体的气体混合物,其爆炸极限可按下式估算:

$$L_m = \frac{100}{\frac{V_1}{L_1}+\frac{V_2}{L_2}+\cdots+\frac{V_n}{L_n}}$$

式中　　　　　L_m——混合气体的爆炸极限,%;

　L_1,L_2,…,L_n——各组元的爆炸极限,%;

　V_1,V_2,…,V_n——各组元的体积分数,%。

对于含有惰性气体的气体混合物,其爆炸极限可按下式估算:

$$L_m = L_f \times \frac{\left(1+\frac{B}{1-B}\right) \times 100}{100 + L_f \times \frac{B}{1-B}}$$

式中　L_m——含惰性气体混合物的爆炸极限,%;

　　　L_f——混合物中可燃部分的爆炸极限,%;

　　　B——惰性气体含量,%。

四、煤尘爆炸

1. 煤尘爆炸的机理

煤尘爆炸是在高温或带一定点火能的热源作用下,空气中氧气与煤尘急剧氧化的反应过程,是一种非常复杂的链式反应,一般认为其爆炸机理及过程如下。

① 煤本身是可燃物质,当它以粉末状态存在时,总表面积显著增加,吸氧和被氧化的能力大大增加,一旦遇见火源,氧化过程迅速展开。

② 当温度达到300~400℃时,煤的干馏现象急剧增强,放出大量的可燃性气体,主要成分为甲烷、乙烷、丙烷、丁烷、氢和1%左右的其他碳氢化合物。

③ 形成的可燃气体与空气混合,在高温作用下吸收能量,在尘粒周围形成气体外壳,即活化中心,当活化中心的能量达到一定程度后,链反应过程开始,自由基迅速增加,发生了尘粒的闪燃。

④ 闪燃所形成的热量传递给周围的尘粒,并使之参与链反应,导致燃烧过程急剧地循环进行,当燃烧不断加剧使火焰速度达到每秒数百米后,煤尘的燃烧便在一定临界条件下跳跃式地转变为爆炸。

2. 煤尘爆炸的条件

(1) 爆炸极限

空气中只有悬浮的煤尘达到一定浓度时,才可能引起爆炸。煤尘爆炸的浓度范围与煤的成分、粒度、引火源的种类和温度及试验条件等有关。一般来说,煤尘爆炸的下限浓度为30~50g/m³,上限浓度为1000~2000g/m³,其中爆炸力最强的浓度范围为300~500g/m³,这是因为煤尘和空气的混合比例适中,煤尘充分燃烧。一些粉尘的爆炸下限见表1-10。

表 1-10 一些粉尘的爆炸下限

物质名称	云状粉尘的引燃温度/℃	爆炸下限/(g/m³)	物质名称	云状粉尘的引燃温度/℃	爆炸下限/(g/m³)
萘	575	28～30	硫黄		35
蒽		29～39	褐煤粉		49～68
炭黑	>690	36～45	烟煤粉	595	41～57
沥青		80	焦炭粉	>750	37～50

（2）高温热源

煤尘的引燃温度变化范围较大，它随着煤尘性质、浓度及试验条件的不同而变化。煤尘爆炸的引燃温度在 610～1050℃ 之间，一般为 700～800℃。煤尘爆炸的最小点火能为 4.5～40mJ。这样的温度条件，几乎一切火源均可达到，如爆破火焰、电气火花、机械摩擦火花、瓦斯燃烧或爆炸、井下火灾等。

（3）一定浓度的氧气

煤尘爆炸还必须要具备一定浓度的氧气，氧气的浓度不低于 18%（体积分数）。由于环境中的氧气浓度一定大于 18%，所以在防止煤尘爆炸过程中一般不会考虑这一条件。

3. 影响煤尘爆炸的因素

（1）煤的挥发分

煤尘爆炸主要是在尘粒分解的可燃气体（挥发分）中进行的，因此煤的挥发分数量和质量是影响煤尘爆炸的最重要因素。一般来说，煤尘的可燃挥发分含量越高，爆炸性越强，即煤化作用程度低的煤，其煤尘爆炸性强，随煤化作用程度的增高而爆炸性减弱。

（2）煤的灰分和水分

煤内的灰分是不燃性物质，能吸收能量，阻挡热辐射，破坏链反应，降低煤尘的爆炸性。煤的灰分对爆炸性的影响还与挥发分含量的多少有关，挥发分小于 15% 的煤尘，灰分的影响比较显著；大于 15% 时，天然灰分对煤尘的爆炸几乎没有影响。水分能降低煤尘的爆炸性，因为水的吸热能力大，能促使细微尘粒聚结为较大的颗粒，减小尘粒的总表面积，同时还能降低落尘的飞扬能力。煤的天然灰分和水分都很低，降低煤尘爆炸性的作用不显著，只有人为地掺入灰分（撒岩粉）或水分（洒水）才能防止煤尘的爆炸。

（3）煤尘粒度

煤尘粒度对爆炸性的影响极大。粒径 1mm 以下的煤尘粒子都可能参与爆炸，而且爆炸的危险性随粒度的减小而迅速增加，75μm 以下的煤尘特别是 30～75μm 的煤尘爆炸性最强，因为单位质量煤尘的粒度越小，总表面积及表面能越大。粒径小于 10μm 后，煤尘爆炸性增强的趋势变得平缓。煤尘粒度对爆炸压力也有明显的影响，爆炸压力随粒度的减小而增高，爆炸范围也随之扩大，即爆炸性增强。

（4）空气中的可燃气体浓度

可燃气体参与使煤尘爆炸下限降低。随着可燃气体浓度的增高，煤尘爆炸浓度下限急剧下降，这一点在有瓦斯煤尘爆炸危险的矿井应引起高度重视。一方面，煤尘爆炸往往是由瓦斯爆炸引起的；另一方面，有煤尘参与时，小规模的瓦斯爆炸可能演变为大规模的煤尘瓦斯爆炸事故，造成严重的后果。

第三节　煤化工生产中火灾爆炸危险性分类

为防止火灾和爆炸事故，必须了解生产或储存物质的火灾爆炸危险性、发生火灾事故后火势蔓延扩大的条件等，才能采取有效的防火、防爆措施。煤化工生产或储存物质的火灾爆炸危险性可按《石油化工企业设计防火规范》（GB 50160—2008）进行分类。

一、可燃气体的火灾危险性分类

表1-11为可燃气体的火灾危险性分类。爆炸极限作为可燃气体火灾危险性类别的判别标准，爆炸下限<10%的可燃气体，其火灾危险性列为甲类，如表1-7、表1-8所示的苯、氢气、甲醇、乙二醇、轻油、焦炉煤气、水煤气等为甲类危险物质；爆炸下限≥10%的可燃气体，其火灾危险性为乙类，如一氧化碳、高炉煤气、转炉煤气、发生炉煤气和铁合金煤气为乙类危险物质。

表1-11 可燃气体的火灾危险性分类

类别	可燃气体与空气混合物的爆炸下限（体积分数）/%
甲	<10
乙	≥10

二、可燃液体的火灾危险性分类

液化烃、可燃液体的火灾危险性应按表1-12分类，并应符合下列规定：
① 操作温度超过其闪点的乙类液体应视为甲B类液体；
② 操作温度超过其闪点的丙A类液体应视为乙A类液体；
③ 操作温度超过其闪点的丙B类液体应视为乙B类液体；
④ 操作温度超过其沸点的丙B类液体应视为乙A类液体。

表1-12 液化烃、可燃液体的火灾危险性分类

名称	类别		分类依据
液化烃	甲	A	15℃时的蒸气压力>0.1MPa的烃类液体及其他类似的液体
		B	甲A类以外，闪点<28℃
可燃液体	乙	A	闪点≥28℃至≤45℃
		B	闪点>45℃至<60℃
	丙	A	闪点≥60℃至≤120℃
		B	闪点>120℃

三、固体、设备及房间的火灾危险性分类

① 固体的火灾危险性分类应按《建筑设计防火规范》（GB 50016—2006）的有关规定执行。
② 设备的火灾危险类别应按其处理、储存或输送介质的火灾危险性类别确定。
③ 房间的火灾危险性类别应按房间内设备的火灾危险性类别确定。当同一房间内，布置有不同火灾危险性类别设备时，房间的火灾危险性类别应按其中火灾危险性类别最高的设备确定。但当火灾危险类别最高的设备所占面积比例小于5%，且发生事故时，不足以蔓延到其他部位或采取防火措施能防止火灾蔓延时，可按火灾危险性类别较低的设备确定。

第四节 火灾爆炸事故的预防

一、火灾爆炸事故的原因

据对多起火灾爆炸事故的原因进行分析，由于阀门不严、水封和吹扫问题带来的可燃物

泄漏、残存可燃物，约占54.8%；动火、点火作业，约占33.3%；可燃气体、空气倒流约占9.6%；安全装置约占2.3%。通过一些事故案例分析，引起可燃物火灾爆炸事故的原因概括如下。

① 可燃物发生泄漏，水封被击穿或被解除，可燃物设施附近有火源存在，引发着火爆炸事故；炉顶煤仓因有煤气从辅助煤箱泄入炉顶开口处，动火时引起炉顶煤仓着火。

② 设备停气后或送气前，可燃气体未吹扫干净，达到爆炸极限，又未做化验或爆发试验，急于动火造成残余气体爆炸。管道置换合格后，动火部位的杂质清理不净也容易引起管道内部着火。

③ 可燃气体来源中断，管道内压力降低，造成空气吸入，使空气与可燃气体混合物达到爆炸极限范围，遇火发生爆炸。

④ 停气的设备与运行的设备只用闸阀或水封断开，没有用盲板或水封与闸阀联合切断，造成可燃气体窜入停气设备，动火时引起可燃气体爆炸事故。

⑤ 盲板由于年久腐蚀造成泄漏，使用不符合要求的、腐蚀的、不同厚度的钢板焊接拼凑的盲板，使可燃气体泄漏，动火前又未试验，造成爆炸。

⑥ 在运行的可燃气体设备管道上不采取安全措施进行动火作业，很容易引起着火爆炸事故。在带煤气作业或抽堵盲板时，使用铁制工具，由于敲打或摩擦产生火花，也会引起着火事故。

⑦ 可燃物质的设备未设置可靠接地措施，由于静电或雷击，也容易引起着火事故。

⑧ 在危险化学品生产场所，未采用防爆电气设备，由于电火花引燃危险化学物质，导致火灾爆炸事故。

⑨ 强制供风的窑炉，如鼓风机突然停电，造成煤气倒流，致使煤气窜入供风管道，也会发生爆炸。加热炉、窑炉、烘烤炉等设备正压点火，易发生爆炸。

⑩ 违章操作，先送煤气，后点火；烧嘴不严，煤气泄漏炉内，或烧嘴点不着火时，点火前未对炉膛进行通风处理，二次点火时都易发生爆炸。

⑪ 焦炉煤气管道的沉积物如磷、硫受热挥发，特别是萘升华气体与空气混合达到爆炸极限范围，遇火发生爆炸。

⑫ 电除尘器、电捕焦油器、气柜等设备中煤气含氧过高遇火源引起爆炸。

⑬ 对于新建、改建、扩建的煤气管道未进行检查验收就违规引气，在施工过程中容易发生爆炸。

二、火灾爆炸事故的预防

在燃烧学中，着火有三要素（火源、燃料、空气或氧气），其中任何一个要素与其他要素分开，燃烧就不能发生或持续进行。由于易燃易爆物质只有与空气混合达到爆炸极限才能形成爆炸性的物质，因此，防火防爆技术措施就是防止这些条件的形成。

1. 杜绝火源

杜绝火源是防止火灾爆炸的基本措施之一，而火源是多种多样的，凡能引起可燃物质燃烧的点火能源统称为点火源。通过对80起着火爆炸事故的分析（见表1-13），引起着火爆炸事故的火源包括：明火、摩擦与撞击、高温表面及高热物、电气火花、静电火花、雷电火花等。

要使可燃物燃烧，点火源必须具有一定的温度和足够的热量。几种常见点火源的温度见表1-14。

（1）禁止明火

表 1-13　80 起着火爆炸事故的火源分析

火源种类	产生原因	比重		合计	
		次数	比例/%	次数	比例/%
明火	火电焊	18	22.50	38	47.50
	加热用火	15	18.75		
	机械火星	5	6.25		
高温表面及高热物	赤露高压蒸汽	4	5.00	24	30.00
	铁水	2	2.50		
	自身温度高	18	22.50		
静电火花	电除尘静电火花	7	8.75	8	10.00
	摇表静电火花	1	1.25		
摩擦	盲板与法兰摩擦	2	2.50	4	5.00
	钻头钻眼	2	2.50		
电气火花	电机不防爆	1	1.25	4	5.00
	灯泡不防爆	1	1.25		
	汽车电起动火花	2	2.50		
起火	雷电起火	2	2.50	2	2.50

表 1-14　几种常见点火源的温度

火源名称	火源温度/℃	火源名称	火源温度/℃
火柴焰	500～650	打火机火焰	1000
烟头（中心）	200～800	焊割火花	2000～3000
烟头（表面）	200～300	石灰遇水发热	600～700
烟囱飞灰	600	汽车排气管火星	600～800
机械火星	1200	煤炉火	1000

明火是指敞开的火焰、火花、火星。在工厂企业中常用的明火有：维修用、加热用火和机车排放火星等。焊割是对金属进行焊接和切割，是工厂经常采用的一种明火作业。火焰的氧炔焰温度高达 3000℃，电焊的电弧温度可达 3000～6000℃，喷灯熔焊的火焰也有 1000℃，焊割时产生的金属熔珠和飞溅火花以及气体回火，都能引起周围可燃气体的着火与爆炸。工业生产中的加热炉、锅炉、焦炉等生产操作，都存在加热用火，火车、汽车、拖拉机、柴油机等机械排放火星。违反安全规定，在易燃易爆场所吸烟、用打火机等均会产生明火。为了防火安全，常常用隔墙的方法实现充分隔离，隔墙一般推荐使用耐火建筑，即混凝土的隔墙。停、送煤气时，下风侧一定要管理好明火。

可燃气体设施检修动火是一项危险工作，不论是停气动火还是正压动火都应由专业部门取样分析，符合动火要求，取得保卫部门的《动火证》后方能施工，施工中应有防毒措施，施工后要清理火种。在运行中的可燃气体设备或管道上动火，应保持可燃气体的正常压力，只准用电焊，不准用气焊，并应有防护人员监护；凡通蒸汽动火，作业中始终不准断汽。

许多火灾是由物质的自燃引起的，并被来自毗邻的干燥器、烘箱、导线管、蒸气管线的外部热量所加速。有时，在封闭的没有通风的仓库中积累的热量足以使氧化反应加速至着火点。加工易燃液体，特别是容易自热的易燃液体，要特别注意管理和通风。在所有设备和建筑物中，都应该避免废料、烂布条等的积累或淤积。要防止硫化铁、带油破布、棉纱头自燃，并采取隔离措施。

在加工区，即使运输或储存少量易燃液体，也要用安全罐盛装。在火灾中，防止火焰扩散是绝对必要的，所有罐都应该设置通往安全地的溢流管道，因而必须用拦液堤容纳溢流的燃烧液体，否则火焰会大面积扩散，造成人员或财产的更大损失。除采取上述防火措施外，降低起火后的总消耗也是重要的。高位储存易燃液体的装置应该通过采用防水地板、排液沟、溢流管等措施，防止燃烧液体流向楼梯井、管道开口、墙的裂缝等。

(2) 摩擦与撞击引起的火源

许多起火是由机械摩擦引发的，如通风机叶片与保护罩的摩擦，润滑性能很差的轴承，研磨或其他机械过程，金属零件、铁钉等落入旋转设备；铁制工具与可燃气体设备管道撞击产生火花，都有可能引发起火。对于通风机和其他设备，应该经常检查并维持在尽可能好的状态。对于摩擦产生大量热的过程，应该与储存和应用易燃液体的场所隔开。

防止摩擦与撞击的措施如下。

① 防止机器轴承摩擦发热起火，机械轴承要及时加油，保证良好的润滑效果。

② 带煤气作业要防止工具敲击摩擦起火，尤其是焦炉煤气、天然气作业。带煤气抽堵盲板作业时，必须采用铜、铝合金等不产生火花的工具，在特殊情况下使用铁质工具时，要涂黄油，并严禁敲打。

③ 带煤气作业时，禁止用钢绳起吊。

④ 机房、炉面生产厂房内禁止穿带钉子的鞋。

⑤ 带煤气钻眼时，钻头应涂有黄油。

(3) 高温表面及高热物

易燃蒸气与燃烧室、干燥器、烤炉、导线管以及蒸气管线接触，常引发易燃蒸气起火。如果运行设备有时会达到高过一些材料自燃点的温度，要把这些材料与设备隔开至安全距离，这样的设备应该仔细地监视和维护，防止偶发的过热。高温管线与煤气管线接近时，高温表面应采取隔热措施。蒸汽采暖不应超过110℃。

过热是指超出所需热量的温度点。过热过程应避免在可燃建筑物中发生，并应该受到密切监视。推荐应用温度自动控制和高温限开关，虽然密切监视仍是需要的。

(4) 电气火花

电源包括电力供应和发电装置，以及电加热和电照明设施，在危险地域安装电力设施时，应该遵守以下电力规范。

① 应用特殊的导线和导线管；严禁在可燃气体设施上架设拴拉电焊零线、电缆。

② 应用防爆电动机，特别是在地平面或低洼地安装时，更应该如此。

③ 应用特殊设计的加热设备，警惕不要超过加热设备材质的自燃温度，推荐应用热水或蒸气加热设备。

④ 电气控制元件，如热断路器、开关、中继器、变压器、接触器等，容易发出火花或变热，这些元件不宜安装在易燃液体储存区。在易燃液体储存区只能用防爆按钮控制开关。

⑤ 在危险环境中或在库房中，仅可应用不透气的球灯。在良好通风的区域才可以用普通灯。最好用固定的吊灯，手提安全灯也可以应用；生产厂房照明应采用防爆型；不能采用防爆电器时，可采取临时防爆措施。危险物质场所作业的照明可在10m以外使用投光器。

⑥ 在危险区，只有在防爆的条件下，才可以安装保险丝和电路闸开关。

⑦ 电动机座、控制盒、导线管等都应该按照普通的电力安装要求接地。

⑧ 排送机、鼓风机、水泵不能带负荷开启。

⑨ 不能超过电机设备的额定负荷。

⑩ 进入存在易燃易爆物质的场所，设施内工作所用照明电压不得超过 12V，设施外临时照明不得超过 36V。

⑪ 手机火花有一定的能量，也应注意。

⑫ 有关防雷、防静电措施见第二章。

(5) 日光火源

按技术规范要求对苯罐外壁设置保冷隔离层或水喷淋设施，避免阳光直射，尽可能减少苯蒸气挥发。甲醇也具有较强的挥发性，甲醇罐在夏季操作时，固定顶储罐由于"小呼吸"作用造成的甲醇蒸气外逸损失是十分明显的，因此，有必要设置水喷淋冷却设施，以减少物料损失，并保证安全。例如，上海地区对容积为 5000m³ 的车用汽油罐（装料系数为 75%）在 6~8 月份做过淋水试验，结果表明与不喷淋的同样罐相比，"小呼吸"损失减少 91%。

2. 消除导致火灾爆炸的物质条件

① 杜绝漏油漏液漏气，消灭跑、冒、滴、漏，保持设备密闭性，是防止形成爆炸性混合物的有效措施。运行的易燃易爆气体的设施必须定期进行检查，防止泄漏，设备、管道的下列部位较易造成泄漏，应经常检查：阀芯、法兰、膨胀器、焊缝口、计量导管、铸铁管接头、排水器、煤气柜与活塞间、风机轴头、蝶阀轴头等。设施投产前必须进行严密性试验。

对气化炉顶煤仓着火要查明原因，如因炭化室压力过高，加煤阀关不严造成煤气窜入炉顶煤仓引起着火，要关严加煤滚筒阀，切断煤气窜漏点。

② 保持鼓风机后煤气设备及管道压力为微正压，避免吸入空气。如焦炉煤气主管压力低于 500Pa 时，就应停止供气。但煤气压力也不能太高，因为这会导致严重泄漏，而且水封由于系统压力突然升高，有时也会造成跑煤气现象。

③ 送可燃气体前，对设备及管道内的空气，应用蒸汽或氮气吹扫干净，然后用可燃气体赶蒸汽或氮气，并逐段做爆发试验合格后，必须认真检查有无火源，有无静电放电的可能，然后再按上述程序进行。

④ 停产、检修的可燃气体设施必须用盲板或闸阀与水封联合切断的形式，可靠切断可燃气体来源，并用蒸汽或氮气彻底进行置换，还应打开足量的人孔，使设施内部与大气沟通，这是防止形成混合爆炸性气体的可靠方法。停可燃气体处理残余可燃气体后需要动火检修的可燃气体设备，必须经防爆测定仪测定或取样做含氧量分析合格后，方可动火。长时间放置的可燃气体设备动火，必须重新处理残余气体并经再次检测鉴定合格。

⑤ 采取通风排气是防止爆炸性混合气体或蒸汽在车间或容器内（如鼓风机室）积聚形成的一项有效措施。不准用废烟囱作放散管使用，从而防止空气与易燃物直接混合形成爆炸性气体。

⑥ 在煤气回收工艺中必须严格控制煤气中的含氧量，一旦超过规定，应停止回收。转炉煤气含氧量≤2%才允许入柜。一旦空气进柜，各转炉均应立即停止回收，查明原因并进行正确处理，才可恢复回收。

电除尘器中煤气含氧量超过 0.8% 时应能自动或人工切断硅整流电源。电捕焦油器应设煤气含氧量超过 0.8% 时发出报警信号及含氧量超过 1.0% 时自动断电的联锁。

⑦ 煤气用户应装有煤气低压报警器和煤气低压自动切断装置，以防回火爆炸。强制通风的炉子、风管道及煤气管道上必须有自动切断的联锁装置，风管道上应装有防爆板，以防止发生爆炸事故时，造成设备损坏。

⑧ 在送煤气点火时，采取正确的点火程序，可防止形成爆炸性混合气体，从而防止爆

炸的发生。工业炉点作业前,应关严烧嘴开闭器,打开炉门和烟道闸门,确保炉膛内形成负压,将炉内残留气体吹扫干净;应先点火后给煤气;稍开煤气,待点着后,再将煤气调整到适当位置。如点着火又灭了,需再次点火时,应立即关闭烧嘴阀门,对炉膛内仍需作负压处理,待煤气吹扫干净后再点火送煤气。点火作业时,应将炉前放散管关闭,烟道闸板稍开,并在煤气正压而且压力稳定的情况下由末端烧嘴开始点火。

⑨ 不准用压缩空气输送易燃液体或搅拌易燃产品,甲、乙、丙类液体的高位储槽应设满流槽或液位控制装置,用以控制液位。禁止使用苯类、汽油等洗手、洗衣服、擦地板,以免易燃液体挥发与空气混合成爆炸性物质。

⑩ 严格执行操作规程和工艺操作指标,杜绝违章作业和超负荷生产是防止爆炸的保证。严格执行化工设备的定期检修,消除隐患,是实现安全运行,防止爆炸的有效措施。

3. 限制火灾爆炸蔓延扩大的措施

为了限制火灾爆炸蔓延扩大,厂址选择及防爆厂房的布局和结构应按照相关要求建设,如根据所在地区主导风的风向,对可能散发可燃气体的工艺装置、罐组、装卸区或全厂性污水处理场等设施宜布置在厂区的全年最小频率风向的上风侧。空分站应布置在空气清洁地段,并宜位于散发乙炔及其他可燃气体、粉尘等场所的全年最小频率风向的下风侧。全厂性的高架火炬宜位于生产区全年最小频率风向的上风侧。汽车装卸设施、液化烃灌装站及各类物品仓库等机动车辆频繁进出的设施应布置在厂区边缘或厂区外,并宜设围墙独立成区。罐区泡沫站应布置在罐组防火堤外的非防爆区,与可燃液体罐的防火间距不宜小于20m。采用架空电力线路进出厂区的总变电所应布置在厂区边缘。

煤气净化车间应布置在焦炉的机侧或一段,其建(构)筑物最外边缘距大型焦炉炉体边缘不应小于40m,距中、小型焦炉不应小于30m。当采用捣固炼焦工艺,煤气净化车间布置在焦侧时,其建(构)筑物最外边缘距焦炉熄焦车外侧轨道边缘不应小于45m(当焦侧同时布置有干熄焦装置时,该距离为距干熄焦炉外壁边缘的距离)。

粗苯精制区不宜布置在焦化厂的中心地带,所属建(构)筑物边缘与焦炉炉体之间距,不应小于50m。煤场和焦油车间宜设在厂区全年最小频率风向的上风侧。沥青生产装置应布置在焦油蒸馏生产装置的端部,并位于厂区的边缘。

化工装置宜布置在露天或敞开的建(构)筑物内。易燃与可燃性物质生产厂房或库房的门窗应向外开,油库泵房靠储槽一侧不应设门窗。有爆炸危险的甲、乙类厂房,宜采用敞开或半敞开式建筑;必须采用封闭式建筑时,应采取强制通风换气措施。

根据《建筑设计防火规范》(GB 50016—2006)、《石油化工企业设计防火规范》(GB 50160—2008),建设相应等级的厂房,采用防火墙、防火门、防火堤对易燃易爆的危险场所进行防火隔离,并确保防火间距。尽量采用开敞式建筑和设备露天化布置,并在建筑物内设置机械通风。建(构)筑物的耐火等级分为4级,对不同耐火等级的建(构)筑物的构件分别提出了燃烧性能和耐火极限要求。根据甲醇罐区的火灾危险性,为保障罐区的防火安全,罐区建(构)筑物在火灾高温作用下要求其基本构件能在一定时间内不被破坏、不传播火灾、延缓和阻止火势蔓延,为疏散人员、物资和扑灭火灾赢得时间,因此,在甲醇罐区设计时,罐区内建(构)筑物(如配电室、控制室、管架等)的耐火等级应按二级考虑,所用建筑材料应为非燃烧体。

甲、乙、丙类液体储槽之间的防火间距,不应小于表1-15的规定数值。汽车槽车的装车鹤管与装车用的缓冲罐之间的防火间距,不应小于5m,距装油泵房不得小于8m。铁路油品装卸设备与建(构)筑物之间的防火间距,应符合表1-16的要求。

表 1-15 罐组内相邻可燃液体地上储罐的防火间距

类别	储 罐 形 式		浮顶、内浮顶罐	卧罐
	固定顶罐			
	≤1000m³	>1000m³		
甲B、乙类	0.75D	0.6D	0.4D	0.8m
丙A类	0.4D	0.4D		
丙B类	2m	5m		

注：D 为相邻立式储槽中较大槽的直径，m；矩形储槽的直径为长边与短边之和的一半。

表 1-16 铁路油品装卸设备与建（构）筑物之间的防火间距

建(构)筑物名称	耐火等级	防火间距/m
油泵房	一、二级	8
桶装库房	一、二级	15
变、配电室	一、二级	30
有明火的生产建筑物	一、二、三级	30

甲、乙、丙类液体的地上、半地下储槽或储槽组，应设置非燃烧材料的防火堤。闪点高于120℃的液体储槽，桶装乙、丙类液体的堆场，甲类液体半露天堆场，均可不设防火堤，但应有防止液体流散的设施。储槽组内，甲类与乙、丙类液体储槽之间应设分隔堤，其高度不得低于0.5m，且比防火堤低0.3m。防火堤应符合下列要求。

① 防火堤内储槽的布置不宜超过两行，但单槽容量不大于1000m³且闪点高于120℃的液体储槽，可不超过四行。

② 防火堤内有效容量不应小于最大槽的容量，但对于浮顶槽，可不小于最大储槽容量的一半。

③ 防火堤内侧基脚线至立式储槽外壁的距离，不应小于槽壁高的一半。卧式储槽至防火堤内侧基脚线的水平距离不应小于3m。

④ 防火堤的高度宜为1~1.6m，其实际高度应比按有效容积计算的高度高0.2m。

⑤ 沸溢性液体地上、半地下储槽，每个储槽应设一个防火堤或防火隔堤。

⑥ 含油污水排水管出防火堤处应有水封设施，雨水排水管应设阀门等封闭装置。

第五节　防火防爆安全装置

一、阻火泄压装置

阻火装置的作用是防止外部火焰窜入有火灾爆炸危险的设备、管道、容器，或阻止火焰在设备或管道间蔓延，如阻火器、安全液封、单向阀、防火闸门等。

防爆泄压装置包括安全阀、防爆片（膜）、防爆门、放空管等，其原理是系统内一旦发生爆炸或压力骤增时，可以通过这些设施释放能量，以减小巨大压力对设备的破坏或防止爆炸事故的发生。

1. 阻火器

（1）工作原理

阻火器常用在输送可燃气体的管道之间，以及可燃气体的放散管上。阻火器的工作原理是火焰在管道中蔓延时，由于散热和器壁效应的作用，使火焰的传播速度随着管径的减小而减小,最终达到一个火焰不蔓延的临界直径。决定临界直径大小的因素主要为可燃气体的最小点火能,表1-17列出了一些常见可燃气体在空气中燃烧的临界直径(又称猝熄直径)。

表1-17 部分可燃气体的临界直径

气体	临界直径/mm	气体	临界直径/mm
煤气	2.03	丙烷	2.66
氢气	0.86	乙烯	1.90
甲烷	3.68	乙炔	0.78

(2) 阻火器类型

① 金属网阻火器。其结构如图1-3所示,是用若干具有一定孔径的金属网把空间分隔成许多小孔隙。随着金属网层数的增加,阻火的功能也随之增加。但达到一定的层数以后,层数增加的阻火效果并不显著。金属网的目数(每英寸长度内的孔眼数)直接关系到金属网的层数和阻火性能,一般而言,目数越多,所用的金属网层数会越少,但目数的增加会增加气体的流动阻力且容易堵塞。常采用16~22目的金属网作为阻火层,层数一般采用11~12层。金属网的规格见表1-18。

表1-18 几种金属网的规格

网的目数/目	孔眼宽度/mm	网丝直径/mm	金属网有效面积比	网的目数/目	孔眼宽度/mm	网丝直径/mm	金属网有效面积比
18	1.06	0.38	0.56	40	0.40	0.22	0.40
28	0.53	0.38	0.34	60	0.25	0.17	0.34
30	0.58	0.28	0.34	80	0.2	0.13	0.35

② 波纹金属片阻火器。其结构如图1-4所示,壳体由铝合金铸造而成,阻火层由0.1~0.2mm厚的不锈钢带压制而成波纹型。两波纹带之间加一层同厚度的平带缠绕成圆形阻火层,阻火层上形成许多三角形孔隙,孔隙尺寸为0.45~1.5mm,其尺寸大小由火焰速度的

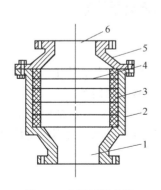

图1-3 金属网阻火器
1—进口;2—壳体;3—垫圈;
4—金属网;5—上盖;6—出口

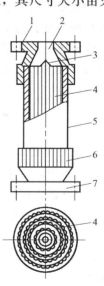

图1-4 波纹金属片阻火器
1—上盖;2—出口;3—轴芯;4—波纹金属片;
5—外壳;6—下盖;7—进口

大小决定,三角形孔隙有利于阻止火焰通过,阻火层厚度一般不大于 50mm。也可采用交叠放置的波纹金属片组成有正三角形孔隙的方形阻火器。

③ 填充型阻火器。其结构如图 1-5 所示,是用砂粒、卵石、玻璃球、小型的陶土环形填料、金属环、小型玻璃管及金属管等作为填料,堆积于壳体之中,在充填料的上面和下方分别用 2mm 孔眼的金属网作为支撑网架,这样壳体内的空间被分隔成许多非直线性小孔隙,当可燃气体发生燃烧时,这些非直线性微孔能有效地阻止火焰的蔓延,其阻火效果比金属网阻火器更好。阻火介质的直径一般为 3~4mm。在直径 150mm 的管内,阻火器内充填物的厚度视填料的直径和可燃气体的临界直径而定,参见表 1-19。

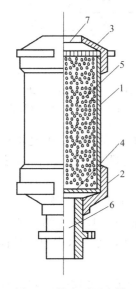

图 1-5 填充型阻火器
1—壳体;2—下盖;3—上盖;4—网格;
5—砂粒;6—进口;7—出口

表 1-19 填充型阻火器的阻火层厚度

临界直径/mm	砂石直径/mm	厚度/mm
1~2	1.5	150
2~3	3.0	150
3~4	4.0	150

2. 安全液封与水封井

(1) 安全液封

安全液封的阻火原理是液体封在进出口之间,一旦液封的一侧着火,火焰都将在液封处被熄灭,从而阻止火焰蔓延。安全液封一般安装在气体管道与生产设备或气柜之间。一般用水作为阻火介质。安全液封的结构形式常用的有敞开式和封闭式两种。

① 敞开式。敞开式安全液封的结构原理如图 1-6 所示。安全液封中有 2 根管子:一根是进气管,另一根是安全管。安全管比进气管短,液封的深度浅,在正常工作时,可燃气体从进气管进入,从出气管排出,安全管内的液柱高度与容器内的压力平衡(略大于容器内的压力)。当发生火焰倒燃时,容器内气体压力升高,容器内的液体将被排出,由于进气管插入的液面较深,安全管的下管口首先离开水面,火焰被液体阻隔而不会进入进气管。

② 封闭式。封闭式安全液封的结构如图 1-7 所示。正常工作时,可燃气体由进气管进入,通过逆止阀、分水板、分气板和分水管从出气管流出。发生火焰倒燃时,容器内压力升高,压迫水面使逆止阀关闭,进气管暂时停止供气。同时倒燃的火焰将容器顶部的防爆膜冲破,燃烧后的烟气散发到大气中,火焰便不会进入进气管侧。

敞开式和封闭式安全液封通常适用于操作压力低的场合,一般不会超过 0.05MPa。安全液封的使用安全要求如下。

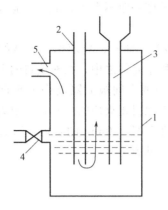
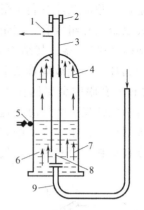

图 1-6 敞开式安全水封示意
1—罐体；2—进气管；3—安全管；
4—水位阀门；5—出气管

图 1-7 封闭式安全水封
1—出气管；2—防爆管；3—分水管；
4—分水板；5—水位阀；6—罐体；
7—分气板；8—逆止阀；9—进气管

- 使用安全水封时，应随时注意水位不得低于水位阀门所标定的位置。但是水位也不应过高，否则除了可燃气体通过困难外，水还可能随可燃气体一道进入出气管。每次发生火焰倒燃后，应随时检查水位并补足。安全液封应保持垂直位置。
- 定期检查插入水封中的管道是否有破裂或腐蚀穿孔现象，防止水封失效。
- 冬季使用安全水封时，在工作完毕后应把水全部排出、洗净，以免冻结。如发现冻结现象，只能用热水或蒸汽加热解冻，严禁用明火烘烤。为了防冻，可在水中加少量食盐以降低冰点。
- 使用封闭式安全水封时，由于可燃气体中可能带有黏性杂质，使用一段时间后容易黏附在阀和阀座等处，所以需要经常检查逆止阀的气密性。

（2）水封井

水封井是安全液封的一种，设置在有可燃气体、易燃液体蒸气或油污的污水管网上，以防止燃烧或爆炸沿管网蔓延，水封井的结构如图 1-8 所示。为保证水封井的阻火效果，水封高度不宜小于 250mm，如果管道很长，可每隔 250m 设 1 个水封井。水封井应加盖，但为防止加盖导致气体积聚而发生事故，可采用图 1-9 的结构形式。

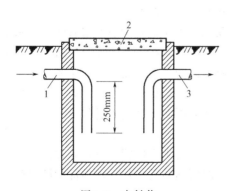
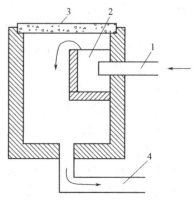

图 1-8 水封井
1—污水进口；2—井盖；3—污水出口

图 1-9 增修溢水槽示意
1—污水进口管；2—增修的溢水槽；
3—阴井盖；4—污水出口管

3. 逆止阀

逆止阀又称单向阀、止逆阀、止回阀，其作用是仅允许流体向一定方向流动，遇有回流即自动关闭，常用于防止高压物料窜入低压系统，也可用作防止回火的安全装置。如在煤气炉入炉空气管道上装逆止阀，就是为了防止高温煤气倒流入空气管道而引起爆炸。生产中用的单向阀有升降式、摇板式、球式等，见图1-10～图1-12。

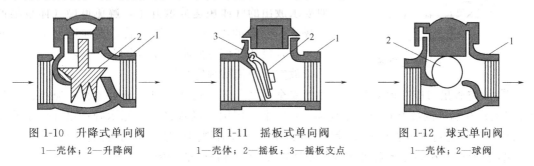

图1-10 升降式单向阀　　　　图1-11 摇板式单向阀　　　　图1-12 球式单向阀
1—壳体；2—升降阀　　　1—壳体；2—摇板；3—摇板支点　　　1—壳体；2—球阀

4. 阻火闸门

阻火闸门是为防止火焰沿通风管道蔓延而设置的阻火装置。图1-13所示为跌落式自动阻火闸门。正常情况下，阻火闸门受易熔（熔点在200℃以下）合金元件控制处于开启状态，一旦着火，温度升高，会使易熔金属熔化，此时闸门失去控制，受重力作用自动关闭。也有的阻火闸门是手动的，在遇火警时由人迅速关闭。

5. 呼吸阀

呼吸阀是为防止储罐内超压或形成负压引起罐体破坏的通气装置。当罐内液体挥发度较低时，用通气管即可；当罐内储存的是易挥发性液体时，则要在罐顶安装呼吸阀。根据呼吸阀的工作原理，可以分为机械式呼吸阀和液压式呼吸阀。

（1）机械式呼吸阀

机械式呼吸阀结构见图1-14。它是用铸铁或铝铸成的盒子，内有压力阀和真空阀。压力阀是

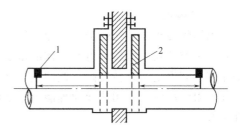

图1-13 跌落式自动阻火闸门
1—易熔合金元件；2—阻火闸门

罐内蒸气出口，当罐内空间气体压力增高时此阀开启，将罐内气体导入大气。真空阀为空气入口，当罐内压力低于大气压时此阀打开，空气进入罐内。在这两个阀的上面设有易开启的盖子，便于检查和修理。为防止阀门堵塞，在其外面通气孔上安装有色金属制成的金属网。

（2）液压式呼吸阀

液压式呼吸阀也称液压安全阀，是为防止罐上机械式呼吸阀故障而设置的，其压力稍高于机械式呼吸阀。

液压式呼吸阀法兰装在储罐顶的阻火器上，阀体内充润滑油。当罐内外压力平衡时阀内油面也处于平衡状态；当罐内压力大于大气压力时，罐内蒸气以气泡形态经油层冲出导入大气；当罐内压力低于大气压力时，储罐则吸入空气以维持内外压力平衡。液压式呼吸阀结构见图1-15。

阀内润滑油要求具有较好的流动性，其凝固点

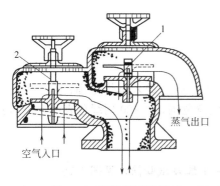

图1-14 机械式呼吸阀
1—压力阀；2—真空阀

要低于当地最低气温,并且不易挥发。

6. 放空管

所谓放空管,就是为把容器、管道等设备中危害正常运行和维护保养的介质排放出去而设置的部件。放空管和放散管区别不大,放空管只要能排气就可以;放散管要求放出的气体快速分散开来,避免可燃气体聚集产生爆炸。发散的端部是"T"形管,这样增大了放空面积,而且风从任何方向吹来都不会影响放空。

放空管的消防规定如下。

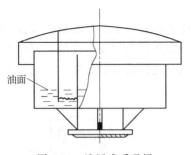

图 1-15 液压式呼吸阀

① 放空管出口应在远离明火作业的安全地区。若室内放空管出口近屋顶,应高出屋顶 2m 以上;在墙外的放空管应超出地面 4m 以上,周围并设置遮栏及标示牌;室外设备的放空管应高于附近有人操作的最高设备 2m 以上。排放时周围应禁止一切明火作业。

② 应有防止雨雪侵入和外来异物堵塞放空管和排污管的措施。

③ 放空阀应能在控制室远程操作或放在发生火灾时仍有可能接近的地方。

当煤气柜活塞到达了上部极限位置,为了不再让活塞继续上升,以保护煤气柜设备的安全,可在煤气柜的侧壁上部设置事故用煤气放散管。事故放散管通常还设在洗涤塔顶,在管内压力超过最大工作压力时,可进行人工或自动放散。

二、测爆装置

1. 测爆仪

测爆仪是根据催化燃烧、热导、气敏等原理将可燃气体的燃烧性能指标转化为电阻等电信号的一类仪器,可检测可燃气体的浓度。在爆炸下限浓度范围内进行测量时,采用催化燃烧原理具有测定结果精度高、线性关系好、抗干扰能力强等优点;当可燃气浓度较高,超过爆炸下限浓度时,使用热导原理能定量准确;进行微量检测时,应用气敏原理灵敏度高,线性关系好。

通常测爆仪读数用爆炸下限的分数(符号 LEL%)表示测定结果,即设可燃气体爆炸下限值的气体浓度为 100%,所得数据表示此可燃气体浓度已达到该气体爆炸下限值的分数。例如,测爆仪测某一可燃气体为 40%(LEL%),说明此气体浓度已达到爆炸下限值的 40%。用公式表示为:

$$LEL\% = \frac{可燃气体百分数}{爆炸下限值} \times 100\%$$

$$LEL\% = \frac{X}{A} \times 100\%$$

式中 X ——可燃气体的体积分数,%;

A ——可燃气体的爆炸下限值,%。

测爆仪的满刻度是 100,是可燃气体的爆炸下限。100 以上进入爆炸范围;60~100 用红色表示,以示危险范围;20~60 用黄色表示,以示注意范围;0~20 用绿色表示,以示安全范围。

2. 爆发试验装置

爆发试验装置是采用薄钢板(如马口铁)做成的一个爆发试验筒,见图 1-16。

使用时手握环柄,拔下盖子,打开旋塞,将筒下口套在煤气系统末端取样口上,煤气便从下口进入,将筒内气体从排气管驱赶出去;待筒内完全充满煤气后,关上旋塞,移开取样

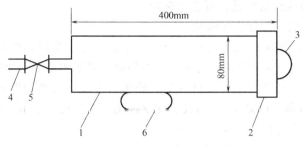

图 1-16 爆发试验筒
1—筒体；2—盖子；3—环柄；4—排气管；5—旋塞；6—手柄

口迅速盖上盖；到安全地点，划火柴后拔下盖子，从下口点燃筒内煤气。如果点不着，表明煤气管道内空气过多；如果发生爆鸣，表明煤气管道已达到爆炸极限范围；点燃后能燃烧到筒顶部为合格。较大的煤气管网，爆发试验连续 3 次合格，才能算合格。

第六节　火灾爆炸事故的处理

一、灭火原理与方法

由于燃烧有三个必要条件，因此，只要设法破坏其中一个或两个条件，便能使燃烧终止，达到灭火目的。灭火方法主要包括窒息灭火法、冷却灭火法、隔离灭火法和化学抑制灭火法。

1. 窒息灭火法——缺氧法

窒息灭火法即阻止空气进入燃烧区或用惰性气体稀释空气，使燃烧因得不到足够的氧气而熄灭的灭火方法。运用窒息法灭火时，可考虑选择以下措施：

① 用石棉布、浸湿的棉被、帆布、沙土等不燃或难燃材料覆盖燃烧物或封闭孔洞，阻止空气流入燃烧区，使燃烧缺氧而熄灭；

② 用水蒸气、惰性气体（CO_2、N_2）通入燃烧区域内；

③ 利用建筑物上原来的门、窗以及生产、储运设备上的盖、阀门等，封闭燃烧区；

④ 在万不得已且条件许可的条件下，采取用水淹没（灌注）的方法灭火。

2. 冷却灭火法——降温法

冷却灭火法即将灭火剂直接喷洒在燃烧着的物体上，将可燃物质的温度降到燃点以下，防止继续燃烧的灭火方法。也可将灭火剂喷洒在火场附近未燃的易燃物上起冷却作用，防止其受辐射热作用而起火。在使用中，要特别注意不能用于密度小于水的油类，也不能用于忌水怕水的电石、生石灰、金属钠等的灭火，尤其是电气着火千万不可用水浇，以免事故扩大或触电。

3. 隔离灭火法——移走撤离法

隔离灭火法根据发生燃烧必须具备可燃物这一条件，将燃烧物与附近的可燃物隔离或疏散开，使燃烧停止。隔离灭火法常用的具体措施有：

① 将易燃、易爆物质从燃烧区移出至安全地点；

② 关闭阀门，阻止可燃气体等流入燃烧区；

③ 用泡沫覆盖已燃烧的易燃液体表面，把燃烧区与液面隔开，阻止可燃蒸气进入燃烧区；

④ 拆除与燃烧物相连的易燃、可燃建筑物。

4. 化学抑制灭火法——化学中断法

化学抑制灭火法是使灭火剂参与到燃烧反应中去，起到抑制燃烧反应的作用。具体而言，就是使燃烧反应中产生的自由基与灭火剂中的卤素离子相结合，形成稳定分子或低活性的自由基，从而切断了氢自由基与氧自由基的联锁反应链，使燃烧停止。常用的干粉灭火剂、卤代烷 1211 灭火剂（已禁用），均具有化学抑制灭火作用，适用于电气、油类、化工产品、可燃气体以及贵重仪器、设备等各种火灾的扑救。

实际灭火时往往是多种灭火方法同时使用。

二、灭火剂的种类及选用

灭火剂是能够有效地破坏燃烧条件，终止燃烧的物质。对化工厂火灾的扑救，必须根据化工生产工艺条件，原材料、中间产品、产品的性质，建筑物、构筑物的特点，灭火物质的价值等原则来选择合理的灭火剂和灭火器材。选择灭火剂的基本要求是灭火效率高、使用方便、来源丰富、成本低廉、对人和物基本无害。化工企业常用的灭火剂有水、水蒸气、泡沫、二氧化碳、干粉、1211 等，其中 1211（二氟一氯一溴甲烷）为卤代烷烃，由于卤代烷灭火剂对大气臭氧层破坏严重，国际上先进工业国家早已淘汰，我国已于 2005 年淘汰 1211 灭火剂。

1. 水和水蒸气

水是消防上最普遍应用的灭火剂，因为水在自然界广泛存在，热容量大，取用方便，成本低廉，对人体及物体无害。

（1）灭火原理

水的灭火原理主要包括冷却作用、窒息作用和隔离作用。

① 冷却作用。水的比热容较大，它的蒸发潜热达 539.9cal/(g·℃)，当常温水与炽热的燃烧物接触时，在被加热和汽化过程中，会大量吸收燃烧物的热量，使燃烧物的温度降低而灭火。

② 窒息作用。在密闭的房间或设备中，此作用比较明显。水汽化成水蒸气，体积能扩大 1700 倍，可稀释燃烧区中的可燃气与氧气，使它们的浓度下降，从而使可燃物因"缺氧"而停止燃烧。

③ 隔离作用。在密集水流的机械冲击作用下，将可燃物与火源分隔开而灭火。此外，水对水溶性的可燃气体（蒸气）还有吸收作用，这对灭火也有意义。

（2）灭火用水的几种形式

可采用普通无压力水，用容器盛装，人工浇到燃烧物上；加压的密集水流，用专用设备喷射，灭火效果比普通无压力水好；雾化水，用专用设备喷射，因水成雾滴状，吸热量大，灭火效果更好。

（3）适用范围

除以下情况，都可以考虑用水灭火。

① 相对密度小于水和不溶于水的易燃液体，如轻油、苯类、甲醇等，相对密度大于水的可燃液体，如二硫化碳，可以用喷雾水扑救，或用水封阻止火势的蔓延。芳香烃类、能溶或稍溶于水的液体，如苯类、醇类、醚类、酮类等的大容量储罐，如用水扑救易造成可燃液体的溢流，使火灾更大。

② 遇水能燃烧的物质不能用水或含有水的泡沫液灭火，而应用砂土灭火。如金属钾、钠、碳化钠等。

③ 强酸不能用强大的水流冲击。因为强大的水流能使酸飞溅，流出后遇可燃物质，有引起爆炸的危险。酸溅在人身上，能致人烧伤。

④ 电气火灾未切断电源前不能用水扑救。因为水是良导体，容易造成触电。

⑤ 高温状态下的生产设备和装置的火灾不能用水扑救。因为可使设备遇冷水后引起形变或爆裂。

⑥ 精密仪器设备、贵重文物档案、图书着火，不宜用水扑救。

2. 化学泡沫灭火剂

常用的化学泡沫灭火剂，主要是酸性盐（硫酸铝）和碱性盐（碳酸氢钠）与少量的发泡剂（植物水解蛋白质或甘草粉）、少量的稳定剂（氯化铁）等混合后，相互作用而生成的泡沫。

（1）灭火原理

泡沫中的 CO_2 气体，一方面在发泡剂的作用下，形成以 CO_2 为核心的大量微细泡沫，同时，使灭火器中压力很快增加，将生成的泡沫从喷嘴中压出。泡沫相对密度小（0.001～0.5），易黏附在燃烧物表面隔绝空气，同时阻断了火焰的热辐射，阻止燃烧物本身或附近可燃物质的蒸发，起到隔离和窒息作用，达到灭火的效果。另外，泡沫析出的水和其他液体有冷却作用，同时，泡沫受热蒸发产生的水蒸气可降低燃烧物附近的氧浓度。

（2）适用范围

主要用于扑救不溶于水的可燃、易燃液体等的火灾；也可用于扑救木材、纤维、橡胶等固体的火灾；由于泡沫灭火剂中含有一定量的水，所以不能用来扑救带电设备及通红状态的煤气设施的火灾。

3. 干粉灭火剂

干粉灭火剂主要成分包括能灭火的基料和防潮剂、流动促进剂、结块防止剂等。用干燥的二氧化碳或氮气作动力，将干粉从容器中喷出形成粉雾，喷射到燃烧区灭火。

（1）灭火原理

干粉灭火的原理主要包括化学抑制作用、隔离作用、冷却与窒息作用。

① 化学抑制作用。当粉粒与火焰中产生的自由基接触时，自由基被瞬时吸附在粉粒表面，并发生如下反应：

$$M(粉粒)+OH\cdot \longrightarrow MOH$$
$$MOH+H\cdot \longrightarrow M+H_2O$$

由反应式可以看出，借助粉粒的作用，消耗了燃烧反应中的自由基（$OH\cdot$ 和 $H\cdot$），使自由基的数量急剧减少而导致燃烧反应中断，使火焰熄灭。

② 隔离作用。喷出的粉末覆盖在燃烧物表面上，能构成阻碍燃烧的隔离层。

③ 冷却与窒息作用。在燃烧区，干粉碳酸氢钠受高温作用放出大量的水蒸气和二氧化碳，并吸收大量的热，因此起到一定冷却和稀释可燃气体的作用。

（2）干粉灭火剂的类型

干粉灭火剂主要分为普通（BC类）和多用（ABC类）两大类。

普通干粉灭火剂主要适用于扑救可燃液体、可燃气体及带电设备的火灾。包括：以碳酸氢钠为基料的小苏打干粉（钠盐干粉）；以碳酸氢钾、硫酸钾、氯化钾为基料的钾盐干粉；以尿素为基料的氨基干粉。

多用类型的干粉灭火剂不仅适用于扑救可燃液体、可燃气体及带电设备的火灾，还适用于扑救一般固体火灾。它包括：以磷酸盐为基料的干粉；以硫酸铵与磷酸铵盐的混合物为基料的干粉；以聚磷酸铵为基料的干粉。

（3）适用范围

干粉灭火剂无毒、无腐蚀作用，主要用于扑救可燃气体和电器设备的初起火灾、油类以及一般固体的火灾。扑救大面积的火灾时，需与喷雾水流配合，以改善灭火效果，并可防止复燃。对于一些扩散性很强的易燃气体，如乙炔、氢气，干粉喷射难以使整个范围内的气体稀释，灭火效果不佳。它也不宜用于精密机械、仪器、仪表的灭火，因为在灭火后留有残渣。

4. 二氧化碳灭火剂

二氧化碳在通常状态下是无色无味的气体，相对密度为1.529，比空气重，不燃烧亦不助燃。经过压缩的二氧化碳灌入灭火器钢瓶内。

（1）灭火原理

当二氧化碳从灭火器中喷出时，由于突然减压，一部分二氧化碳绝热膨胀、汽化，吸收大量的热量，另一部分二氧化碳迅速冷却成雪花状固体（即"干冰"）。"干冰"温度为$-78.5℃$，喷向着火处时，立即汽化，起到稀释氧浓度的作用，同时又起到冷却作用，而且大量二氧化碳气体笼罩在燃烧区域周围，还能起到隔离燃烧物与空气的作用。因此二氧化碳的灭火效率也较高，当二氧化碳占空气浓度的30%～35%时，燃烧就会停止。

（2）适用范围

二氧化碳灭火剂有很多优点，灭火后不留任何痕迹，不损坏被救物品，不导电，无毒害，无腐蚀，用它可以扑救可燃气体、电器设备、精密仪器、电子设备、图书资料档案等的火灾。但不能用于某些金属，如钾、钠、镁等的火灾，也不适用于某些能在惰性介质中自身供氧燃烧的物质，也难于扑灭一些纤维物质内部的阴火。二氧化碳灭火需要浓度高，会使人员受到窒息毒害。

5. 酸碱灭火剂

手提式酸碱灭火器内装$NaHCO_3$溶液和另一小瓶H_2SO_4。使用时将筒身颠倒，硫酸便与$NaHCO_3$反应，生成的CO_2气体产生压力，使CO_2和溶液从灭火器的喷嘴喷出，笼罩在燃烧物上，将燃烧物与空气隔离而起到灭火的作用。

酸碱灭火剂适用于扑救木、棉、毛等一般可燃物质的火灾初起，但不适用于油类、忌水忌酸物质及电气设备的火灾。

三、消防设施

1. 火灾监测报警系统

早期发现火灾苗头对消防极为重要。在可燃气体压缩机室、制氢站、计算机总控室等火灾爆炸危险性大的岗位，应设置火灾监测报警系统。

火灾监测仪表可捕捉提供火灾"酝酿"期和"发展"期相继出现的温度、火光、烟、热流、辐射热等信号。例如：感温报警，有定温式和差动式两大类；感光报警，有红外和紫外光电报警两种；感烟报警，有离子和光电报警两种。

2. 消防站

消防站是专门用于消除火灾的专业性机构。消防站的服务范围按行车距离计，不得大于2.5km，且应保证在接到火警报警后，消防车到达火场的时间不超过5min。超过服务范围的场所，应建立消防分站或设置其他消防设施，如泡沫发生站、手提式灭火器等。但属于丁、戊类危险性场所的，消防站的服务范围可加大到4km。

消防站的规模应根据发生火灾时消防用水量、灭火剂用量、采用灭火设施的类型、高压或低压消防供水以及消防协作条件等因素综合考虑。

消防站必须设置通讯系统,受警电话应为录音电话,宜设置报警信号显示盘和电视安全监视系统显示屏幕,企业的自动灭火系统反馈信号也宜有显示。

3. 消防给水设施

消防给水管网应采用环状管网,其输水干管应不少于两条。多层生产厂房应设消火栓和消防水泵,塔区各层操作平台应有小型灭火机并宜设蒸汽灭火接头。甲、乙、丙类液体储槽区的消火栓应设在防火堤外。

消防给水可采用低压、高压或临时高压系统。低压系统是指消防水管道的压力比较低(0.15MPa),灭火时靠消防车通过消火栓加压;高压系统是指消防给水网始终保持较高的压力(0.7~1.2MPa),灭火时通过管网上的消火栓、高压水枪等设施可直接进行灭火。临时高压系统是由加压泵、高压水枪及喷射设施、消火栓等通过管网组成的一个消防给水系统,平时维持低压状态,灭火时开启加压泵升压,水压的高低可根据生产建(构)筑物的高度来确定。

消火栓是消防供水的基本设备,可供消防车吸水,也可直接连接水带放水灭火。消火栓按其装置地点可分为室外和室内两类。室外消火栓又可分为地上式和地下式两种。室外消火栓应沿道路设置,距路边不得小于0.5m,不得大于2m,设置的位置应便于消防车吸水。室外消火栓的数量应按消火栓的保护半径和室外消防用水量确定,间距不应超过120m。地下式消火栓的位置要考虑消防车吸水的可能性,并有明显的标志。室内消火栓的配置,应保证两个相邻消火栓的充实水柱能够在建筑物最高、最远处相遇。室内消火栓一般设置在明显、易于取用的地点,离地面的距离应为1.2m。

4. 蒸汽管、氮气管

在可燃气体设备及管道上安设蒸汽管或氮气管主要有三个作用:置换、保压、清扫。所以,具有下列情况之一者,可燃气体设备及管道应安设蒸汽管或氮气管接头:

① 停、送可燃气体时须用蒸汽和氮气置换可燃气体或空气;

② 须在短时间内保持可燃气体正压力;

③ 须用蒸汽扫除萘、焦油等沉积物。

蒸汽或氮气管接头应安装在可燃气体管道的上面或侧面,管接头上应安旋塞或闸阀。

为防止可燃气体串入蒸汽或氮气管内,只有在通蒸汽或氮气时才能把蒸汽管或氮气管与可燃气体管道连通,停用时必须及时断开或堵盲板。

蒸汽、氮气等辅助管线与可燃气体设备或管线连接时,若有发生倒流的可能,则应在辅助管线上安装逆止阀。另外,生产与生活用管线或生产与置换、吹扫用管线,最好能分开,各成系统,避免互串酿成事故。

5. 水喷淋、蒸汽及泡沫灭火系统

固定式水喷淋灭火系统由水喷头、传动装置、喷水管网、雨淋阀等组成。发生火灾时,系统管道内给水是通过火灾探测系统控制雨淋阀来实现的,并设有手动开启阀门装置。只要雨淋阀启动后,就可在它的保护区内迅速地、大面积地喷水灭火,降温和灭火效果十分显著。在夏季时,该系统也可作为喷水降温减少储罐"小呼吸"损失之用。

粗苯和精苯的洗涤室、蒸馏室、原料泵房、产品泵房、储槽室、精萘、工业萘、萘酐及焦油油泵房,精萘和工业萘的转鼓结晶机室、吡啶储槽室、装桶间,均应设固定式或半固定式蒸汽灭火系统;管式炉炉膛及回弯头箱,萘酐生产中的汽化器、氧化器、薄壁冷却器,应设固定式蒸汽灭火系统;二甲酚、蒽、沥青、酚油等闪点大于120℃的可燃液体储槽或其他设备和管道易泄漏着火地点,应设半固定式蒸汽灭火系统。灭火蒸汽管线蒸汽源的压力不应小于 6×10^5 Pa(6.12 kgf/cm²),其操纵阀门或接头应安装在便于操作的安全地点。

固定式低倍数泡沫灭火系统由泡沫液储罐、泡沫比例混合器、泡沫液混合液管线、消防泵、泡沫产生器、阀门以及水源和动力源组成。对甲醇罐区,应选择液上喷射泡沫灭火系统,且泡沫液应具有抗溶性。此外,该系统不宜与灭火水枪同时使用。粗苯、精苯储槽区,应设固定式或半固定式泡沫灭火系统,槽区周围应有消防给水系统。泡沫混合液管线宜地上敷设,不得从槽顶跨越。与泡沫发生器连接的立管段应固定在槽壁上,防火堤内的水平管段应敷设在管墩管架上,但不得固定。

6. 灭火器

(1) 种类及用途

灭火器是由筒体、器头、喷嘴等部件组成的灭火装置,借助驱动压力将所充装的灭火剂喷出,达到灭火的目的,也是扑救初期火灾常用的有效的灭火设备。灭火器的种类很多,按其移动方式,可分为手提式和推车式;按所充装的灭火剂,可分为干粉、二氧化碳、泡沫等几类。灭火器应放置在明显、取用方便又不易被损坏的地方,并应定期检查,过期更换,以确保正常使用。常用灭火器的性能及用途等见表1-20。

表1-20 常用灭火器的性能及用途

灭火器类型		二氧化碳灭火器	干粉灭火器	泡沫灭火器
规格	手提式	<2kg;2~3kg	8kg	10L
	推车式	5~7kg	50kg	65~130L
性能		接近着火地点保持3m距离	8kg喷射时间14~18s,射程4.5m;50kg喷射时间50~55s,射程6~8m	10L喷射时间60s,射程8m;65L喷射时间170s,射程13.5m
用途		扑救电器、精密仪器、油类、可燃气体等的火灾	扑救可燃气体、油类有机溶剂等的火灾	扑救固体物质或其他易燃液体等的火灾
使用方法		一手拿喇叭筒对准火源,另一手打开开关即可喷出,应防止冻伤	先提起圈环,再按下压把,干粉即可喷出	倒置稍加摇动,打开开关,药剂即可喷出
保养及检查		每月检查一次,当小于原量1/10应充气	置于干燥通风处,防潮防晒,一年检查一次气压,若质量减少1/10应充气	放在使用方便的地方,注意使用期限,防止喷嘴堵塞,防冻防晒;一年检查一次,泡沫低于4倍应换药

(2) 火灾扑救

为便于消防灭火,《火灾分类》(GB/T 4968—2008)中根据可燃物的类型和燃烧特性,将火灾分为A、B、C、D、E、F六类。对于不同性质的火灾,扑救方法各不相同,绝不能错用或同时乱用多种方法扑救。

A类火灾指固体物质火灾,一般在燃烧时能产生灼热的余烬,如建筑物、木材、棉、毛、麻、纸张等固体燃料的火灾。扑救A类火灾可选择水型灭火器、泡沫灭火器、磷酸铵盐干粉灭火器。

B类火灾指液体火灾和可熔化的固体物质火灾,如汽油、焦油、粗苯、甲醇、沥青、萘等引起的火灾。扑救B类火灾应选用干粉、泡沫、二氧化碳型灭火器;扑救极性溶剂的B类火灾不得选用化学泡沫灭火器。

C类火灾指可燃气体火灾,如煤气、天然气、甲烷、氢气等引起的火灾。扑救C类火灾应选用干粉、二氧化碳型灭火器。

D类火灾指金属火灾，如钾、钠、镁等金属引起的火灾。扑救D类火灾可选择粉状石墨灭火器、专用干粉灭火器，也可用干砂或铸铁屑末代替。

E类火灾指带电火灾，包括电子元件、电气设备以及电线电缆等燃烧时仍带电的火灾，而顶挂、壁挂的日常照明灯具及起火后可自行切断电源的设备所发生的火灾则不应列入带电火灾范围。扑救带电设备火灾应选用二氧化碳、干粉型灭火器。

F类火灾指烹饪器具内的烹饪物（如动植物油脂）火灾。

(3) 灭火器配置

易燃易爆生产区内应设置干粉型灭火器或泡沫灭火器，但仪表控制室、计算机室、电信站、化验室等宜设置二氧化碳型灭火器。甲、乙类生产装置，灭火器数量应按1个/50～100m²（占地面积大于1000m²时选用小值，占地面积小于1000m²时选用大值）进行布置；甲、乙类生产建筑物，灭火器数量应按1个/50m²进行布置。生产区域内每一配置点的手提式干粉灭火器数量不应少于2个，多层框架应分层配置。

(4) 其他灭火器材

除上述灭火器外，还应按有关规定在各重要部位分别配置必要的消防水龙带、水枪、消防扳手、消防砂、消防锹、消防桶等。

四、着火事故的处理

1. 抢救

组织现有人员投入事故抢救，并立即向生产指挥部门报告，尽快通知相关部门前来救援。灭火人员要做好自我防护。

2. 对周围设备进行喷洒降温

着火事故发生后，应立即向设备阀门、法兰喷水冷却，以防止设备烧坏变形。如煤气设备、管道温度已经升高几近红热时，不可喷水冷却，因水温度低，着火设备温度高，用水扑救会使管道和设备急剧收缩，造成变形和断裂而泄漏煤气，致使事故扩大。

3. 处理煤气泄漏及着火基本程序

煤气着火可分为煤气管道附近着火、小泄漏着火、煤气设备大泄漏着火。煤气设施着火时，处理正确，能迅速灭火；若处理错误，则可能造成爆炸事故。处理煤气泄漏及着火的基本程序为：一降压，二灭火，三堵漏。具体程序如下。

① 由于设备不严密而轻微泄漏引起的着火，可用湿泥、湿麻袋、石棉布等堵住着火处灭火，也可用蒸汽或干粉灭火器扑灭，火熄灭后再按有关规定补好泄漏处。

注意：此法只适宜于扑救较小的初始火灾，较大起火事故用此方法有可能将人烧伤。

② 当直径大于100mm的设备或管道因泄漏严重，火势较大时，应采取以下灭火方法：停止该管道有关用户使用煤气，将煤气来源的总阀门关闭2/3，适当降低煤气压力，同时向管道内通大量蒸汽或氮气，降低煤气浓度，水蒸气浓度达到35%以上时火自灭。

应注意煤气压力不得低于49～98Pa（5～10mmH$_2$O），严禁突然关闭煤气总阀门，以免引起回火爆炸。同时应注意煤气压力不能过高，因压力过高，火势必然扩大，火情不容易控制。

③ 在通风不良的场所，煤气压力降低以前不要灭火，否则，灭火后煤气仍大量泄漏，会形成爆炸性气体，遇烧红的设施或火花，可能引起爆炸。

④ 有关的煤气闸阀、压力表，灭火用的蒸汽和氮气吹扫点等应指派专人操作和看管。

⑤ 直径小于或等于100mm的管道着火时，可直接将煤气阀门关严，切断煤气来源，火

焰可自行熄灭。

⑥ 煤气管道内部着火，或者煤气设备内的沉积物（如萘、焦油等）着火时，可将设备的人孔、放散阀等一切与大气相通的附属孔关闭，使其隔绝空气自然熄火，或通入蒸汽或氮气灭火；灭火后切断煤气来源，再按有关规定处理。但灭火后不要立即停送蒸汽或氮气，以防设施内硫化亚铁（FeS）自燃引起爆炸。

⑦ 煤气管道的排水器着火时，应立即补水至溢流状态，然后再处理排水器。

⑧ 高大、高空设备着火可用消防车登高灭火。

⑨ 焦炉地下室煤气管道泄漏着火时，焦炉应停止出炉、换向，切断焦炉磨电道及地下室照明电源；按煤气管道着火、泄漏处置程序进行灭火，灭火后打开窗户，进行临时堵漏。切忌立即切断煤气来源，防止回火爆炸。

⑩ 硫酸铵生产过程饱和器煤气窜出引起着火时，是由于液封封不住煤气，煤气窜出后，遇明火而发生煤气着火。因而应加大硫酸量，以提高饱和器和满流槽的液位，封住煤气，从而使火熄灭。

⑪ 在灭火过程中，尤其是火焰熄灭后，要防止煤气中毒，扑救人员应配置煤气检测仪器和防毒面具。

⑫ 灭火后，要立即对可燃物泄漏部位进行处理，对现场易燃物进行清理，防止复燃。

⑬ 火警解除后恢复通气前，应仔细检查，保证管道设施完好并进行置换操作后才允许通气。

4. 甲醇火灾扑救注意事项

① 由于甲醇燃烧火焰温度较一般油类高，在冷却甲醇罐时应增加 1/3 的冷却水。

② 甲醇燃烧时无火焰，在强阳光下进行火场侦察和火灾扑救要特别仔细。

③ 扑救甲醇火灾时，禁止甲醇与铬酸、高氯酸、铅接触，否则将发生剧烈反应，并有爆炸危险。

④ 因甲醇易溶于水，扑救甲醇时宜用抗溶性泡沫。

⑤ 消防人员应佩戴防护眼镜、口罩或全面罩防毒面具，防止中毒和影响视力。

五、爆炸事故的处理

① 可燃气体爆炸后未引起可燃气体管道着火时，应立即切断可燃气体来源，向设备内通入大量蒸汽或氮气以防止二次爆炸和着火。在彻底切断可燃气体来源前，有关用户必须停用可燃气体。

② 可燃气体爆炸后引发可燃气体管道着火时，严禁切断可燃气体来源，应按着火事故处理。

③ 可燃气体爆炸事故后造成可燃气体大量泄漏时，应指挥无关人员撤离现场，以防止可燃气体中毒事故发生，同时组织切断可燃气体来源，进行设备吹扫和处理工作。

④ 处理可燃气体爆炸事故的人员要做好个人防护，备有检测和通讯器材，做好互保，以防止可燃气体中毒事故的发生。

⑤ 在爆炸地点 40m 内严禁有火源和高温存在，以防着火事故。

⑥ 可燃气体爆炸事故在未查明原因前不得引送可燃气体恢复生产。

第七节 烧烫伤事故预防

一、焦炉作业烧烫伤事故

焦炉生产处于 1000℃ 以上的高温中，而且上升管、装煤口在推焦装煤时经常有火焰、火星、明火外喷，燃烧室看火孔以及两侧炉门冒烟冒火都可能给操作者带来烧伤烫伤的危险，烧烫伤事故大多发生在上升管或装煤口附近。在过去，操作人员在操作中穿着劳动保护品不当或因操作技术不熟练违反操作规程，引起的烧烫伤害事故经常发生，随着管理的加强，操作技术的提高，此类事故趋向减少。

二、防范措施

① 不断改进防护用品功能和质量，做到上班职工劳动防护用品必须穿戴齐全。
② 推广高压氨水无烟装煤新工艺，为防止烧烫伤事故提供工艺技术保证。
③ 焦炉应采用水封式上升管盖、隔热炉盖等措施。
④ 清除装煤孔的石墨时，不得打开机焦两侧的炉门，以防装煤孔冒火引起烧烫伤害。
⑤ 清扫上升管石墨时，应将压缩空气吹入上升管内压火，以防清扫中被火烧伤。
⑥ 打开燃烧室测温孔盖时，应侧身、侧脸，防止正压喷火局部烧伤。
⑦ 所有此类操作都必须站在上风向侧进行。
⑧ 禁止在距打开上升管盖的炭化室5m以内清扫集气管。

三、烧烫伤的应急救护

对烧、烫伤的现场急救最基本的要求，首先是迅速脱离热源，衣服着火时应立即脱去，用水浇灭或就地躺下，滚压灭火。冬天身穿棉衣时，有时明火熄灭，仍有暗火，衣服如有冒烟现象应立即脱下或剪去，以免继续烧伤。身上起火不可惊慌奔跑，以免风助火旺，也不要站立呼叫，免得造成呼吸道烧伤。若有烧烫伤可对烫伤部位用自来水冲洗或浸泡，在可以耐受的前提下，水温越低越好。一方面，可以迅速降温，减小烫伤面积，还可以减少热力向组织深层传导，减轻烫伤深度；另一方面，可以清洁创面，减轻疼痛。不要给烫伤创面涂有颜色的药物如红汞、紫药水，以免影响对烫伤深度的观察和判断，也不要将牙膏、油膏等油性物质涂于烧伤创面，以减少创面污染的机会和增加就医时处理的难度。如果出现水泡，要注意保留，不要将泡皮撕去，避免感染。

第八节　火灾爆炸事故案例分析

【火灾爆炸事故案例1】 煤气泄漏遇火源着火事故

某厂ϕ400mm焦炉煤气管道附设在ϕ1800mm净煤气主管上，并处在9m的高空，着火后20min左右即将管道烧成白热化10余米。在抢救事故中有2人轻度烧伤，幸抢救及时管道未破裂。

事故原因：焦炉煤气管道法兰处因石棉垫受腐脱落，煤气微量外逸；遇高炉短时休风，高炉煤气管道内充入蒸汽保压，高炉煤气管道与蒸汽管道两接点是以胶皮管相连接，当时由于蒸汽和大气温度较高，胶皮管被烤焦发生着火，而后将逸出的焦炉煤气燃着。

【火灾爆炸事故案例2】 抽盲板着火事故

1993年5月21日，某钢铁公司能源动力公司燃气厂作业人员抽焦炉煤气主管压力为20kPa的排水器一道阀前盲板时，发生突然着火事故，造成作业人员1人死亡2人重伤，而且使用户停产4h。

事故原因：盲板作业顶开法兰时，煤气溢出与空气混合，逐渐形成一团可燃气体云，可燃气体云遇火源而被点燃。

【火灾爆炸事故案例3】 以关阀门代替堵盲板着火事故

某厂轧钢十二车间煤气管道动火作业，事前先关了两道ϕ600mm阀门，并进行自然通风,在动火时出现先打炮后管道内着火事故,幸未伤人。

事故原因:两道 $\phi 600mm$ 煤气闸阀皆关不严密,使煤气漏入,构成空气和可燃气的混合气体。在动火前未经专业人员作气体测定,可燃成分高时未堵盲板,残余气体未处理,氧割管道时即产生爆炸打炮,因管道内部有焦油,故构成着火。煤气阀门未定期清洗吊芯。

【火灾爆炸事故案例4】 未用氮气吹扫抽盲板着火事故

2000年11月24日晚10时左右,某钢铁公司供气分厂在带气抽DN500焦炉煤气盲板的过程中,发生一次3个多小时的着火事故。有2人面部轻二度烧伤。

事故原因:当时管网压力在3kPa左右,盲板后的管道施工完毕后,没有用氮气等介质吹扫,直接就抽盲板送煤气。

安全技术及组织措施:盲板作业的危险因素很多,控制难度大,任何一点的失误,都会带来严重的后果。盲板作业的组织涉及系统降压、煤气放散、生产协调、作业环境安全控制、施工管理等诸多环节,必须按照严肃认真、周到细致、稳妥可靠、万无一失的原则。重点是把好危险预知、方案制订、协调指挥、措施落实的关键环节,更重要的是要对发生事故的全部危险因素和预防伤害的措施加以控制,才能确保安全。

【火灾爆炸事故案例5】 水封逸煤气造成着火事故

某厂炼钢一车间新接 $\phi 600mm$ 煤气管道,装有水封。因法兰漏水检修,操作工在运行过程中打开水封底部的放空阀门,致使水封的水流尽,煤气即由水封内大量逸出。其旁正在进行明火作业,逸出的煤气立即点燃,火势较大,消防车及时赶到,消除火情,并切断煤气,才避免火势蔓延。

事故原因:操作人员不熟悉水封结构,任意拨弄放空阀门,造成水封解除煤气逸出;煤气管道旁明火作业太近。

【火灾爆炸事故案例6】 硫自燃引起着火事故

1989年9月8日,某厂在燃气道口处接点作业,需在1020焦炉煤气管道上堵盲板。作业前法兰口除锈,两侧刷白并用导线将两侧连接并接地,并对附近的蒸汽裸露管道进行了绝热处理等。一切准备工作就绪,经复查后开始管网系统降压,当压力降至2750Pa时,封闭作业区设警戒,当操作人员顶开法兰口抽出旧垫圈并处理净法兰口上残留石棉绳后,正准备下盲板时,突然发出"轰"的一声引起大火,当即烧伤6人,其中2人致残。

事故原因:煤气管道内沉积物中含有单质硫,由于在煤气压力的作用下喷出自燃引起事故。

【火灾爆炸事故案例7】 空气吹扫爆炸事故

2000年11月17日10时50分左右,某钢铁公司供气厂2号混合煤气加压站至车轮轮箍厂的DN1500管道在停气吹扫动火时发生一次爆炸事故。因该厂"平改转"工程的需要,原20世纪60年代初建成投产的2号混合煤气加压站需搬迁拆除,上午8时轮箍厂止火后开始堵高炉、焦炉煤气支管阀后盲板及用户盲板,9时40分盲板堵好后,原方案要求用 N_2 气吹扫的 N_2 气管道因其减压阀堵塞,在 N_2 气源不到位的情况下,改用2号DN500煤气加压机用空气直接吹扫管道。10时30分左右,在管道末端的3个点取样,含氧量>20%,后在打开4个人孔的条件下,10时50分开始动火时发生爆炸。机后总管末端一个DN1500盖板炸飞,轮箍厂DN1200闸阀炸坏,DN1200盲板飞出50m,有4人面部轻二度烧伤。

事故原因:未采用惰性气体吹扫管道,采用空气吹扫,违章作业。

【火灾爆炸事故案例8】 停煤气未吹扫爆炸事故

2004年5月11日,某球团厂2号洗涤塔因未实施蒸汽吹扫而内存煤气,且通高压总管的大闸阀关闭，通双竖管的水封封至溢流。8时15分左右丙班人员打开2号洗涤塔放散阀。8时40分左右两名作业人员到2号洗涤塔拆卸人孔盖，在拆卸过程中，空气经人孔盖间隙、放散阀形成对流，在塔内局部CO与O_2混合并达到一定比例，形成混合性爆炸气体。而作业人员使用的三种类型的扳手均为铁质，因敲击或摩擦产生火花，引起混合性气体爆炸，造成2人死亡。

事故原因：停工后未对煤气系统进行吹扫；操作工在从事拆卸2号洗涤塔人孔盖作业前，未按要求与岗位操作工联系确认，也未实施CO浓度检测，在未明确塔内是否存有煤气时使用容易产生火花的铁质扳手。

【火灾爆炸事故案例9】 蒸汽吹扫不彻底爆炸事故

2003年9月14日14时30分左右，某企业机动厂煤气站职工在例行检查时，发现煤气柜顶部距离中心放空管1m处有1条3m多长的裂缝，沿径向分布。公司接到报告后，确定了以胶粘的方法进行检修补漏的方案。当晚11时50分，煤气站做完了检修前的准备工作，连接了蒸汽管道，打开了蒸汽阀门，通入蒸汽进行吹扫。之后，由机动厂负责补漏检修工作，在放空口处取样用防爆筒做了爆发试验，均未发现超标现象。检修人员即用角向磨光机对泄漏点表面作打磨清理，另1人用强力胶加玻璃纤维布在清理后的金属表面进行粘接。15日下午17时20分，爆炸事故发生。

原因分析：蒸汽吹扫不彻底，用于蒸汽吹扫的管道直径为DN50，压力仅为0.1~0.2MPa。如此小流量的蒸汽，对于容积为1200m^3的空间来讲可谓是杯水车薪。煤气柜内通入蒸汽后，柜壁温度就会升高，加上当天气温较高，使气柜内壁吸附的固体残渣、水面漂浮的煤焦油等物质内气体挥发析出。

【火灾爆炸事故案例10】 未用盲板切断引起煤气管道爆炸事故

某厂在净煤气管道上动火焊接，上午动火，已发现管道内有煤气，下午又试验两次，仍然着火，就将管道上的1m手动阀门关上，又将1m电动阀关上，但没有全部关上。管道上的三个直径100mm放散管全部打开，15min后，认为煤气处理干净，就第五次动火，发生爆炸，炸毁管道等设备，损失达七万余元。

事故原因：停止运行的管道与运行管道间，不堵盲板而靠阀门切断，势必使煤气窜入停止运行的管道中，发现着火，明知有煤气，而不认真处理煤气，放散管打开后，管道中吸入空气，形成爆炸性混合气体。

【火灾爆炸事故案例11】 管道沉积物自燃引起爆炸事故

1999年4月3日，某公司转炉煤气柜值班人员8点接班后检查设备和仪表信号，一切正常，当时柜高19m，柜容30000m^3，柜后的3号煤气加压机出口压力8kPa，8时30分对煤气柜后煤气取样化验在合格范围内。之后，值班人员发现柜高、柜容表显示始终呈下降趋势，9时25分柜容下降至10000m^3。通知炼钢厂要求回收煤气，通知用户停用煤气未果，煤气柜容最低达到5000m^3。9时35分，柜高表指示呈上升显示，确认炼钢厂开始回收煤气。9时40分，当柜容上升到8000m^3时，发生了爆炸事故。

事故原因：气柜进口处局部达到了爆炸极限；煤气管道内存有焊条头、焊渣等异物的摩擦碰撞和存在低燃点磷、硫和氧化亚铁，磷在空气中自燃，氧化亚铁被氧化生成硫，硫自燃成为点火源。

【火灾爆炸事故案例12】 二次点火引起爆炸事故

某厂班长和组员上班后取煤气加热炉已经处理完的废料，同时又装了一炉进行热处理。约7:30开始点炉，2人先从下面煤气嘴处点火，因有块板挡着，点不着，把点着的包装纸放在炉内料顶上，又开大了煤气阀。班长接着将炉门关上，停了约1min，班长随后到大门外看烟囱是否冒烟，刚走不到2m远，"轰"一声煤气加热炉爆炸了。班长回头看时，组员倒在大门东下角处，因头部受伤过重，当即死亡。

事故原因：第一次在煤气嘴处点火时，煤气阀已开了，由于铁板挡住才没点着。火源放在炉内，又去开大煤气阀，炉门同时关闭，完全具备了爆炸的条件。

【火灾爆炸事故案例13】 停电未处理好引起空气系统爆炸

1979年4月，某厂煤气站5台煤气发生炉生产，启动1号低压排送机，由于电流负荷过大，供电总开关跳闸，造成全煤气站停电，当即按紧急事故处理，复电后，刚启动空气鼓风机，即发生强烈爆炸，造成1人受伤。

事故原因：排送机、鼓风机双停后，4号、8号发生炉未按紧急事故处理，空气阀门未完全关闭，炉底高压蒸汽、炉内钟罩阀未及时打开；干式逆止阀失效，使煤气倒流入炉底和整个空气管道，形成爆炸性气体；风机启动前未进行吹扫，启动后爆炸性气体向前移动，遇炉内火源，沿空气管道逆向发生爆炸。

【火灾爆炸事故案例14】 阀门不严，煤气泄漏着火

某焦化厂炼焦车间化产清理煤气管道，10时炼焦停止加热，在此期间进行计划检修。完成了定期检修项目后又去抢修2号炉焦侧煤气管阀门，10时调火班徐某和王某去关总阀门，还剩约20cm就关不到底了。两人下来后，第二次邵某和王某又去关总阀门，唯恐关不严，直到再也关不动为止。10时5分全厂突然停电，12时25分复风。复风后，铁件班全体人员去抢修2号炉焦侧煤气管阀门。13时15分，在拆阀门螺丝时，煤气大量泄漏，气味难闻，主任叫徐某去喊分厂安全员，徐某走后不久，只听"轰"一声，整个换向室都是火，9人烧伤（轻伤）。

事故原因：未加盲板煤气阀门关不严；天气雨夹雪，气压气温较低，室内煤气散发较慢；缺少防范措施和现场监护人员。

【火灾爆炸事故案例15】 烟囱作煤气放散管爆炸事故

1985年10月3日某焦化厂以废旧不用的45m焦炉烟囱作煤气自动放散管之用，使煤气在烟囱内形成爆炸性混合体，设备科领导带领3人去烟囱5m处拆除废蒸汽管道，气焊割切时引起煤气爆炸，45m烟囱半截炸断倒塌，造成4人死亡5人重伤的重大事故。

事故的主要原因：利用烟囱作放散管，给煤气混合成爆炸性气体形成条件，动火审批管理不严。

【火灾爆炸事故案例16】 焦炉烟道爆炸事故

某焦化厂2005年1月15日检修，于下午5:30焦炉停止加热。6:27焦炉烟道发生爆炸，大烟囱下部检修口被炸开，烟道地下室面有部分砖被炸出，分烟道吸力翻板炸坏。炉顶看火孔盖被炸出。

事故原因：
① 停止加热时只是用交换机停止了煤气的加热，并没有关闭地下室高炉煤气旋塞。
② 高炉煤气压力高，使煤气直接由废气瓣进入了烟道，达到了煤气爆炸极限。

【火灾爆炸事故案例17】 煤气冲开水封爆炸事故

1990年5月10日，某厂SH-84型焦炉，因地下室煤气主管的冷凝物排水器是敞开式的，水封高度也不够。在化产车间误操作时，回炉煤气压力升高，煤气冲开水封，弥漫在焦炉炉端地下室，被焦侧明火引爆。现场无人，没有伤亡，但烧坏电缆、电线15根，焦炉停产7h。

防范措施：因此排水器必须密封，其放散管直径不小于50mm，引出高度应高于集气管走台5m；满流管应密封，另设检查液位用的放空旋塞。禁止用铜质旋塞。

【火灾爆炸事故案例18】 轻苯溢流进入下水道，农民点火引起火灾爆炸事故

某钢铁厂焦化分厂精苯车间，陈某等4人于20时45分清洗原料高置槽。清洗完毕并关闭进水阀门后，不知何人又打开阀门。致命工业用水经胶皮管灌满高置槽后进入一号槽，一号槽注满后又流入二号槽，将槽内苯排出。直至第二天1时30分才发现，但已经有20多吨轻苯溢流进入下水道，凌晨厂外农民彭某发现下水道排水沟有油层流动，便唤来杨某等6人捞油。杨某划火柴点火，当即引起火灾，并先后发生6次爆炸，厂、市消防队出动救火。

【火灾爆炸事故案例19】 两苯塔内换瓷环时自燃事故

某化工厂两苯塔切除重组分，塔下部为拉西瓷环定期更换，更换时拆上下手孔后，晚上塔内自燃，后隔断密闭并充氮气处理解决。

事故原因：釜内料因其他原因未排，造成持续高温烘着塔内；系统未吹蒸汽；上下手孔未关闭，造成空气流通。

【火灾爆炸事故案例20】 洗苯塔着火事故

某焦化厂化产车间洗苯塔着火，动用消防车7辆，消防人员65名，动用灭火泡沫500千克以上，3h才将火扑灭。

事故原因：当天白天准备从1号洗苯塔倒置2号洗苯塔，倒完之后按规定对1号洗苯塔进行煤气置换。煤气置换完之后放散阀没有关，结果导致夜里打雷时劈到洗苯塔放散阀导致洗苯塔成为大火炬。

【火灾爆炸事故案例21】 油库储槽爆炸事故

2006年7月19日8:00左右，维修人员对油库进行配管作业，油库班长认为该项作业内容没变，就将18日办的没有进行施工作业的动火有效期改为至19日18时，一份交维修人员，一份留在操作岗位，另一名操作工告诉施工人员，只能在地面作业，如果到槽顶动火必须通知他，将此话告诉了维修人员。

当天9:20左右，油库员工王某来到现场，当晚操作工雷某向王某汇报了动火证修改日期和施工情况。16:00左右王某来检查工作，雷某告诉王某晚上他要回家，经王某同意17:45离开现场，施工监火由谢某负责。19:00左右谢某从餐厅吃饭回来，维修人员开始在槽顶配管。19:50左右谢某从槽顶下来准备交班。他队接班的操作工韩某说：槽顶动火你赶快上去。韩某上到槽顶输油管基本焊完，开始调整输油管位置，将输油管插入预留孔缝隙处，又喷上灭火器内的干粉，上面加盖了铁皮，接着下去1人帮助向槽顶推送伴热管。当时槽顶共有4人，伴热管拉上来后用气焊烤管，割掉多余的管，然后电焊工贾某（无电焊工作业资格证）开始焊接伴热管，焊完了靠近输油管的一侧后焊另一侧时，一打火就发生了爆炸。储槽西北面槽顶部焊口开裂，槽顶部严重变形，保温铁皮、硅酸盐保温材料部分脱落。保运队焊工贾某、管工程某从槽顶摔下造成重伤，送往医院经抢救无效死亡。

事故原因：
① 槽内有可燃性物质存在；
② 槽内可燃物与空气形成爆炸性混合物；
③ 遇明火或静电火花发生爆炸。

【火灾爆炸事故案例22】 沥青高置槽爆炸着火事故

某焦化厂焦油车间沥青高置槽因人孔打开，空气吸入，沥青烟发生强烈氧化，温度高达闪点而引起爆燃。高置槽上部两处焊口裂开，50min后火被扑灭。

事故原因：沥青自燃点为280℃，自燃点比较低，从这一点进行分析，很有可能是温度达到了自燃点，空气进入发生自燃爆炸。

【火灾爆炸事故案例23】 沥青烧伤事故

2005年8月5日8:30某焦化厂焦油车间发生改质沥青工段操作工被沥青烧伤事故。改质沥青泵工孙某在管道正吹扫的情况下，替分析室取中温沥青样品，打开取样口时蒸汽与沥青同时喷出，造成沥青烧伤事故。

事故原因：泵工孙某未向班长请示，违反劳动纪律，擅离职守，在不知沥青切出工段，正在用蒸汽吹扫管道的情况下，为质检部取中温沥青样品，是造成烧伤事故的主要原因。

【火灾爆炸事故案例24】 导热油着火事故

2008年9月24日9时38分，某焦油加工厂萘法苯酐装置，导热油膨胀槽防爆板破裂，导热油喷出落入反应器上，发生着火。

喷油原因：导热油加热器管板漏，水或蒸汽进入导热油，当时，导热油温度已经升至180℃，加热用的蒸汽压力2.0MPa，导致导热油压力急剧升高；膨胀槽安全阀没起跳；自动阀未起跳。

着火原因：当时反应器温度377℃，自燃；熔盐与导热油发生反应，着火。

【火灾爆炸事故案例25】 工业萘车间火灾事故

2008年8月6日19时左右，某焦化煤气总厂焦油精制车间甲班工人章某在巡检时发现焦油精制车间工业萘车间（打包房）着火，与此同时，在中控室楼上的袁某也看到了从工业萘打包房飘过来的黑烟，打电话给在操作室的周某。班长汪某立即组织章某、周某等人灭火。随后企业专职消防队赶到火场灭火，同时向市消防指挥中心报警。19时10分，市消防支队派出5部车赶赴现场，并成立了火场指挥部，后调集19部车投入战斗，大火于22时30分全部扑灭。火灾烧损厂房732m²，储罐3个，冷凝塔1座，烧损了50t成品工业萘、部分生产设备、1部消防车等。

事故原因：工业萘堆放过多，气温过高，大量的萘呈汽化状态，达到闪燃所需的浓度，遇电火花发生闪燃，引燃附近可燃物，引发火灾。

【火灾爆炸事故案例26】 精萘蒸馏炉发生火灾爆炸

2002年12月2日8时，某焦化厂精萘车间蒸馏工接班后，在8点50分左右发现蒸馏炉内萘油波动很大，便进行了处理。在10点20分又发现4号、5号炉来油不正常，操作工又将加料管考克关了一些。10点40分操作工从炉上部下来离开岗位去休息室聊天，11点5分突然听到外边"轰"的一声，当即奔赴现场发现从蒸馏炉房顶西南部冒出浓烟和火。经职工群众和消防队积极扑救于12时将大火熄灭。此次事故烧掉萘油和萘粉3t多，烧毁房屋、电线、仪表及其他附属设备等。

事故原因：操作工错误操作和违章操作。在当日8时50分左右操作工发现热油高置槽不回流、萘油波动很大时将叶轮泵交通管开闭器关了3/4（错误操作），使来料管道流速增大，热油高置槽保持在回流操作状态（违章操作）。在10点20分又发现4号、5号炉来料量大，即将4号、5号炉加料管考克关了一些（经检查几乎闭塞）。由于高置槽容量有限，来料量大，排料量小，而造成萘油从高置槽顶部溢出。顺着5号炉流下与炉口火焰接触引起火灾、爆炸；更严重的是，操作工知道生产不正常，理应坚守岗位认真操作，但却擅离职守到休息室聊天直至事故发生。由于岗位无人，不能及时发现跑油而导致事故出现和火势扩大蔓延成灾。

【火灾爆炸事故案例27】 精萘转鼓结晶机成品室着火事故

2001年10月15日某焦油加工厂精萘车间夜班于0点开始接班。一操作工在接班检查时发现1号萘转鼓结晶机从南数第四把铜质刮刀有点翘楞,便用扳子和手锤去调整,刮刀面承受压力过大,与转鼓摩擦力增大,产生大量热积聚成高温将刮刀烧红,引燃转鼓罩附近及转鼓精萘起火,瞬间火焰顺着结晶机放散管烧到结晶机升华萘小房,引起爆炸。此时火又蔓延到2号结晶机,此时此索,操作工惊慌失措,既没切断电源停止转鼓转动,又没关闭通向萘转鼓结晶机供油管道上的阀门。造成每分钟有75kg萘油外流助燃,从而导致了火势扩大和增加了火灾损失。此次事故共烧毁580m² 的成品室精萘20t,包装空桶200只;停产16h,部分停产7天。

事故原因:操作制度不健全,对萘转鼓结晶机刮刀调整极限没作具体规定;刮刀利用旧弹簧,长度不够,又没做吨位试验,压缩后弹力小而压力大;由于徒工调整,刮刀摩擦力增大,将铜质刮刀磨红,而引燃了升华萘粉起火。

【火灾爆炸事故案例28】 苯酐车间加热炉爆炸事故

2002年8月5日凌晨3时55分,某市焦化厂苯酐车间加热炉爆炸,自重5t的炉体,拉断连接管道,腾空飞出500m之外落地;该车间当班操作工4人当场炸死,2人重度烧伤。百米以内的树叶、花草被高温气浪烘焦。

事故原因:操作工睡岗,加热炉的温度压力失控造成事故。

【火灾爆炸事故案例29】 酚自燃着火事故

1990年8月22日19时50分,某焦化厂化产品回收车间脱酚塔突然倒塌。其经过是在对塔进行检修时,按操作规程的停塔步骤停塔,并用直接蒸汽对塔进行置换吹扫18h,停止蒸汽吹扫6h后,将塔体人孔盖等打开通风凉塔。打开人孔盖40min后,发现塔体下半部人孔往外冒黄烟,立即将除塔顶吊装孔外的其余已打开的人孔全部封闭,并通入直接蒸汽置换,黄烟立即消失。为尽早进行检修,通入直接蒸汽40min后便将直接蒸汽停下,同时用一临时胶管向塔内填料段加水。5h后再次发现从塔顶冒黄烟,即又向塔内通入直接蒸汽,3~5min后塔体开始倾斜,倾斜到一定角度突然倒塌,将距塔下30m处脱酚泵房砸毁。此时,切断电源,继续往塔内填料段通入蒸汽,但由于塔体被摔得支离破碎,无法阻止空气进入,塔内填料段仍继续自燃,倒塌16h后自燃达到最猛烈阶段,过后逐渐减弱直至熄灭。

自燃原因:脱酚塔是用蒸汽蒸吹法从剩余氨水经蒸氨后的废水中脱酚的主要设备。由于废水中仍含有少量的氨、氰化氢和硫化氢,而废水在脱酚塔内操作温度的条件下,其中氰化氢、硫化氢首先分别被解析出来,转移到蒸汽中并在吸收段被烧碱溶液吸收,与铁(金属填料)充分接触,生产了硫化亚铁。随着时间的延长,硫化亚铁便逐渐积累起来,达到了在适宜温度下遇空气引起自燃的条件。在塔用蒸汽置换清扫后,温度尚未降下来时打开了塔的所有人孔,在塔内形成了空气的较强对流。此时,脱酚塔内的硫化亚铁、温度和流通的空气具备了自燃条件,发生了自燃。

防护措施:在对有可能生成硫化铁和硫化亚铁的设备进行检修时,对设备置换结束后,应加水降温,待温度降至常温后,再打开设备进行检修。如果检修时间较长,应每间隔一段时间向塔内通足量的水进行降温。

【火灾爆炸事故案例30】 饱和器回流槽起火事故

2003年11月11日18时50分许,某焦化厂回收车间乙班硫酸铵工人走到二楼门口时发现3号饱和器回流槽着起大火,就立即告诉了饱和器工并向消防队报警。消防队赶到现场扑救回流槽火时,火又蔓延到除酸器漏煤气的出口阀门。经 2h 扑救将火全部熄灭。此事故烧掉煤气 10000m³。

事故原因:3 号饱和器于 10 月 28 日停产。29 日硫酸铵操作工竟违反规程将此饱和器内母液用泵抽出后,泵出、入口阀门都没关。由于"虹吸"作用,使饱和器母液水从提硝管继续流入母液槽内,这时满流槽已不起水封作用,造成煤气从回流槽窜出;饱和器停产后本应将煤气入口阀门堵上盲板,由于没架子工、没木杆而没能堵上盲板,使煤气在饱和器内具有一定压力而为导致火灾事故创造了条件。当煤气从回流柄窜出后与距回流槽 2m 高的带电灯头触及,造成混电打火引起煤气起火。

【火灾爆炸事故案例 31】 电捕焦油器爆炸事故

某焦化厂回收车间电捕焦油器在停煤气检修时发生爆炸。检修前煤气进口没堵盲板,当关闭煤气进出口阀门,打开顶部放散管,用蒸汽清扫 40h 之后,在顶部放散管上两次取样做爆发试验都合格。1h 后打开底部人孔盖和顶部 4 个绝缘箱人孔盖。发现人孔盖内壁扔挂有萘结晶和黄褐色结晶体。在绝缘箱人孔处,沿石棉板密封垫周边有闪闪的火星。立即盖上绝缘箱人孔盖,但未盖严。半小时后电捕焦油器发生爆炸。

事故原因:由于没有堵盲板,煤气阀门漏气,电捕焦油器内有煤气,底部人孔盖打开后进入空气形成爆炸性气体。器内有硫化铁,绝缘箱内的温度达 80~85℃,在这一条件下硫化铁遇空气自燃(石棉板密封垫周边火星使硫化铁自燃),成为火源。

【火灾爆炸事故案例 32】 蒸氨塔检修时发生爆炸事故

2005 年 5 月 10 日上午 8 点 10 分,某焦化厂正在检修过程中的蒸氨塔突然发生爆炸,5 名现场操作工人受伤,其中 1 人经抢救无效死亡。发生爆炸的蒸氨塔共有七层,出事地在第七层。当天 7 时 50 左右,检修方要求关掉向塔内输送的蒸汽。不料,没过多长时间,就发生了爆炸。

事故原因:爆炸可能与塔内氨气聚积到极值有关系。

【火灾爆炸事故案例 33】 煤气鼓风机着火停机事故

2008 年 7 月 12 日 12 时左右,某焦化厂化产车间 1 号煤气鼓风机突然剧烈振动,操作工王某以为油冷却器断水,随即检查,发现供水正常,此时,1 号风机后瓦处突然起火,王某在李某协同下,随即采取紧急停车措施,并关闭风机进口阀门,同时用灭火器扑灭后瓦处着火。由于 2 号风机处于检修,未达备用状态,随即,厂领导、车间领导、机修工到达现场,紧急抢修 2 号风机,经过 56min 抢修,2 号风机启动。

事故原因:

① 机修车间未对 2 号风机完成检修备用,就安排午间休息,违反生产规定。

② 机修车间及化产车间在已知 1 号风机存在振动过大,运行不稳定的情况下,没有对 1 号风机采取有效措施,造成 1 号风机主轴偏心,造成后瓦磨损严重,从而导致后瓦瞬间高温引起润滑油着火。

③ 从事故发生前一天起,化产风机生产记录就显示,1 号风机后瓦温度处于上升状态,在事发前 1h 内,后瓦温度上升就达 3℃ 左右,化产车间操作工未向主要领导反映,从而导致了风机错过最佳处理时机。

④ 化产车间在以往操作中,未严格执行风机停车时的蒸汽吹扫及停车后的盘车操作,对风机主轴弯曲有一定责任。

⑤ 当班机修工、操作工、工段长在巡检过程中,未发现 1 号风机异常情况,均对事故有一定责任。

【火灾爆炸事故案例 34】 蒸苯管式炉爆炸事故

某焦化分厂煤气严重脱压（压力降低）。当班操作工先后去食堂吃饭、洗澡。留岗的技校代培生未得到煤气脱压信息。7 时 10 分，发现炉膛温度已下降到 140℃，蒸汽出口温度从 90℃下降到 60℃，即去管式炉查看，发现已熄火。在关管式炉第二个阀门（共 4 个）时，管式炉爆炸。炉体对流段方箱钢结构严重变形，底盘下陷，热管换热器外壳损坏，热管后烟筒被炸掉落地。

事故原因：鼓风机房新工人误将阀门关闭，蒸苯管式炉因煤气脱压熄火；代培生不会处理；管式炉无煤气压力仪表；煤气压力恢复后，炉内气体达到爆炸极限遇回火而爆炸。

【火灾爆炸事故案例 35】 转子质量不良电动鼓风机爆炸事故

某焦化厂 4 号电动鼓风机在 10min 前操作人员检查尚一切正常的情况下，突然发出一声巨响，操作人员即发现风机转子后护套离位跑出机外，并从此处冒煤气。停机后检查，发现转子二级叶轮一块短叶片脱落，机壳被打坏。经多次检查，风机进出口管道和油路均未发现异物，而风机一级叶轮也有铆钉脱落现象。此次事故使风机全部损坏，加速器及电动机部分轻度损伤。

事故原因：经材质金相分析，铆钉金相结构很不均匀，内力大，可认为此次事故是转子质量不良引起。

【火灾爆炸事故案例 36】 废氨水槽爆炸事故

2007 年 4 月 23 日 14 时 40 分，某公司回收车间发生爆炸事故，造成 1 人死亡，3 人轻伤，直接经济损失 30 余万元。4 月 23 日上午，回收车间维修班对废氨水槽进行配管改造。在未对槽体进行内部介质置换、清洗的情况下，未按照安全操作规程办理动火证，在废氨水槽南部高约 80mm 处擅自动火，割开 ϕ57mm 的孔。动火过程至 11 时左右停止，当日下午 14 时 40 分左右开始焊接 ϕ57mm 接管和法兰，在对废氨水槽进行焊接的瞬间，引起罐槽内可燃气体爆炸。

事故原因：废氨水槽未置换清洗，内部可燃气体积聚，达到爆炸极限，遇焊接作业的明火，造成爆炸。

【火灾爆炸事故案例 37】 黄血盐吸收塔自燃爆炸事故

某焦化厂黄血盐吸收塔停产大修后做开工准备。10 时操作工开蒸汽扫线，两次蒸汽阀门共开 2 扣多点。这时计量槽刚冒出蒸汽，约 10min 之后，突然爆炸。铁屑从顶部喷出，顶盖开裂，吸收塔顶盖炸裂并有一块 20 多千克重的铁块抛出近 15m，幸亏没伤人。

事故原因：塔内硫化铁自燃引起。停产时吸收塔内温度高于 100℃，填料沉积物中水分蒸发处于干燥状态。停产后，本系统内的各放散管与大气相通，在开口通蒸汽前形成自燃通风。10min 后，塔内沉积物表面的温度就达到或超过硫化铁的自燃点。蒸氨塔内送汽后，造成气流湍动，塔内残存的硫化氢、氨与空气混合后达到爆炸极限而发生自燃爆炸事故。

【火灾爆炸事故案例 38】 炭黑火房爆炸事故

某焦油厂炭黑间二工段已经停车检修完毕，准备开汽生产。准备工作就绪后，决定火房点火投产。点火前，由于火房入口煤气阀门没有关严，已向火房内泄漏了大量煤气，没有及时检查出来，致使火房内已形成空气和煤气的混合气体。当一给明火时，立即发生重大爆炸。将火房顶部 ϕ300mm 的煤气管道炸飞 200m，落到厂外的农民院里，火房震塌，尾气风机炸坏，当时烧伤 8 人，其中 2 人伤情稍重。

【火灾爆炸事故案例 39】 熔融萘泄漏燃烧事故

2008 年 8 月 28 日 22 时 10 分，某化工有限公司发生熔融萘泄漏燃烧事故，该厂主要以工业用萘和酸为原料，加工生产用于水泥生产的减水剂。8月28日晚22时10分，两名职工在用铁镐清理化萘罐时，与输出管道发生碰撞产生火花，引燃池底积聚的固体结晶萘，职工用脚踩踩灭火无效，随上至地面组织利用干粉灭火器灭火。火势未得到控制，并导致化萘罐内的熔融萘从抽吸泵处发生泄漏燃烧，火势迅速扩大，现场职工遂拨打119电话报警。经过消防官兵5h的奋战，成功将大火扑灭，彻底排除了险情，将事故损失降到了最低点。

事故原因：
① 直接原因在于职工安全意识弱，清理化萘罐时铁镐与输出管道发生碰撞产生火花，引燃池底积聚的固体结晶萘。
② 间接原因是由于公司安全教育工作没有深入人心，安全管理很不严格。

【火灾爆炸事故案例40】 甲醇火灾爆炸事故

1996年7月17日，某有机化工厂乌洛托品车间进行粗甲醇直接加工甲醛的技术改造，在精甲醇计量槽溢流管上安装阀门，当职工对溢流管阀门连接法兰与溢流管对接管口（距进料管敞口上方1.5m）进行焊接时，电火花四溅，掉入进料管敞口处，引燃了甲醇计量槽内的爆炸物。计量槽槽体与槽底分开，槽体腾空四溅，槽顶陷入地下，槽内甲醇四溅，形成一片大火，火焰高达1.5m。

事故原因：违章指挥、违章作业，在进行焊接作业前，没有与甲醇计量槽完全隔绝，进料敞口与大气相通造成空气回流，达到爆炸极限。有机化工厂属于易燃易爆区域，为一级动火，没有执行有关动火规定进行电焊作业，电焊火花引燃进料口的爆炸混合物，是造成事故的直接原因。

【火灾爆炸事故案例41】 二甲醚火灾爆炸事故

2005年某化工股份有限公司南厂区乙二醇二甲醚发生爆炸，并引起附近成品仓库火灾，造成5人死亡，11人受伤。

【火灾爆炸事故案例42】 放空没打开引起电除尘的绝缘箱爆炸

某厂大修后，电除尘置换时绝缘箱放空没打开，系统置换时间短，煤气置换时，电除尘出口取样分析合格，煤气分析合格就送电开车。由于绝缘箱内存有空气，通煤气时形成了爆炸性混合气，开车送电引起爆炸，炸坏绝缘箱，电除尘紧急停车。

预防措施：系统开车时置换要彻底，特别是惰性气体置换空气时，死角地方要置换取样合格。

【火灾爆炸事故案例43】 烧伤事故

某厂气化炉做到第11个循环时，即将加炭车推到炉口旁边。当值班长看到吹风阀指示牌下落时，不了解情况就贸然指挥打开炉盖，炉内正在上吹制气，炉口大火冲出6~7m高，烧伤一名加炭工。当时在岗人员全部吓跑，幸有1人跑后又转回来，才将自动机停下。

事故原因：负责人员不了解情况，乱指挥；加炭工在当时的情况下应拒绝接受命令，并提高应变能力。

【火灾爆炸事故案例44】 空气总管爆炸事故

某厂造气车间全厂断电，气化炉紧急停车，空气鼓风机也紧急停车。全厂恢复电力后开鼓风机时，空气总管突然爆炸并炸坏鼓风机。

事故原因：全厂断电紧急停车后，煤气炉烟囱因高压水断而自动下落并关闭，相当于煤气炉处于憋压状态。由于煤气炉一次风阀或二次风阀密封不好，使炉内产生的煤气倒入空气总管引起爆炸。由于断电等原因而紧急停车，必须打开炉顶快开阀门，有条件时打开燃烧室盖子或支起烟囱阀。断电后开车，空气总管内必须取样分析，确认没有可燃气体才开车，否则应用氮气或蒸汽进行置换。

防范措施：防止停车后烟囱自动关闭，可以改烟囱阀为下开式，断高压水时阀门会自动打开，煤气炉的一次风管线应设安全放空阀，停车时自动打开。

【火灾爆炸事故案例 45】 甲烷化炉出口法兰泄漏着火事故

脱碳系统补液后，脱碳气中一氧化碳和二氧化碳总含量高了 1%，致甲烷化炉催化剂温度超过 400℃，甲烷化炉出口法兰垫着火，而被迫停车。

事故原因：补加脱碳液质量不合格，致脱碳气中二氧化碳超标，且脱碳和甲烷化两工序未及时减量，致甲烷化催化剂超温，甲烷化炉气体出口法兰垫老化而着火。

【火灾爆炸事故案例 46】 含氧量超标爆炸事故

某厂油汽化车间 2 号油汽化炉停车检修，下午 13 时检修完毕投油开炉。14 时 20 分变换气合格，送 7 号压缩机，14 时 33 分洗气合格送合成；当打开"配氮"阀约 5min，合成车间 7 号机等多处发生爆炸着火，造成 3 人死亡，11 人重伤，16 人轻伤。

事故原因：

① 水洗气中氧含量达 5%～10%（正常指标小于 0.2%），严重超标。

② 造成氧含量高的原因是在 2 号油汽化炉停车检修充氮后，操作人员忘记关掉汽化炉上 $\phi 32mm$ 和 $\phi 40mm$ 两个充氮阀门，造成氧气倒入氮气总管，当合成车间打开配氮阀后，使氧气窜入压缩机系统，导致系统爆炸。

防范措施：

① 油汽化充氮与合成配氮应分开供给，不得共用一台氮压机。

② 为了保证合成氮气质量，在合成配氮管装微量氧自动分析仪和压力自动调节装置。

③ 主要操作阀门坚持执行操作票制度。

【火灾爆炸事故案例 47】 汽缸润滑油系统爆炸事故

某厂压缩机缸体间连接螺栓疲劳断裂而爆炸着火。运行中的 7 号压缩机二、四段缸体连接螺栓突然断裂，在活塞杆强大推力下，二、六段缸体损坏，严重移位，大量氮气、氢气外泄而爆炸着火，同时压缩机基础和厂房玻璃严重损坏，进行紧急停车处理未造成人员伤亡。

防范措施：采用磁力探伤对螺纹部分进行探伤，能及时发现螺纹的疲劳裂纹，对有疲劳裂纹的螺栓及时更换。

【火灾爆炸事故案例 48】 硫化铁自燃引起爆炸事故

2008 年 1 月 23 日 12 时 30 分，某焦化分厂精苯车间院内突然发生爆炸事故，油库区内的 11 号、12 号储油槽上部起火并升起一股黑烟。车间全体在岗人员立即在车间主任的指挥下组织抢救，并指定专人去泡沫泵房开启泡沫泵。泡沫依次向 11 号、12 号、13 号油槽喷出，使火势得到了及时控制，接着，几名在岗人员冲入槽区，用干粉灭火器灭火，在短短的 3～4min 时间内，槽内外火焰被扑灭。消防队赶到现场立即给储槽降温，避免了事故的蔓延扩大。事故后，发现 13 号槽出口阀门被 12 号槽的浮漂法兰砸坏，11 号槽表面有着火痕迹。12 号槽着火痕迹较为严重，槽体炸裂 15cm 左右，并有变形。

事故原因：

① 11 号槽原装未洗混合分，因未洗混合分中含有较多的硫化物，在长期的储存中，因硫化氢和有机硫化物对设备的接触腐蚀作用，形成了硫化铁。干燥的三硫化二铁能在常温的空气中自行发热而燃烧，不出现火焰，只呈现炽热状态，但温度很高，能引起可燃物着火。

② 11 号槽顶的人孔盖敞着，12 号槽放散管有呼吸作用，槽内进了空气，形成爆炸性混

合气体。其中一个槽内的硫化铁自燃，引起爆燃，并向外传播，引起了另一槽爆燃。

【火灾爆炸事故案例 49】 水煤气型两段气化炉炉底爆炸事故

某煤气公司有 3 台 3.6m 水煤气型两段气化炉，经过一年多运行后，炉底经常发生爆炸现象，尤其是在每次开炉初期，严重时曾将炉底除灰拉转方门炸掉，严重影响生产。

原因分析：

① 空气窜入炉底及下吹煤气系统。水煤气生产是间歇法制气工艺，每个制气循环分为鼓风和制气两个阶段。在鼓风阶段结束转入制气阶段时，鼓风空气与炉体系统的隔绝靠鼓风循环阀和鼓风调节阀的关闭来实现，随着生产时间的增加，循环阀和调节阀长期频繁动作，密封口磨损，造成鼓风结束后阀门关闭不严，不能很好地起到密封作用，使空气窜入炉底及下吹煤气系统，引起下吹煤气氧高炉底爆炸。

② 炉底蒸汽吹扫不彻底。在初始设计中，炉底灰盘吹扫蒸汽来源于煤气炉水夹套汽包产生的饱和蒸汽，该蒸汽压力低且含水量大，加之吹扫管线长、弯头多，又因市区用气量较低，煤气炉不能连续运转，这就极易造成吹扫管线内冷凝水过多，从而严重影响吹扫效果，尤其是在每次初始开炉制气期间影响更是明显。

解决措施：

① 在鼓风调节阀与鼓风循环阀之间的鼓风管道上开孔加装放散管和放散阀，并对生产程序进行相应修改，使放散阀与鼓风循环阀同时动作，反向开闭，即循环阀开启时放散阀关闭，循环阀关闭时放散阀开启。这样使鼓风结束后由调节阀泄漏的空气放散到大气中，同时因压力降低，也相应降低了循环阀的漏风量。

② 将夹套汽包饱和蒸汽改为生产用过热蒸汽，在蒸汽吹扫管线上加装气动循环阀，并对生产程序进行相应修改，利用鼓风管线蒸汽吹扫阀动作信号控制该阀，即实现每个生产循环鼓风结束及下吹制气结束后，高压过热蒸汽对炉底灰盘进行吹扫，分别降低了鼓风及下吹制气后残留于炉底灰盘中的空气及煤气。

【火灾爆炸事故案例 50】 气化炉炉底爆炸喷火事故

某厂采用 1600 型两段水煤气炉，间歇式循环制取水煤气。在生产运行及停炉操作中，经常发生炉底爆炸喷火的现象，尤其在停炉进行炉底开灰箱及除灰操作时。

事故原因：

① 二次蒸汽上吹时，上吹蒸汽阀关闭或开得太小，导致没吹净炉底煤气，鼓风时空气进入炉底。

② 二次蒸汽上吹时，炉底灰斗内有大块物质，导致没吹净炉底煤气，鼓风时空气进入炉底。

③ 吹风阀漏气，导致空气和下吹煤气在炉底混合发生爆炸。

④ 气化炉放散阀及放散管道堵塞，造成闷炉时干馏煤气回流到炉底积聚。当打开灰箱圆门时，空气进入极易发生爆炸喷火。

⑤ 放散烟囱口开口向南，当刮南风时，极易造成闷炉时的干馏煤气回流到炉底，在炉底发生爆炸喷火。

⑥ 炉底灰箱闷炉时长时间关闭，造成干馏煤气扩散到炉底。当打开灰箱圆门时，炉底进入空气。

⑦ 煤种灰熔点相对较高，煤灰一般不易结渣，而成粉状。在运行中灰层的厚度往往很难保证，很容易提供明火源。

⑧ 运行中二次蒸汽吹净时间不够，炉底煤气没吹净，鼓风时空气进入炉底。

⑨ 停炉操作与空气鼓风岗位的工作人员没协调好，造成先停鼓风机，后停气化炉。鼓风阀门打开但无风通过，导致炉底煤气积聚，再开灰箱时空气进入。

⑩ 冬季蒸汽管道中蒸汽极易冷凝，当刚开炉制气时，冷凝水被带入气化炉中被突然汽化，极易造成炉底压力过高，发生爆炸。

⑪ 停炉下灰操作的顺序不对，如果先放旋风除尘器中的灰，极易降低放散烟囱的抽吸能力，造成干馏煤气易向炉底扩散。除尘器放灰动作结束，再去气化炉底灰箱放灰时，易进入空气发生爆炸喷火。

采取措施：

① 检查蒸汽阀门的开启情况，特别是手动阀门，要保证开启灵活，可以全开和全关。
② 及时处理灰斗内的大块物质，保证灰斗内的煤气吹扫干净。
③ 吹风阀漏气时，要及时更换。
④ 放散阀门堵塞时，应及时清理，保证放散烟囱的抽吸能力。
⑤ 放散烟囱的方向可以改成竖直向上，以便减少风向的影响。
⑥ 气化炉停炉时间过长且中央细灰箱圆盖关闭时，不宜开启灰箱盖，如必须开启，也要做吹净工作且在鼓风阶段停炉。
⑦ 适当提高气化炉的操作温度，使灰层易形成渣块，增加透气性，保证灰层具有一定厚度。
⑧ 二次吹净时间不够，可适当调整二次吹净时间，保证炉底煤气吹干净。
⑨ 加强岗位间的联系，做好协调工作。
⑩ 在蒸汽管道上安装疏水器，保证蒸汽管道中无冷凝水积聚。
⑪ 严格遵守操作规程及工作程序。

【火灾爆炸事故案例51】 煤气发电厂锅炉炉膛爆炸事故

2000年9月23日上午10时15分，某焦化厂所属煤气发电厂发生了一起尚未正式移交使用的煤气发电锅炉在点火时炉膛煤气爆炸的事故，此锅炉型号为SHS20-2.45/400-Q，用于发电，于1999年11月制造。当日上午10时15分，该厂厂长指令锅炉房带班班长对锅炉进行点火，随即该班职工将点燃的火把从锅炉南侧的点火口送入炉膛时发生爆炸事故，炉墙被摧毁，炉膛内水冷壁管严重变形，最大变形量为1.5m。锅炉烟道、引风机被彻底摧毁，烟囱发生粉碎性炸毁，砖飞落到直径约80m范围内，砸在屋顶的较大体积烟囱砖块造成锅炉房顶11处孔洞，汽轮发电机房顶13处孔洞，最大面积约15m^2，锅炉房东墙距屋顶1.5m处有12m长的裂缝。炸飞的烟囱砖块将正在厂房外施工的人员2人砸死，另造成5人重伤，3人轻伤。爆炸冲击波还使距锅炉房500m范围内的门窗玻璃不同程度地被震坏。

事故原因：此次爆炸事故是由于炉前2号燃烧器（北侧）手动蝶阀（煤气进气阀）处于开启状态（应为关闭状态），致使点火前炉膛、烟道、烟囱内聚积大量煤气和空气的混合气，且混合比达到轰爆极限值，因而在点火瞬间发生爆炸。具体分析如下。

① 当班人员未按规定进行全面的认真检查，在点火时未按规程进行操作，使点火装置的北蝶阀在点火前处于开启状态，是导致此次爆炸事故的直接原因。

② 煤气发电厂管理混乱，规章制度不健全，厂领导没有执行有关的指挥程序，没有严格要求当班人员执行操作规程，未制止违规操作行为。职责不明、规章制度不健全也是造成此次爆炸事故的原因之一。

③ 公司领导重生产、轻安全，重效益、轻管理。在安全生产方面失控，特别是在各厂的协调管理方面缺乏有效管理和相应规章制度，对各厂的安全生产工作不够重视，也是造成

此次爆炸事故的原因之一。

【火灾爆炸事故案例52】 误操作使透平风机爆炸事故

某焦化厂2号透平风机副操作员方某发现风机转速从3300r/min降到3000r/min时，为提高转速，方某将背压汽阀门开大一圈半，转速瞬时提高到5500r/min，方某想关小一点，但因精神紧张，误关为开，转速继续提高，致使风机发生爆炸，风机和汽机全部损坏。

事故原因：操作人员刚从氨水泵工作岗位调来不久，对风机性能不了解，操作不熟练。

【火灾爆炸事故案例53】 重质苯储槽爆顶事故

某年7月19日，随着一声闷响，某焦化厂焦油车间罐区西北角200t重质苯罐爆顶。罐盖崩翻在南边，南边的装卸油管道也随同罐盖崩翻的方向扭弯。

事故原因：油面高度下降，罐内有蒸汽加热管暴露在油面之上的罐内空间。由于要清洗同型号罐，开大了蒸汽阀门，使本来已漏气的阀门漏气更为严重，致使该罐内重质苯温度逐渐升高，油气不断挥发到罐内上部空间，形成了可燃油气和空气的混合体，达到爆炸极限，罐内温度逐步上升引燃爆炸性混合气体。

【火灾爆炸事故案例54】 制氧机燃爆事故

2000年8月21日零时10分，国内某钢铁有限责任公司制氧厂1号1500m³制氧机发生燃爆，死亡22人，伤24人，其中重伤7人，部分厂房坍塌，部分设备受损，直接财产损失320多万元。

事故原因：

① 燃爆事故现场同时具备助燃物、可燃物及着火源等燃爆三要素，酿成燃爆事故。其中，助燃物为排放液氧所造成的富氧空气；可燃物为膨胀机、空压机油箱的油雾及油；着火源为1号空压机电机油浸纸动力电缆端头爬电，在富氧环境中产生火花，引燃油浸纸。

② 液氧排放操作不当。空分工（均在事故中死亡）排放液氧时操作不当，排放速度过快，造成检修现场氧气浓度过大又来不及散发，形成富氧状态，直接为燃爆提供了一个要素。

【火灾爆炸事故案例55】 制氧厂烃类超标爆炸事故

1996年7月18日，某气化厂空气分厂当班人员听到一声闷响，接着主冷凝器液位全无、下塔液位上升，氧、氮不合格，现场有少量珠光砂从冷箱里泄了出来，断定为主冷爆炸。后经主冷生产厂家切开主冷发现上塔塔板全部变形，主冷四个单元中有一个单元局部烧熔，爆炸切口有炭黑，另一个单元发生轻微爆炸，下塔有一块塔板变形。

事故原因：

① 空气分厂与造气、甲醇、净化分厂较近，这三个分厂不正常排放对空分生产造成了威胁，主冷液氧中碳氢化合物超标时有发生。在爆炸前几天风向和气压都对空分生产不利，造成原料空气碳氢化合物含量上升。

② 碳氢化合物经过液空吸附器和液氧吸附器吸附后，部分被排除，另一部分在液氧中积聚，使其在液氧中浓度升高。乙炔在液氧中局部浓缩而析出危险的固体乙炔，吸附器倒换周期长，液氧泵时开时停，导致碳氢化合物不能被及时排出，又未采取大量排液手段，导致超标。在吸附器操作过程中，不按规程精心操作导致硅胶破碎，致使硅胶粉末进入主冷。

③ 液氧中硅胶和二氧化碳颗粒随液体运动产生静电，是乙炔起爆的点火源。

【火灾爆炸事故案例56】 脚踩炉盖烧伤事故

某焦化厂四大班工长韩某在对53号炭化室3号装煤孔盖着火进行处理时，用脚去踩斜了的炉盖，结果从盖缝中喷出的火苗将裤子引燃，同时将一起处理故障的漏煤工脸部烧伤。

事故原因：未对着火源进行分析，盲目采取措施；上升管堵塞单炉压力升高，处理手段不正确，违反操作规程。

【火灾爆炸事故案例57】 清理上升管被烧伤事故

某焦化厂一大班上升管操作工周某在出焦过程中，对18号上升管桥管进行清扫，未关翻板打开清扫孔，大量煤气从集气管处冒出，周某被迫背向清扫孔反身清扫。时值春季多风，煤气被10号上升管明火引燃，火点燃了周某的帆布衣，待觉察起火时，已将衣服烧穿，造成背部大面积烧伤。

事故原因：未按规定关闭水封翻板；未将周围明火熄灭；未能正确判断选择站位。

【火灾爆炸事故案例58】 熄焦塔回水沟烫伤事故

2001年8月炼焦车间丙班拦焦司机周某在检修时间和本班员工开玩笑，有人把他的自行车偷放起来，周某到处寻自行车，在熄焦塔附近不小心掉进熄焦塔回水沟内将双腿下部烫伤。

事故原因：违反劳动纪律，工作中开玩笑。

【火灾爆炸事故案例59】 洗油再生器残渣烫人事故

某焦化厂回收车间洗油再生器放残渣，因渣槽大修，残渣临时放在地面，未装栏杆。谢某检查时，误以为残渣已冷，右脚踏入热残渣中不能拔出，随即左脚也踏进残渣，造成双脚烫伤，右脚踝部三度灼伤，沥青中毒，下肢肌腱粘连，神经麻痹，行动障碍而致残。

事故原因：
① 临时放渣而无栏杆，无警示，误入而烫伤。
② 作业人员现场安全意识不强，安全教育不到位。

复 习 题

1. 简述燃烧的特征及火灾发生的三个条件。
2. 简述燃烧的形式及闪点、着火点、自燃点的定义，讨论燃点和自燃点的区别。
3. 简述爆炸的定义、伴随的现象及破坏作用。
4. 简述爆炸的分类以及化学性爆炸的类型。
5. 简述粉尘爆炸的过程及影响因素。
6. 简述爆炸极限的定义，说明爆炸极限范围与危险性的关系。
7. 简述影响爆炸极限的因素。
8. 对煤化工涉及的危险化学品进行火灾爆炸危险性分析。
9. 简述火灾爆炸场所局限化措施。
10. 应杜绝哪些火源？
11. 爆炸的物质条件如何杜绝？
12. 简述各种阻火防爆设施的原理。
13. 简述四种灭火措施及原理。
14. 简述灭火剂的类型及原理。
15. 简述常见火灾的扑救方法。
16. 查找煤化工生产的火灾、爆炸方面的事故案例，分析事故原因，指出应吸取的教训。

第二章　电气安全与事故案例分析

在化工生产火灾和爆炸事故中，由于电气火花、雷电和静电所引起的火灾爆炸事故仅次于明火引起的事故量。在煤化工的爆炸性气体、粉尘、可燃物质环境中一定要加强电气设备的防火防爆，要根据爆炸和火灾危险场所的区域等级和爆炸性物质的性质，对车间内的各类电气设备采用防爆、封闭、隔离等措施，正确选择防爆电气设备的类型。采取防雷、防静电措施，以控制导致火灾爆炸事故的火源，同时，还要采取必要的措施防止触电事故的发生。

第一节　电气防火防爆

一、爆炸和火灾危险场所的区域划分

爆炸和火灾的危险程度决定于危险性物质的类别和状态、爆炸性混合物出现的频繁程度和持续时间、爆炸性混合物中可燃物质的浓度、危险物质的储量以及燃爆后果的严重程度。按形成爆炸火灾的危险程度将爆炸火灾场所分级，其目的在于有区别地选择电气设备和采取预防措施。根据我国现行的《爆炸和火灾危险环境电力装置设计规范》（GB 50058—1992）标准，将爆炸火灾危险场所分为三类八区，见表2-1。

表2-1　爆炸和火灾危险场所的区域划分

类别	场所	分级	特征
1	有可燃气体或易燃液体蒸气爆炸危险的场所	0区	正常情况下,能形成爆炸性混合物的场所
		1区	正常情况下不能形成,但在不正常情况下能爆炸性混合物的场所
		2区	不正常情况下整个空间形成爆炸性混合物可能性较小的场所
2	有可燃粉尘或可燃纤维爆炸危险的场所	10区	正常情况下,能形成爆炸性混合物的场所
		11区	仅在不正常情况下,才能形成爆炸性混合物的场所
3	有火灾危险的场所	21区	在生产过程中,生产、使用、储存和输送闪点高于场所环境温度的可燃液体,在数量上和配置上能引起火灾危险性的场所
		22区	在生产过程中,不可能形成爆炸性混合物的可燃粉尘或可燃纤维在数量上和配置上能引起火灾危险性的场所
		23区	有固体可燃物质在数量上和配置上能引起火灾危险性的场所

根据表2-1的爆炸和火灾危险场所的区域划分标准，可进行煤化工生产的爆炸和火灾危险场所的区域划分。附录1和3为煤化工生产的主要爆炸危险场所等级。

甲醇储存常采用浮顶罐和拱顶罐两类罐型，但其储罐区爆炸危险区域等级是不同的。若采用浮顶罐，在正常操作时无或几乎无任何"呼吸"损失，不可能出现甲醇蒸气的爆炸性气体混合物，故罐区的爆炸危险环境区域等级为2区；若采用拱顶罐，在正常操作时，存在"呼吸"损失（如20℃时甲醇的饱和蒸气压为12.8kPa），可能出现甲醇蒸气的爆炸性气体混合物，故罐区的爆炸危险环境区域等级为1区。

焦炉煤气的密度轻于空气，根据《爆炸和火灾危险环境电力装置设计规范》（GB 50058—1992）第2.3.9条的规定，对于通风不良且为第二级释放源类（在正常运行下不会

释放或即使释放也仅是偶尔短时释放）的煤气鼓风机厂房，其爆炸危险区域划分如图 2-1 所示。

在煤气鼓风机房二层的封闭区可划分为 1 区；以煤气释放源为中心、半径为 4.5m 的范围，地坪以上至封闭区底部的空间，距离封闭区外壁 3m，顶部的垂直高度为 4.5m 的范围内均划为 2 区。

二、防爆电气设备的类型和标志

1. 防爆电气设备的类型

防爆电气设备是指不会出现电火花、电

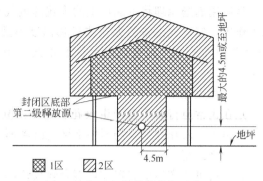

图 2-1 轻于空气的易燃物质在通风不良的压缩机厂房内危险区域划分

弧和危险温度的电气设备，根据《爆炸性气体环境用电气设备 第 1 部分：通用要求》（GB 3836.1—2000）标准，防爆电气设备依其结构和防爆性能的不同分为以下几种。

(1) 隔爆型 (d)

有一个隔爆外壳，是应用缝隙隔爆原理，使设备外壳内部产生的爆炸火焰不能传播到外壳的外部，从而防止点燃周围环境中爆炸性介质的电气设备。隔爆型 (d) 按其允许使用爆炸性气体环境的种类分为Ⅰ类和ⅡA、ⅡB、ⅡC类。该防爆型设备适用于 1、2 区场所。隔爆型电气设备的安全性较高，但其价格及维护要求比较高，因此在危险性级别较低的场所使用不够经济。

(2) 增安型 (e)

是在正常运行情况下不产生电弧、火花或危险温度的电气设备。该类型设备主要用于 2 区危险场所，部分种类可以用于 1 区，例如具有合适保护装置的增安型低压异步电动机、接线盒等。

(3) 本质安全型 (i)

是由本质安全电路构成的电气设备。在正常情况下及事故时产生的火花、危险温度不会引起爆炸性混合物爆炸。"ia" 等级电气设备是正常工作及施加一个故障和任意组合的两个故障条件下，均不能引起点燃的本质安全型电气设备；"ib" 等级电气设备是正常工作和施加一个故障条件下，不能引起点燃的本质安全型电气设备。ia 级可用于 0、1、2 区危险场所 (Exia)，ib 级可用于 1、2 区危险场所 (Exib)。

(4) 正压型 (p)

具有保护外壳，壳内充有保护性气体，其压力高于周围爆炸性气体的压力，能阻止外部爆炸性气体进入设备内部引起爆炸。按其充气结构可分为通风、充气、气密等三种形式。保护气体可以是空气、氮气或其他非可燃性气体，其外壳内不得有影响安全的通风死角。正常时，其出风口处风压或充气气压不得小于 200Pa。该类型电气设备可用于 1 区和 2 区危险场所。

(5) 充油型 (o)

是应用隔爆原理将电气设备全部或一部分浸没在绝缘油面以下，使得产生的电火花和电弧不会点燃油面以上及容器外壳外部的燃爆型介质。运行中经常产生电火花以及有活动部件的电气设备可以采用这种防爆形式，主要用于开关设备的防爆。该类型设备适用于 1 区和 2 区危险场所。

(6) 充砂型 (q)

是应用隔爆原理将可能产生的火花的电气部位用砂粒充填覆盖，利用覆盖层砂粒间隙的熄火作用，使电气设备的火花或过热温度不致引燃周围环境中的爆炸性物质。通常它用于Ex"e"或Ex"n"设备内的元件和重载牵引电池组。该类型设备适用于1区和2区危险场所。

(7) 无火花型（n）

是在正常运行时不会产生火花、电弧及高温表面的电气设备。它只能用于2区危险场所，但由于在爆炸性危险场所中2区危险场所占绝大部分，所以该类型设备使用面很广。

(8) 浇封型（m）

它是将可能产生引起爆炸性混合物爆炸的火花、电弧或危险温度部分的电气部件，浇封在浇封剂（复合物）中，使它不能点燃周围爆炸性混合物。采用浇封措施，可防止电气元件短路、固化电气绝缘，避免了电路上的火花以及电弧和危险温度等引燃源的产生，防止了爆炸性混合物的侵入，控制正常和故障状况下电气设备的表面温度。该类设备适用于1区和2区危险场所。

(9) 防爆特殊型（s）

是指在《爆炸性气体环境用电气设备 第1部分：通用要求》国家标准中未包括的防爆类型，该类型可暂由主管部门制定暂行规定，并经指定的防爆检验单位检验认可，能够具有防爆性能的电气设备。该类设备是根据实际使用开发研制，可适用于相应的危险场所。

2. 防爆电气设备的标志

电气设备的防爆标志可在铭牌右上方，设置清晰的永久性凸纹标志"Ex"。小型电气设备及仪器、仪表可采用标志牌铆或焊在外壳上，也可采用凹纹标志。在铭牌上按顺序标明防爆类型、类别、级别、温度组别等，这就构成了性能标志。

防爆性能标志由四部分组成，以字母或数字表示，其表示方法如下：

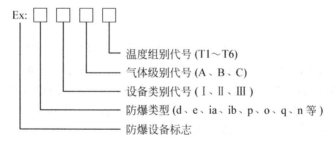

第一部分表示防爆类型标志。即上述几类防爆电气设备括号中的字母，如d为隔爆型、e为增安型。

第二部分表示适用的爆炸性混合物的类别。按爆炸性混合物的物理化学性质可分为三类：Ⅰ类为矿井甲烷；Ⅱ类为爆炸性气体、蒸气、薄雾；Ⅲ类为爆炸性粉尘、纤维。

第三部分表示爆炸性混合物的级别。Ⅰ类爆炸性物质未进行分级。Ⅱ类爆炸性气体混合物按其最大试验安全间隙或最小点燃电流比分为3级——ⅡA、ⅡB、ⅡC，按危险程度由大到小的顺序为ⅡC＞ⅡB＞ⅡA。爆炸性粉尘、纤维按其导电性和爆炸性分为ⅢA和ⅢB两级。

第四部分表示爆炸性混合物的温度组别。按其最高允许表面温度（引燃温度），分为T1(450℃)、T2(300℃)、T3(200℃)、T4(135℃)、T5(100℃)、T6(85℃)六组，按危险程度由大到小的顺序为T6＞T5＞T4＞T3＞T2＞T1。

举例如下。

① dⅡBT3 表示隔爆型设备，用于有ⅡB级、T1~T3组的爆炸性混合物的场所。
② Ⅱ类本质安全型 ia 等级 A 级 T5 组：iaⅡAT5。
③ Ⅱ类隔爆型 B 级 T3 组：dⅡBT3。
④ 复合型 epⅡBT4（Ⅱ类主体增安型并具有正压型部件 B 级 T4 组）。
⑤ 对于Ⅱ类电气设备的标志，可以标温度组别，如 eⅡBT4；也可以标最高表面温度或两者都标出，如 eⅡD（125℃）或 eⅡD（125℃）T4。

根据《爆炸和火灾危险环境电力装置设计规范》中的规定，氢、水煤气为ⅡC级T1组；焦炉煤气为ⅡB级T1组；甲烷、一氧化碳、甲醇为ⅡA级T1组。其他气体需测定最大试验安全间隙或最小点燃电流比才能确定级别，测定表面燃烧温度后可确定组别。

3. 防护等级代号

为防止溅水、落物以及潮湿的空气对防爆电气设备的危害和腐蚀，确保其良好的防爆性能，其外壳在制造上应符合一定防护等级要求，并标明防护等级代号。代号如下：

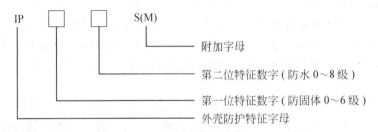

IP防护等级是由两个数字所组成：第1个数字表示灯具离尘、防止外物侵入的等级；第2个数字表示灯具防湿气、防水侵入的密闭程度，数字越大表示其防护等级越高。

三、防爆电气设备的选型

首先应对爆炸危险区域等级进行划分，区域的划分确定应严格掌握标准，还应视具体情况，区别对待。如场所等级划分偏高，会造成经济浪费，偏低则安全无保证。

然后再根据爆炸危险区域的分区、电气设备的种类和防爆结构的要求，选择相应的电气设备。《爆炸和火灾危险环境电力装置设计规范》中对灯具类（见表2-2）、旋转电机、低压变压器、低压开关、控制器类和信号报警装置等防爆结构进行了选型规定。

以固定灯为例，如表2-2所示，煤气作业区域的1区只能选隔爆型固定灯，不能选增安型防爆结构或其他结构；煤气作业区域的2区应选隔爆型或增安型防爆固定灯，不能选其他类型防爆电气。水煤气为ⅡC级T1组，水煤气1区的固定灯，应选dⅡCT1型防爆型；水煤气2区的固定灯，应选dⅡCT1或eⅡCT1型。焦炉煤气为ⅡB级T1组，因此焦炉煤气1区的固定灯，应选dⅡBT1型防爆型；焦炉煤气2区的固定灯，应选dⅡBT1或eⅡBT1型防爆固定灯。

由于高炉煤气、转炉煤气、发生炉煤气、铁合金炉煤气、直立炭化炉煤气的爆炸危险性小于焦炉煤气，因此其他煤气的作业场所1区选dⅡBT1型防爆固定灯，2区选dⅡBT1或eⅡCT1型防爆固定灯，也是合适的。

另外，选用防爆电气设备还应遵循下列原则。

① 选用的防爆电气设备的级别和组别，不应低于该爆炸性气体环境内爆炸性气体混合物的级别和组别。当存在两种以上易燃物质形成的爆炸性气体混合物时，应按危险程度较高的级别和组别选用防爆电气设备。很显然，对于焦炉煤气的1区的固定灯，若选dⅡAT1型防爆灯是不合适的，达不到防爆要求。

表 2-2 灯具类防爆结构的选型要求

爆炸危险区域 防爆结构 电气设备	1区		2区	
	隔爆型 (d)	增安型 (e)	隔爆型 (d)	增安型 (e)
固定式灯	○	×	○	○
移动式灯	△		○	
携带式电池灯	○		○	
指示灯类	○	×	○	○
镇流器	○	△	○	○

注：符号"○"表示适用；"△"表示慎用；"×"表示不适用。

② 爆炸危险区域内的电气设备，应符合周围环境内化学的、机械的、温度的以及风沙等不同环境条件对电气设备的要求。电气设备结构应满足电气设备在规定的运行条件下不降低防爆性能的要求。防爆设备分为户内使用与户外使用，户内使用的设备用于户外，环境温度为40℃就不适合了；户外使用的设备要适应露天环境，要求采取防日晒、雨淋和风沙等措施。

③ 经济效益。选用防爆电气设备，不仅要考虑价格，还要对其可靠性、寿命、运转费用、耗能及维修等作全面的分析，以选择最适合最经济的设备。如焦炉煤气作业场所1区的固定灯，若选dⅡBT6型防爆灯，虽然符合安全要求，但价格可能会高一些。

④ 防爆电气设备使用期间的维护和保养极为重要。防爆电气设备宜选用易更换型产品，其结构越简单越好。要注意管理方便，维修时间短且费用少，还要做好备品和备件的储存。当防爆灯具损坏时，必须在断电的条件下更换灯泡，新更换的灯泡功率绝对不允许大于铭牌上标定的设计功率。

⑤ 无法得到规定的防火防爆等级设备而采用代用设备时，应采取有效的防火、防爆措施。如安装电气设备的房间，应用非燃烧体的实体墙与爆炸危险场所隔开，只允许一面隔墙与爆炸危险场所贴邻，且不得在隔墙上直接开设门洞；采用通过隔墙的机械传动装置，应在传动轴穿墙处采用填料密封或有同等密封效果的密封措施；安装电气设备的房间的出口，应通向非爆炸危险区域和非火灾危险区环境，当安装电气设备的房间必须与爆炸危险场所相通时，应保持相对的正压，并有可靠的保证措施。

四、电气防爆的其他措施

进行危险区域划分和防爆电气设备选型，其根本目的是为了保证作业场所的安全，避免爆炸事故的发生。然而在一些爆炸事故分析中发现，如果单纯按照以上方法进行区域划分与选型，还是不能杜绝爆炸火灾事故发生，因此还需采取其他措施。

1. 保持电气设备正常运行

为了防止电气设备过热，应保持电气设备的电压、电流、温升等参数不超过允许值，运行参数应在允许范围内。电气设备安装必须牢固，连接必须良好，特别是故障情况下可能有电流流过的连接点，不得有松动，以防线路或设备连接处的发热。

此外，保持设备清洁有利于防火。设备脏污或灰尘堆积既降低设备的绝缘，又妨碍通风和冷却。特别是正常时有火花产生的电气设备，很可能由于过分脏污引起火灾。因此，从防火的角度出发，应定期或经常清扫电气设备，保持清洁。

2. 绝缘

保持电气设备绝缘良好，除可以免除造成人身事故外，还可避免由于漏电、短路火花或短路电流造成的火灾或其他设备事故。

3. 保持防火间距

为防止电火花或危险温度引起火灾，应尽量将照明器具、电焊器具、电动机、开关、插销、熔断器、电热器具等电气设备安装在非爆炸危险环境或安装在危险级别较低的部位，适当避开易燃易爆建筑构件。天车滑触线的下方，不应堆放易燃易爆物品。

变、配电站电气设备较多，有些设备工作时产生火花和较高温度，其防火、防爆要求比较严格。10kV 及以下变、配电室不应设在火灾危险区的正上方或正下方，且变、配电室的门窗应向外开，通向非火灾危险区域。10kV 及以下的变、配电室，采用防火墙隔开时，可一面贴邻建造。10kV 及以下的架空线路，严禁跨越火灾和爆炸危险场所。当线路与火灾和爆炸危险场所接近时，其水平距离一般不应小于杆柱高度的 1.5 倍。

4. 接地

爆炸性环境中的电气设备外壳、固定架、电线管、电缆的金属护套等非带电裸露金属部件均应接地（或接零），以便在发生相线碰壳时迅速切断电源，防止短路电流长时间通过设备而产生高温。图 2-2 为固定设备与移动设备接地的方法。

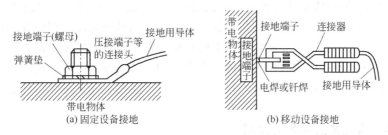

图 2-2 设备接地图

5. 其他方面的措施

① 爆炸危险场所，不宜使用手持电动工具和移动式电气设备，并应尽量少进行电气测量工作，以免因铁壳之间的碰撞、摩擦以及落在水泥地面时产生火花。

② 密封也是一种有效的防爆措施，易燃易爆生产场所不宜采用电缆沟配线，若需设电缆沟，则应采取防止可燃气体等物质漏入电缆沟的措施，进入变、配电室的电缆沟入口处，应予填实密封。

③ 变、配电室建筑的耐火等级不应低于二级，油浸变电室应采用一级耐火等级。

④ 在爆炸危险场所，良好的通风装置能降低爆炸性混合物的浓度，达到不致引起火灾和爆炸的限度。通风可降低环境温度，有利于可燃易燃场所电气装置的正常运行。

第二节 防雷技术

一、雷电的分类及危害

1. 雷电的分类

雷电实质上是大气中的放电现象，当雷云电荷积聚到一定程度时，便冲破空气的绝缘，形成云与云之间或云与大地之间的放电，迸发出强烈的光和声。最常见的是线形雷，有时也能见到片形雷，个别情况下还会出现球状雷。球状雷电是一种紫色或红色的发光球体，直径为几毫米到几十米，存在时间为3~5s。球雷通常是沿着地面滚动或在空中飘行，有时还会通过缝隙进入室内。球雷碰到建筑物，可能发生爆炸，且往往引起燃烧。

雷电通常可分为直击雷、感应雷和雷电波侵入三种。

（1）直击雷

大气中带有电荷的雷云对地电压可高达几十万千伏。当雷云同地面凸出物之间的电场强度达到该空间的击穿强度时所产生的放电现象，就是通常所说的雷击。这种对地面凸出物直接的雷击称为直击雷。

（2）感应雷

感应雷也称雷电感应，分为静电感应和电磁感应两种。静电感应是在雷云接近地面，在架空线路或其他凸出物顶部感应出大量电荷引起的。电磁感应是由雷击后伴随的巨大雷电流在周围空间产生迅速变化的强磁场引起的。

（3）雷电波侵入

雷电波侵入是指由于雷电对架空线路或金属导体的作用，所产生的雷电波就可能沿着这些导体侵入屋内危及人身安全或损坏设备。

2. 雷电的危害

雷击时，雷电流很大，其值可达数十至数百千安培，由于放电时间极短，故放电陡度甚高，每秒达50kA，同时雷电压也极高。因此雷电有很大的破坏力，它会造成设备或设施的损坏，造成大面积停电及生命财产损失。其危害主要有电性质破坏、机械性质破坏、电磁感应、热性质破坏、雷电波入侵、防雷装置上的高电压对建筑物的反击作用等，雷击电流若迅速通过人体，可立即使人的呼吸中枢麻痹，心室颤动、心跳骤停，以致使脑组织及一些主要脏器受到严重损坏，出现休克甚至突然死亡。雷击时产生的火花、电弧，还会使人遭到不同程度的灼伤。

二、常用防雷装置的种类与作用

常用防雷装置主要包括避雷针、避雷线、避雷网、避雷带、保护间隙及避雷器。完整的防雷装置包括接闪器、引下线和接地装置。而上述避雷针、避雷线、避雷网、避雷带及避雷器实际上都只是接闪器。除避雷器外，它们都是利用其高出被保护物的突出地位，把雷电引向自身，然后通过引下线和接地装置把雷电流泄入大地，使被保护物免受雷击。

（1）避雷针

避雷针主要用来保护露天变配电设备及比较高大的建（构）筑物。它是利用尖端放电原理，避免设置处所遭受直接雷击。

（2）避雷线

避雷线主要用来保护输电线路，线路上避雷线也称为架空地线。避雷线可以限制沿线路侵入变电所的雷电冲击波幅值及陡度。

（3）避雷网

避雷网主要用来保护建（构）筑物，分为明装避雷网和笼式避雷网两大类。沿建筑物上部明装金属网格作为接闪器，沿外墙装引下线接到接地装置上，称为明装避雷网，一般建筑物中常采用这种方法。而把整个建筑物中的钢筋结构连成一体，构成一个大型金属网笼，称为笼式避雷网。笼式避雷网又分为全部明装避雷网、全部暗装避雷网和部分明装部分暗装避雷网等几种。如高层建筑中都用现浇的大模板和预制装配式壁板，结构中钢筋较多，把它们从上到下与室内的上下水管、热力管网、煤气管道、电气管道、电气设备及变压器中性点等均连接起来，形成一个等电位的整体，叫做笼式暗装避雷网。

(4) 避雷带

避雷带主要用来保护建（构）筑物，该装置包括沿建筑物屋顶四周易受雷击部位明设的金属带、沿外墙安装的引下线及接地装置。多用在民用建筑，特别是山区的建筑。一般而言，使用避雷带或避雷网的保护性能比避雷针的要好。

(5) 保护间隙

保护间隙是一种最简单的避雷器。将它与被保护的设备并联，当雷电波袭来时，间隙先行被击穿，把雷电流入大地，从而避免被保护设备因高幅值的过电压而被击穿。

(6) 避雷器

避雷器主要用来保护电力设备，是一种专用的避雷设备，分为管型和阀型两类。它可进一步防止沿线路侵入变电所或变压器的雷电冲击波对电气设备的破坏。防雷电波的接地电阻一般不得大于 $5\sim30\Omega$，其中阀型避雷器的接地电阻不得大于 $5\sim10\Omega$。

三、化工设施的防雷

根据《建筑物防雷设计规范》（GB 50057—2010），工业建筑物和构筑物的防雷等级根据其重要性、使用性质和发生雷电事故的可能性和后果，按防雷要求分为一、二、三类。化工生产的设施多属于"第二类防雷建筑物"，包括：制造、使用或储存爆炸物质的建筑物，且电火花不易引起爆炸或不致造成巨大破坏和人身伤亡者；具有 1 区爆炸危险环境的建筑物，且电火花不易引起爆炸或不致造成巨大破坏和人身伤亡者；具有 2 区或 11 区爆炸危险环境的建筑物；工业企业内有爆炸危险的露天钢质封闭气罐。对于化工设施防雷，有如下要求：

① 当罐顶钢板厚度大于 4mm，且装有呼吸阀时，可不装设防雷装置。但油罐体应做良好的接地，接地点不少于两处，间距不大于 30m，其接地装置的冲击接地电阻不大于 30Ω。

② 当罐顶钢板厚度小于 4mm，虽装有呼吸阀，也应在罐顶装设避雷针，且避雷针与呼吸阀的水平距离不应小于 3m，保护范围高出呼吸阀不应小于 2m。

③ 浮顶油罐（包括内浮顶油罐）可不设防雷装置，但浮顶与罐体应有可靠的电气连接。

④ 非金属易燃液体的储罐应采用独立的避雷针，以防止直接雷击。避雷针冲击接地电阻不大于 30Ω。同时还应有感应雷措施。

⑤ 覆土厚度大于 0.5m 的地下油罐，可不考虑防雷措施，但呼吸阀、量油孔、采气孔应做良好接地。接地点不少于两处，冲击接地电阻不大于 10Ω。

⑥ 易燃液体的敞开储罐应设独立避雷针，其冲击接地电阻不大于 5Ω。直径小于 20m 的储槽，至少 2 处接地；大于 20m 的，至少 4 处接地。

⑦ 户外架空管道的防雷。户外输送可燃气体、易燃或可燃体的管道，可在管道的始端、终端、分支处、转角处以及直线部分每隔 100m 处接地，每处接地电阻不大于 30Ω；当上述管道与爆炸危险厂房平等敷设而间距小于 10m 时，在接近厂房的一段，其两端及每隔 $30\sim40m$ 应接地，接地电阻不大于 20Ω；当上述管道连接点（弯头、阀门、法兰盘等），不能保持良好的电气接触时，应用金属线跨接；接地引下线可利用金属支架，若是活动金属支架，在管道与支持物之间必须增设跨接线；若是非金属支架，必须另做引下线；接地装置可利用电气设备保护接地的装置。

四、防雷装置的检查和电阻测量

为了使防雷装置具有可靠的保护效果，不仅要有合理的设计和正确的施工，还要建立必要的维护、保养制度，对其进行经常检查或定期检查，并由专业部门每年进行技术测试。

① 防雷装置应在每年雷雨季节前作定期检查。雷雨后，应注意对防雷装置的巡视。如

有特殊情况，还要进行临时性的检查。

② 检查是否由于维修建筑物或建筑物本身形状有变动，使防雷装置的保护范围出现缺口。

③ 检查各处明装导体有无因锈蚀或机械损伤而折断的情况。如发现有断损情况或腐蚀、锈蚀在 30% 以上时，则必须及时维修或更换。

④ 检查接闪器有无因雷击后而发生熔化或折断，避雷器瓷套或绝缘子是否完好，有无裂纹、碰伤、表面脏污等情况，并应定期进行预防性试验。

⑤ 检查有无因挖土、敷设其他管道或种植树木而挖断接地装置。

⑥ 检查明装引下线有无在验收后又装设了交叉或平行电气线路。

⑦ 检查断接卡子等各种器具是否牢固，有无接触不良情况。

⑧ 检查木结构的接闪器支杆有无腐朽现象。

⑨ 检查接地装置周围的土壤有无沉陷现象。

⑩ 检查接地装置各部分连接和锈蚀情况及测量接地电阻值，如发现接地电阻值有很大变化时，应对接地系统进行全面检查，必要时可补打电极。

目前，国产接地电阻测试仪有 ZC-8 型、ZC-9 型等，与兆欧表相似，所以又称接地摇表。

在测量接地电阻之前，首先要切断接地装置与电源或电气设备的所有联系，然后沿被测接地装置 E、电位探测针 P 和电流探测针 C 依直线排列，彼此相距 20m。电位探测针 P 插于接地装置 E 引出线和电流探测针之间。插好测试接地极后按图 2-3 接线方式，用导线将 E、P、C 与接地电阻仪的相应端钮连接。导线接好后，将仪表水平放置，检查检流计的指针是否在中心线上，若不在中心线位置，可用零位调整器将其调整在中心线上。

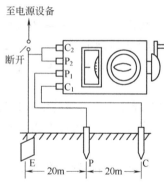

图 2-3　接地电阻测量装置

在测试时，将"倍率标度"置于最大倍数，慢慢转动发电机摇把，同时转动"测量标度盘"使检流计的指针指于中心线上。当检流计的指针近于平衡时，加快发电机摇把的转速，使其达到 120r/min 以上，同时调整好"测量标度盘"，使指针指在中心线上。

若"测量标度盘"的读数小于 1 时，应将"倍率标度"置于较小的倍数再重新测量，以得到正确的读数。用"测量标度盘"的读数乘以"倍率标度"所示的倍数，即为所测得的接地电阻值。

第三节　静电防护技术

静电现象是一种常见的起电现象，如在黑夜里脱下腈纶混纺的毛线衣时，由于摩擦产生静电，可看到闪烁的火花。静电现象在工业生产中用途很广，如静电除尘、静电复印等技术，但如果对它的使用和管理不善，往往也会带来很大的危害。当静电放电的火花能量达到或超过可燃气体的最小着火能量，而且可燃气体在空气中的混合浓度已在爆炸极限范围内时，就能立刻引起燃烧爆炸，因此应预防静电放电引起的火灾和爆炸事故。

一、静电的产生及危害

静电是指静止的电荷，是相对于流动的电荷而言的。它是由于物体间的相互摩擦或感应时，由于对电子引力的大小不同，在物体间或物体局部间发生电子转移，失去电子的带正电，得到电子的带负电，如果带电体是绝缘体，电荷无法泄漏，停留在物体的内部或表面呈相对静止状态，这种电荷就称为静电。

1. 静电的产生

静电的形成条件主要包括接触起电、附着起电、感应起电和极化起电四种。在可燃气体生产、输配过程中，主要为接触起电，比较常见的如下。

① 纯净的气体即使流动也不易产生静电，但气体中往往会有杂质。可燃气体在管道和设备中流动，若可燃气体流速过高，管道内的沉积物在高速的可燃气体吹动下，高速撞击管壁，剧烈的摩擦势必产生火星，形成较高的危险电压。

② 可燃气体管道如破裂发生泄漏或气体放空时，可燃气体高压喷出时，由于速度极快，均可产生高电位的静电。

③ 可燃气体设施检修过程中，若使用非防爆工具，当工具与设备摩擦和碰撞时极容易产生静电火花。

④ 操作人员穿戴化纤面料的服装进行生产操作时，由于摩擦也极容易产生静电火花，如果作业人员穿着带铁钉的鞋，铁钉与地面撞击时也很容易产生静电火花。

2. 静电的危险特性

（1）静电电压高

生产过程中所产生的静电电位（电压）可以达到很高的数值，如人体脱去化纤衣服时的电压高达5000V。

（2）电量较小

静电电量都很小，一般只是微库级到毫库级，电容也很小，如人体的电容为$(100\sim300)\times10^{-12}F$。

（3）静电能量可成为点火源

虽然静电电压很高，但由于电量都很小，它的能量也较小。静电能量即静电火花的放电能量，可由下式计算：

$$W=\frac{1}{2}CU^2$$

式中　W——放电能量，J；

　　　C——带电体的电容，F；

　　　U——静电电位，V。

由此计算出人体脱去化纤衣服时的放电能量为1.25～3.75mJ，该放电能量如果和有关可燃气体的最小点火能相比较，其结果是足以点燃许多种可燃混合气体。大多数可燃气体，最小点火能在0.3mJ以下，一般静电电压在3000V以上就能点燃，而生产过程中产生的静电电压，由几伏到几千伏。

3. 静电的危害

（1）静电引起火灾和爆炸

在化工生产中，由静电火花引起爆炸和火灾的事故是静电最为严重的危害。从已发生的事故实例中，由静电引起的火灾、爆炸事故见于苯、甲苯、汽油等有机溶剂的运输；见于易燃液体的灌注、取样、过滤过程；见于物料泄漏喷出、摩擦搅拌等。据统计，1972～1984年，日本化工企业共发生320起爆炸事故，其中静电引起的占18.9%。苯属于低闪点且不导电的液体，有静电积聚的危险性，特别是在装卸或输送过程中，油料与油料、油料与空气、油料与罐（管）壁的摩擦都能产生静电积聚乃至放电。罐体空间内，苯液体的蒸气与空气混合，浓度达到一定的范围时，遇静电积聚的放电火花就会引发油罐爆炸。

在化工操作过程中，操作人员在生产活动时，穿的衣服、鞋以及携带的工具与其他物体摩擦时，就可能产生静电。当携带静电荷的人走近金属管道和其他金属物体时，人的手指或脚会释放出电火花，往往酿成静电灾害。

(2) 静电电击

橡胶和塑料制品等高分子材料与金属摩擦时，产生的静电荷往往不易泄漏。当人体接近这些带电体时，就会受到意外的电击。这种电击是由于从带电体向人体发生放电，电流流向人体而产生的。同样，当人体带有较多静电电荷时，电流流向接地体，也会发生电击现象。

静电电击不是电流持续通过人体的电击，而是由静电放电造成的瞬间冲击性电击。这种瞬间冲击性电击不至于直接使人死亡，人大多数只是产生痛感和震颤。但是，在生产现场却可造成指尖负伤，或因为屡遭静电电击后产生恐惧心理，从而使工作效率下降。

(3) 静电妨碍生产

在某些生产过程中，如不消除静电，将会妨碍生产或降低产品质量。例如，静电使粉体吸附于设备，会影响粉体的过滤和输送。又如，随着科学技术的现代化，化工生产普遍采用电子计算机，由于静电的存在可能会影响到电子计算机的正常运行，致使系统发生误操作而影响生产。

二、静电的安全防护

静电引起燃烧爆炸的基本条件有四个：一是有产生静电的来源；二是静电得以积累，并达到足以引起火花放电的静电电压；三是静电放电的火花能量达到爆炸性混合物的最小点燃能量；四是静电火花周围有可燃性气体、蒸气和空气形成的可燃性气体混合物。因此，采取适当的措施，消除以上四个基本条件中的任何一个，就能防止静电引起的火灾爆炸。

1. 接地和跨接

(1) 接地

接地是消除可燃气体管道、设施静电危害最常见的措施，目的是将静电导入大地。设备、管线连接的跨接线及接地端，应选择在不受外力损伤，便于检查维修，且与接地干线容易相连的地方。图2-4为管路静电接地示意图。

管道的两端和每隔200~300m处，均应接地。当金属导体与防雷、电气保护接地（零）等接地系统有连接时，可不另采取专门的静电接地措施。接地电阻不超过规定值：可燃气体的管线及设备仅为防静电的接地，接地电阻一般不大于100Ω。

静电接地的连接线应保证足够的机械强度和化学稳定性，连接应当可靠。操作人员在巡回检查中，应经常检查接地系统是否良好，不得有中断处，对于连接及接地部分经常检查腐蚀情况，不能因腐蚀而增加电阻。

(2) 跨接

跨接是管道法兰连接处的消除静电方法（见图2-5），法兰之间应采用电阻（小于0.03Ω）低的材料进行跨接。抽堵盲板时，要用导线将作业处法兰两侧连接起来，使电阻接近于0Ω。

两平行管间距小于10cm时，应每隔20m用金属线跨接，金属结构或设备与管道平行或相交的间距小于10cm，也应跨接。

2. 工艺控制

① 应确保在输送或装卸过程中不超过规定的最高允许流速。电阻率小于$10^5 \Omega \cdot m$的流

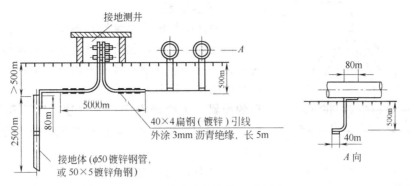

图 2-4 管路防静电接地示意图

图 2-5 法兰跨接

体,其流速应控制在 10m/s 以下;电阻率介于 $10^5 \sim 10^7 \Omega \cdot m$ 时,其流速应控制在 5m/s 以下;电阻率超过 $10^7 \Omega \cdot m$ 时,其流速应控制在 1.5m/s 以下。流速与管径应满足 $V^2D \leqslant 0.64$(V 为流速,m/s;D 为管径,m),并满足相对的最大流速值。当烃类油品中含有水时,应将流速限制在 1m/s 以下。

② 装罐车和储罐时,应尽可能采取底部进料的方式;若从罐顶进料时,应将输油管插入至罐底 20~30cm 的地方,避免冲击喷溅起电。

③ 取样应超过规定的静置时间,如灌装苯类时,必须待静电消失方可检测、取样。静电消散所需静置时间,储槽容积小于 $50m^3$ 的,不少于 5min;小于 $200m^3$,不少于 10min;小于 $1000m^3$,不少于 20min;小于 $2000m^3$,不少于 30min;小于 $5000m^3$,不少于 60min。

④ 易燃易爆物质越纯净,其含悬浮物质越少,静电危险相应会越小,因此应定期清除煤气管道中的焦油、萘、硫化物及铁锈等沉积物,防止水等杂质混入甲醇物料。由于不同物质间的相对运动要产生静电,因此,应尽力防止水等杂质进入物料系统。

⑤ 对于易燃易爆物质的输送,禁止使用传送带,尽可能采用直接的或链条的传动装置。如果不得不使用传送带,传送带的速度必须限定在 5.7m/min 以下,或者采用会降低产生静电火花可能性的传送带。

3. 增湿

采用喷雾法和调湿装置,增加静电危险场所空气的相对湿度,当空气相对湿度高于 70% 时,静电荷不易积累。在气温较高的夏季或空气较干燥时,宜采用降温增湿措施。例如向油罐上空喷雾状水,以避免收发油作业在高温低湿度环境下进行。

4. 静电消除器

静电消除器是一种产生电子或离子的装置,借助于产生的电子或离子中和物体上的静电,从而达到消除静电的目的。常用的静电消除器有感应式消除器(见图 2-6)、高压静电消除器、高压离子流静电消除器、放射性辐射静电消除器等几种。

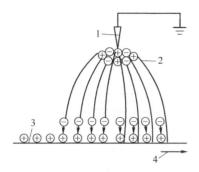

图 2-6 静电感应中和电荷的原理
1—放电电极；2—碰撞电离区；
3—带电介质；4—电介质运动方向

5. 抗静电剂

在易产生静电的高绝缘材料中，加入抗静电剂，使材料的电阻率下降，加快静电泄漏，消除静电危险。通过在物料上添加导电材料或采用防静电剂的方法降低物体的电阻率，使其控制在 $10^4 \Omega \cdot m$ 以下，以防止静电荷的积累。实验研究表明，汽油、煤油和柴油中加入 $0.5 \sim 1 mg/kg$ 抗静电剂，油面静电电位可降至其安全电位以下。

6. 人体的防静电措施

① 作业人员禁穿化纤和尼龙等易带静电的衣物。在接触静电带电体时，宜戴用金属线和导电性纤维混纺的手套，穿防静电工作服和防静电工作鞋。防静电工作鞋的电阻为 $10^5 \sim 10^7 \Omega$，穿着后人体所带静电荷可通过防静电工作鞋及时泄漏掉。

② 采用金属网或金属板等导电材料遮蔽带电体，以防止带电体向人体放电。

③ 采用导电性地面是一种接地措施，不但能导走设备上的静电，而且有利于导除积累在人体上的静电。导电性地面是指用电阻率 $10^6 \Omega \cdot cm$ 以下的材料制成的地面。

④ 在易燃场所入口处，安装硬铝或铜等导电金属的接地过道，操作人员从过道经过后，可以导除人体静电。入口扶手也可以采用金属结构并接地，当手接触门扶手时可导除静电。

第四节 用电安全技术

一、电流对人体的作用

电流对人体的作用是指电流通过人体内部对于人体的有害作用，如电流通过人体时会引起针刺感、打击感、痉挛、疼痛以及血压升高、昏迷、心律不齐等症状。这种有害作用的大小与通过人体的电流大小、通电时间、接触途径及种类和人体个体差异有很密切的关系。

1. 电流大小

通过人体的电流大小不同，引起的反应也不同。一般可分为：①感知电流，即引起人体感觉的最小电流，人的感觉是轻微麻抖和轻微刺痛，经验表明，一般成年男性的感知电流为 1.1mA，成年女性的感知电流为 0.7mA；②摆脱电流，是指人体触电后能够自己摆脱的最大电流，成年男性的平均摆脱电流为 16mA，成年女性的平均摆脱电流为 10.5mA；③致命电流，是指在较短时间内危及人生命的最小电流，一般 100mA 为致命电流。

2. 电流持续时间

电流通过人体的持续时间愈长，造成电击伤害的危险程度就愈大。

3. 通过人体的途径

电流通过心脏会引起心颤或心脏停止跳动；电流通过中枢神经或有关部位均可致死；电流通过脊髓，会使人截瘫。一般电流从手到脚的途径最危险，其次是从手到手，从脚到脚的途径虽然伤害程度较小，但摔倒后，有可能造成全身过电的更严重的情况。

4. 电流种类

直流电由于不交变，其频率为零，所以危害程度较轻。而工频交流电则为 50Hz，由实验知，频率为 25～300Hz 的交流电最易引起人体的心室颤动，在此范围之外，频率越高或越低，对人危害程度会相对小一些。

5. 电压

通常确定对人体的安全条件并不采用安全电流而采用安全电压,因为影响电流变化的因素很多,而电力系统的电压却是较为固定的。我国规定的安全电压一般为36V,在潮湿及罐塔设备容器内的灯的安全电压为12V。

6. 人体状况

人体的健康和精神状况是否正常对于触电伤害的程度是不同的,体弱有病者的危险性较健壮者危险性大。

二、电流对人体的伤害

当人体接触带电体时,电流会对人体造成程度不同的伤害,即发生触电事故。触电事故可分为电击和电伤两种类型。

1. 电击

电击是指电流通过人体时所造成的身体内部伤害,严重时会危及生命而导致死亡。电击可分为直接电击和间接电击。直接电击是指人体直接触及正常运行的带电体所发生的电击;间接电击则是指电气设备发生故障后,人体触击意外带电部位所发生的电击。所以直接电击也称为正常情况下的电击,间接电击称为故障情况下的电击。

2. 电伤

电伤是指由电流的热效应、化学效应、机械效应对人体造成的伤害。电伤可伤及人体内部,但多见于人体表面,而且常会给人体留下伤痕。电伤可分为以下几类:

① 电弧烧伤,又称为电灼伤,是电伤中最常见也是最严重的一种。

② 电烙印,是指电流通过人体后,在接触部位留下的斑痕。

③ 皮肤金属化,是指由于电流或电弧作用产生的金属微粒渗入了人体皮肤造成的,受伤部位变得粗糙坚硬,并呈特殊的青黑色或红褐色等。

④ 电光眼,主要表现为角膜炎或结膜炎。

三、防止触电的技术措施

为了有效地防止触电事故,除了在思想上提高对安全用电的认识外,还必须依靠一些完善的技术措施,通常可采用绝缘、屏护、安全间距、保护接地或接零、漏电保护等技术或措施。

1. 绝缘

绝缘是用绝缘物把带电体封闭起来。电气设备的绝缘只有在遭到破坏时才能除去。电工绝缘材料是指体积电阻率在 $10^7 \Omega/m^3$ 以上的材料。要求设备的电气控制箱和配电盘前后的地板,应铺设绝缘板。变、配电室,应备有绝缘手套、绝缘鞋和绝缘杆等。

2. 屏护和间距

屏护是借助屏障物防止触及带电体,一般可采用遮栏、护罩、护盖、箱(匣)等将带电体同外界隔绝开来的技术措施。屏护装置既有永久性装置如电气开关罩盖等,也有临时性装置如检修时使用的临时屏护。间距是将带电体置于人和设备所及范围之外的安全措施,安全距离的大小决定于电压的高低、设备的类型、安装方式等因素。

3. 保护接地或接零

保护接地就是将电气设备在正常情况下不带电的金属部分与接地之间做良好的金属连接。保护接零是把设备外壳与电网保护零线紧密连接起来。

4. 漏电保护

漏电保护器主要用于防止单相触电事故,也可用于防止由漏电引起的火灾,有的漏电保护器还具有过载保护、过电压和欠电压保护等。漏电保护装置可应用于低压线路和移动电具方面，也可用于高压系统的漏电检测。但需注意，漏电保护装置只能做附加保护，而不能单独使用。

5. 正确使用防护用具

不论是在正常情况下工作，还是在特殊情况下工作，都必须按规定正确使用相应的防护用具，这样可以避免操作人员发生触电事故。

四、焦炉作业触电事故及预防

1. 焦炉电气的特点

焦炉机械设备都由电机驱动，加上电气照明，电源线路遍布焦炉上下，特别是四大车必须敷设裸露滑触线，均系无绝缘层钢轨或钢铝导线，沿焦炉长向分别排布于炉台下部、顶部、炉顶顶部侧面等处，而推焦车和熄焦车的滑触线就在人高度范围之内，虽设有防护网，仍有一定的危险性。移动设备振动磨损大，加上焦炉高温露天作业，烟尘蒸汽大的条件下，对绝缘影响较大，电气设备和线路易出故障，经常需要维修或突击抢修。而出焦操作与检修时多有铁制长工具或钢、铁制长材料使用，全部设备均系露天作业，遇阴雨天稍不留意极易导致电击、触电事故的发生。

2. 焦炉触电事故的防范措施

① 滑触线高度不宜小于3.5m；低于3.5m时，其下部应设防护网，防护网应良好接地。

② 烟道走廊外设有电气滑触线时，烟道走廊窗户应用铁丝网防护。

③ 车辆上电磁站的人行道净宽不得小于0.8m。裸露导体布置于人行道上部且离地面高度小于2.2m时，其下部应有隔板，隔板离地应不小于1.9m。

④ 推焦车、拦焦车、熄焦车、装煤车司机室内，应铺设绝缘板。

⑤ 电气设备（特别是手持电动工具）的外壳和电线的金属护管，应有接零或接地保护以及漏电保护器。

⑥ 电动车辆的轨道应重复接地，轨道接头应用跨条连接。

⑦ 抓好焦炉电气设备检修中的安全防护。不论检修或抢修都必须可靠地切断电源，并挂上"有人作业"、"禁止合闸"的警告牌；要认真测电，确认三相无电，并做临时短路接地后，方可开始作业；带电作业必须采取有效的安全保护措施，电气检修必须由电工担任，禁止其他人员处理电气故障，并应坚持使用绝缘防护用品和工具。

五、触电急救

在生产过程中，首先应尽一切努力防止触电事故，但如果由于种种原因发生了事故，应果断采取措施，避免更严重的后果。触电急救的特点是坚定意志、动作迅速、救护得法。

1. 急救原则

人体触电后，通常会出现神经麻痹，严重的会出现呼吸中断、心脏停止跳动等症状。从外表看，有些触电者似乎已经死亡，实际是处于假死的昏迷状态，所以发生触电后，绝不能放弃急救，要有坚定的急救意识，采取有效的急救措施，进行耐心、持久的抢救是急救的基本原则。有资料记载，有触电者经过4h抢救复苏的病例。另据统计结果表明，从触电1min开始救治者，有90%效果良好，从触电6min开始救治者，有10%效果良好，从触电12min开始救治者，救治的可能性很小，因此抓紧抢救时机也是最基本的急救原则。

2. 迅速脱离电源

一般情况如果通过人体的电流超过了摆脱电流，人就会产生痉挛或失去知觉，这样触电者就不能自行摆脱电源，所以触电急救的首要措施是让触电者脱离电源，通常有以下几种方法。

① 拉断触电地点最近的闸刀，拉开开关或拔出插头，使电源断开。
② 如远离开关可用带绝缘性能良好的工具设法割、切、砍断电源。
③ 当电线落在触电者身上或被压在身下时，可利用手边干燥的衣服、手套、绳索、木棒、竹竿、扁担等绝缘物作为工具，挑开电线或拉开触电者。
④ 如果是高压触电，必须通知电气人员，切断电源。

3. 现场急救措施

① 触电者伤害不严重，如果只是四肢麻木，全身乏力，但神志清醒，或虽一度昏迷，但没失去知觉，可就地休息1～2h，并严密观察。
② 触电者伤害较严重，已失去知觉，但心脏跳动呼吸存在，应使触电者舒适、安静地平卧。若出现呼吸停止心跳停止，应立即施行口对口人工呼吸法或胸外心脏按压法进行抢救。
③ 触电者伤害很严重，呼吸或心跳停止，甚至都已停止，即处于所谓的"假死状态"，则应立即施行口对口人工呼吸及胸外心脏按压，同时速请医生或送往医院，切记在送往医院的途中，也不要停止抢救，尽可能坚持6h以上抢救。

在抢救触电者时，严禁随便注射强心针。人体触电时，心脏在电流作用下出现颤动和收缩，脉搏跳动微弱，血液传播混乱。这时注射强心针只会加剧对心脏的刺激。尽管精神上可能呈现瞬间好转，但很快就会转向恶化，造成心力衰竭死亡。

第五节　电气事故案例分析

【电气事故案例1】 电捕配电柜起火事故

2007年8月26日凌晨2:50，某厂当班电捕操作工冯某从冷鼓泵房出来进行巡检，发现电捕配电室照明灯已灭，马上过去检查，当打开门时，闻到有烧焦味，立刻按紧急停车，但紧急停车键已不起作用，随即按门铃通知当班班长李某，李某随即用干粉灭火器灭火。风机房控制室用对讲机报告主管陈某，陈某回来后和李某共同用灭火器灭火，这时当班调度长李某和电工也赶到了现场，火扑灭后，李某安排切断电捕电源（电源空气开关已跳闸），关2号电捕煤气进出阀门改走旁路。

事故原因：

① 设计电源线及接触器连线规格小（原设计为2.5mm^2），电流较大，造成触点温度过高，引起着火。
② 操作工巡检不到位，巡检时未及时发现电柜内接触器温度高、冒烟、着火情况；值班电工巡检不到位，值班电工每班只巡检一次，出现事故隐患后不能及时发现。

【电气事故案例2】 未采用防爆电机引起的着火事故

某钢铁公司焦化厂在地沟中堵直径350mm盲板，为防止煤气涡流，临时安设通风机驱赶煤气，当法兰撑开十几分钟后，突然着火，烧伤4人。

事故原因：通风机出口对着地沟墙壁，涡流煤气进入风机，风机不是防爆式，产生火花，引起着火。

【电气事故案例3】 刮萘小车集电环打火引燃刮萘槽

某焦化厂回收车间中班接班后准备将1号最终冷却器更换到2号最终冷却器，因1号最终冷却器至1号刮萘槽的水管被萘堵塞，便通蒸汽清扫。由于1号刮萘槽内的水已放空，而蒸汽由1号刮萘槽中央水封出口冒出，因此不能将水管内积萘熔化。后来用装好保温灰的麻袋堵塞出口，在堵塞中发现有煤气冒出而被迫关闭蒸汽。由于刮萘槽刮萘小车位置不当影响堵口工作，准备将刮萘小车开走。17时40分，当给电开车时集电环打火与冒出煤气接触发生着火，随后又引燃刮萘槽内的残萘起火。经消防队和现场工人及时抢救，用1h将火扑灭。

事故原因：最终冷却器停产后其出口水阀门应关死，并在法兰处堵上盲板。而这次停产后虽然该阀门关闭但不严密，结果导致冷却器内煤气由水管大量冒出；由于发现冷却器内煤气从水管大量冒出，不但未采取有效安全措施，反而盲目给电启动刮萘小车，结果造成集电环打火引燃煤气。

【电气事故案例4】 甲醇储罐爆炸起火事故

2008年5月18日16时30分左右，某化工有限公司的一个储量200余吨的甲醇储罐发生爆炸并燃烧。

事故原因：人员违规操作（电焊）引起。

【电气事故案例5】 雷电引起煤气着火事故

2008年5月3日，大夜班凌晨6点，天气变化要下雨，煤气柜主操作员王某指挥当班职工郭某开始放散，当时柜容为28.5m，6:30时为25.6m，关闭电动放散，手动放散开5°，后来柜容持续下降至24.89m，6:48时一道闪电击到放散管口引起电击火花，由于未将手动阀门放散全部关闭，有部分煤气逸出，雷电火花与逸出的煤气相撞而着火。

【电气事故案例6】 雷击引起黄岛油库火灾

1989年8月12日，雷击使青岛市黄岛油库油罐爆炸燃烧，人员伤亡严重，大部分配套设施毁坏殆尽，经过5昼4夜的激烈搏击，才将其扑灭。

【电气事故案例7】 雷击引起甲醇储罐爆炸火灾事故

2002年5月19日，某化工有限公司一个粗甲醇储罐发生由雷击引起的爆炸火灾事故。

事故原因：直击雷击中粗甲醇储罐附近蒸馏塔建筑物顶部的避雷针，雷电流或感应电流通过蒸馏塔、出液管传导至粗甲醇罐体，导致该罐顶盖上一个未按规范安装盖板的检查人孔处产生放电，点燃罐内甲醇混合气体而引发爆炸起火。

【电气事故案例8】 静电和管道沉积物撞击着火事故

1996年12月2日10:05，某钢铁公司燃气厂在焦化厂抽送焦油车间直径为600mm的焦炉煤气管道盲板垫圈时突然发生着火事故。由于火势较大，采取多种灭火措施均无效。最后决定向焦炉煤气管道充进高炉煤气的同时，系统压力降至低限，于16:30将火扑灭。这次事故造成公司大部分厂矿停产6h以上，并有7名工人烧伤，损失较为惨重。

事故原因：一是人体静电和所穿的化纤羊毛衣物摩擦产生火花引发火灾；二是管道内的沉积物在高速煤气的吹动下撞击法兰和管道产生火花引发火灾。

【电气事故案例9】 静电火花引起焦油蒸馏操作室爆炸

某焦化厂焦油车间轻油水分离器，因冷却水压低，轻油蒸气冷凝不下来，大量油气外逸，充满焦油蒸馏操作室，达到爆炸极限，遇静电火花引起爆炸，操作工人胡某被气浪震倒。因抢救及时，未引起火灾蔓延。

【电气事故案例10】 静电导致二甲苯起火

2010年4月13日上午11时30分左右，某化工厂突发大火，该厂建于1987年，主要生产油漆及辅助材料。大火是静电导致二甲苯起火引发的，所幸没有造成人员伤亡。

事故原因：工人在操作时，因为静电引发了火灾。

【电气事故案例11】 静电引起化萘罐着火事故

1996年12月，某厂2-萘酚生产工段，发生了一起化萘罐爆鸣事故。具体过程是：2-萘酚的加萘工上岗以后,到精萘储罐旁,按正常操作,首先启动了抽风机,打开加萘口的盖子,然后将塑料编织袋包装的、每包重50kg的固体精萘从加萘口倒入精萘罐中。加入第一包精萘以后,一切正常,没出现异常现象,在加第二包精萘过程中发生了爆鸣,并引起地面上精萘着火。加萘工人为此烧伤并跌成右骸骨骨折,经厂消防队灭火后,才将事故平息。

事故原因:当时化萘罐中萘蒸气,温度在80~122℃(精确计算是79~121.8℃)时,萘蒸气浓度为0.9%~5.9%,正是爆炸范围。通过分析认定,爆鸣时化萘罐中已形成爆炸性混合气体。正值冬季干燥季节,空气湿度仅40%,导致倒萘过程中产生和积累静电,所以静电放火花可能是引火源。

【电气事故案例12】 静电引起氢气着火事故

1993年3月13日,某县化肥厂发生氢气泄漏,泄漏的氢气因摩擦起火造成火灾,导致一名操作人员死亡、一人重伤(后因伤重死亡),经济损失30多万元。

事故原因:直接原因是高速喷出的氢气与橡胶皮摩擦,产生静电火花而引起火灾。间接原因一是厂领导违章指挥,为了生产不顾安全,严重地不负责任;二是操作工违章冒险作业,没有采取有效的安全措施就冒险作业,从而导致事故的发生。

【电气事故案例13】 取样产生静电着火事故

2000年10月31日14时45分,某石化厂机修车间一名女职工提着一带塑料柄挂钩的方形铁桶,到炼油三厂Ⅱ催化粗汽油阀取样口下,打算放一些汽油用于酸性大泵维修过程中清洗工具,当该女职工将铁桶挂到取样阀门上,打开手阀放油不久,油桶着火。现场炼油二厂一技术员见状,迅速打开一旁的事故消防蒸汽软管,该女职工在消防蒸汽的掩护下,很快关掉了取样阀门,并和该技术员一起用干粉灭火器和消防毛毡将火扑灭。

事故原因:阀门开度过大,汽油流速快而导致静电荷积聚,产生火花放电而引发事故,虽然现场扑救及时得当,没有让事态进一步扩大而造成危害,但反映出个别职工安全意识不够高,对静电放电的机理以及造成的危害认识不深。

【电气事故案例14】 静电引起油罐车起火事故

1999年4月至5月,某石油公司东库8号发油台在给油罐车发油,当油罐车装油超过50%时,曾多次出现油罐车起火事故。

事故调查:8号发油台及卸油地线与其他设备的接地电阻值在1.0~1.5Ω之间,符合规范要求,但8号发油台鹤管、发油房及泵房的静电电位均高于其他相邻设备100~200V。

当时,有一油罐车正在装油,现场检测,发现当油罐车装入1/3时,发油台、鹤管、发油间、发油泵房静电电位明显增大。装入一半时,油罐静电电位在300V左右,此时已接近起火。限制油流速,用仪器监测现场直至油罐车装满。

事故原因:汽油从储油罐通过8号泵房、管道、发油台及鹤管流入油罐车内,当汽油快速流出时,带电的液体与管道壁之间进行着剧烈的分离、冲刷作用,水泥地面下几十米的输油管道接地引下线锈蚀严重,造成静电电荷无法很快消散,而8号泵房、发油间、发油台未与其相邻设备进行等电位连接,引起发油台静电电位大于300V,油罐车的静电电位则更高。虽然卸油鹤管是合金,与油罐的接触不可能出现火花,但它们之间的电位差产生火花放电,其能量已大于汽油的最小点燃能量0.2mJ,引起油罐车燃烧。

【电气事故案例15】 用手电钻打眼触电身亡事故

某焦化分厂配煤工段电工班对上煤带事故开关电缆进行改装。由电工杜某操作手电钻,赤脚站在皮带间里(因当时皮带沟有水、煤)对皮带架下部槽钢打眼,当打到第35只眼时手电钻内一相电源线脱落,触及外壳,引起触电,杜某将电钻抛掉倒下,立即送医院抢救无效死亡。

事故原因：赤脚作业；手电钻无接地线；触电后未现场抢救。

【电气事故案例 16】 摩电道触电事故

1986 年 8 月 3 日，某焦化厂炼焦车间一名电工去修拦焦车磨电道的接线鼻子。在拉闸断电以后用试电笔验电，下边的一根磨电道没电，中间的一根也没电。上边的一根够不着，便没有验电，没确认。凭主观猜测，认为上边的一根当然没电，便纵身上去检修。一手抓上边的磨电道，一手抓接地的护网。没想到磨电道断开处有焦炭，将另一座焦炉的电引了过来，触电不能摆脱，危险万分。幸好司机在旁，手疾眼快，用木棍将这名电工的手撬开，电工才幸免于难。

【电气事故案例 17】 滑触线触电事故

1989 年 6 月 6 日，某焦化厂装煤车司机邵某与另一名职工在炉顶作业，向炭化室内装煤过程中，在煤塔西面中间台上，车内突然断电，邵某即从南门梯子到二层平台上，左手扶装煤斗边缘，右手扶装煤车顶部的滑线槽外的踏板，曲体向上蹬到煤车顶部上，触电死亡。

事故原因：在没切断电源的情况下进入带电危险部位；检查处置不慎触电是这起事故发生的重要原因。

【电气事故案例 18】 电弧烧伤事故

1983 年 11 月 15 日，某焦化厂因检修安装临时电缆线，电工刘某在冷凝配电室 1 号盘上寻找仪表电源时，盘内两个空气开关上方铝母线放炮，电弧将刘某的前胸、脸部和臂部烧成重伤。

事故原因：配电盘上的临时线比较乱，致使控制盘面比较拥挤；盘内一临时接地线用完后没拆，开门时将临时线震落在空气开关上，造成短路，引起电弧放炮，将刘某烧伤。

【电气事故案例 19】 电弧烧伤事故

2000 年 11 月 4 日，某化肥厂合成氨车间碳化工段发生了一起维修人员被电弧灼伤的事故。

事故原因：

① 电工断电拆线不彻底是发生事故的主要原因。电工断电后没有严格执行操作规程，将保险丝拔除，将线头包扎，并挂牌示警。

② 碳化工段当班操作工在开停碳化泵时，误将开关按钮按开，使线端带电，是本次事故的诱发因素。

③ 电气车间管理混乱，对电气作业人员落实规程缺乏检查，使电工作业不规范，险些酿成大祸，这是事故发生的间接原因。

复 习 题

1. 如何划分爆炸危险场所区域？
2. 简述防爆电气的定义、类型、字母表示。
3. 如何对某种煤化工产品如苯、甲醇、二甲醚等的作业场所防爆电气设备进行选型？
4. 简述防雷装置的类型及化工设施防雷的要求。
5. 静电的防护措施有哪些？
6. 简述安全电压的概念。
7. 简述焦炉电气设备的特点及防护措施。
8. 简述触电急救的原则、方法。

第三章 压力容器安全与事故案例分析

煤化工生产过程中，很多生产是在一定压力下进行的。如鲁奇加压气化炉的压力为2~3MPa，莱托法苯加氢的压力为5.88MPa，K-K法苯加氢的压力为2.8~3MPa，低压法合成甲醇的压力也有5~10MPa，F-T合成的压力为2~3MPa，直接液化的压力达20MPa，合成氨的压力高达30MPa，运输液氨、液氯、液态二氧化硫、丙烯、丙烷、丁烯、丁烷、丁二烯及液化石油气的液化气体罐车的压力为0.8~2.2MPa。另外，还有一些辅助工序如制氧过程、变压吸附制氢过程、干熄焦余热锅炉、工业锅炉都有一定的压力。煤化工生产过程的压力容器形式多样，结构复杂，工作条件苛刻，危险性较大。因此压力容器的设计、制造、安装及生产过程都应遵守压力容器的安全规定。

压力容器是指内部或外部承受0.1MPa（表压）以上气体或液体压力的容器，用来完成反应、传热、传质、分离、储存等工艺过程。凡同时满足下列3个条件的容器，其设计、制造、施工、使用和管理必须符合现行的《固定式压力容器安全技术监察规程》（TSG R0004—2009，以下简称《容规》）规定。

① 最高工作压力大于或等于0.1MPa（不包括液体静压力，下同）；
② 设计压力与容积的乘积大于或等于2.5MPa·L；
③ 介质为气体、液化气体和最高工作温度高于标准沸点（指在同一大气压下的沸点）的液体。

第一节 压力容器概述

在生产过程中，为有利于安全技术监督和管理，根据容器的压力高低、介质的危害程度以及在生产中的重要性，将压力容器进行分类。

一、压力容器的分类

1. 按设计压力分类

压力容器按设计压力分为低压、中压、高压、超高压4个等级。
① 低压容器（代号L）。$0.1\text{MPa} \leqslant p < 1.6\text{MPa}$。
② 中压容器（代号M）。$1.6\text{MPa} \leqslant p < 10\text{MPa}$。如甲醇合成塔、费托合成塔、鲁奇加压气化炉、德士古气化炉等。
③ 高压容器（代号H）。$10\text{MPa} \leqslant p < 100\text{MPa}$。如氨合成塔、煤直接液化反应装置等。
④ 超高压容器（代号U）。$p \geqslant 100\text{MPa}$。

2. 按壁厚分类
① 薄壁容器

$$K = \frac{D_0}{D_\text{i}} \leqslant 1.1 \sim 1.2 \tag{3-1}$$

② 厚壁容器

$$K = \frac{D_0}{D_\text{i}} > 1.2 \tag{3-2}$$

式中 D_0——容器外径；
　　　D_i——容器内径。

3. 按用途分类

压力容器按其在生产工艺过程中的作用原理分为反应容器、换热容器、分离容器、储存容器。

(1) 反应容器（代号 R）

主要用于完成介质的物理、化学反应的容器。如 F-T 合成反应器、反应釜、分解锅、分解塔、聚合釜、高压釜、超高压釜、甲醇合成塔、铜洗塔、变换炉、鲁奇加压气化炉、Shell 粉煤气化炉、德士古气化炉等。

(2) 换热容器（代号 E）

主要用于完成介质的热量交换的压力容器。如管壳式废热锅炉、热交换器、冷却器、冷凝器、蒸发器、加热器、电热蒸汽发生器、煤气发生炉水夹套等。

(3) 分离容器（代号 S）

主要用于完成介质的流体压力平衡和气体净化分离等的压力容器。如分离器、过滤器、集油器、缓冲器、洗涤器、吸收塔、干燥塔、汽提塔、分汽缸、除氧器等。

(4) 储存容器（代号 C，其中球罐代号 B）

主要是盛装生产用的原料气体、液体、液化气体等的压力容器。如储存液态氧、压缩天然气的储罐，主要为球罐；储存氧气、氮气、氢气的各种气瓶；变压吸附制氢设备；空分制氧制氮设备。

4. 按危险性和危害性分类

根据压力容器操作压力、介质危害程度、容器功能、结构特性、材料和对容器安全性能的综合影响程度等，将压力容器分为三类。

(1) 第一类压力容器

非易燃或无毒介质的低压容器为第一类压力容器。如易燃或有毒介质的低压分离容器和换热容器。

(2) 第二类压力容器（下列情况之一，第③款规定的除外）

① 中压容器；

② 低压容器（仅限毒性程度为极度和高度危害介质）；

③ 低压反应容器和低压储存容器（仅限易燃介质或毒性程度为中度危害介质）；

④ 低压管壳式余热锅炉；

⑤ 低压搪玻璃压力容器。

(3) 第三类压力容器（下列情况之一）

① 高压容器；

② 中压容器（仅限毒性程度为极度和高度危害介质）；

③ 中压储存容器（仅限易燃或毒性程度为中度危害介质，且 $pV \geqslant 10\mathrm{MPa \cdot m^3}$）；

④ 中压反应容器（仅限易燃或毒性程度为中度危害介质，且 $pV \geqslant 0.5\mathrm{MPa \cdot m^3}$）；

⑤ 低压容器（仅限毒性程度为极度和高度危害介质，且 $pV \geqslant 0.2\mathrm{MPa \cdot m^3}$）；

⑥ 高压、中压管壳式余热锅炉；

⑦ 中压搪玻璃钢容器；

⑧ 使用强度级别较高（指相应标准中抗拉强度规定值下限大于等于540MPa）的材料制造的压力容器；

⑨ 移动式压力容器，包括铁路罐车（介质为液化气体、低温液体）、罐式汽车〔液化气体运输（半挂车）、低温液体运输（半挂车）、永久气体运输（半挂车）〕和罐式集装箱（介质为液化气体、低温液体）；

⑩ 球形储罐（容积大于等于 50m³）；

⑪ 低温液体储存容器（容积大于 5m³）。

二、压力容器的制造材料

化工装置的压力容器绝大多数为钢制的，制造材料多种多样，比较常用的有如下几种。

1. Q235-A 钢

Q235-A 钢含硅量多，脱氧完全，因而质量较好。限定的使用范围为：设计压力≤1.0MPa，设计温度 0～350℃，用于制造壳体时，钢板厚度不得大于 16mm。不得用于盛装液化石油气体、毒性程度为极度、高度危害介质及直接受火焰加热的压力容器。

2. 20g 锅炉钢板

20g 锅炉钢板与一般 20 号优质钢相同，含硫量较 Q235-A 钢低，具有较高的强度，使用温度范围为－20～475℃，常用于制造温度较高的中压容器。

3. 16MnR 普通低合金容器钢板

使用 16MnR 普通低合金容器钢板制造中、低压容器，可减轻温度较高的容器重量，使用温度范围为－20～475℃。

4. 低温容器（低于－20℃）材料

低温容器材料主要要求在低温条件下有较好的韧性以防脆裂，一般低温容器用钢多采用锰钒钢。

5. 高温容器用钢

使用温度小于 400℃可用普通碳钢，使用温度 400～500℃可用 15MnVR、14MnMoVg，使用温度 500～600℃可采用 15CrMo、12Cr2Mol，使用温度 600～700℃应采用 0Cr13Ni9 和 1Cr18Ni9Ti 等高合金钢。

三、压力容器的设计、制造和安装

1. 压力容器的设计

压力容器的设计单位，必须持有省级以上（含省级）主管部门批准，同级劳动部门备案的压力容器设计单位批准书。超高压容器的设计单位，应持有经国务院主管部门批准，并报劳动部锅炉压力容器安全监察机构备案的超高压容器设计单位批准书，否则，不得设计压力容器。

（1）设计压力

设计压力是指设定的容器顶部的最高压力与相应的设计温度一起作为载荷条件，其值不低于工作压力。设计压力一般原则如下。

① 容器的设计压力与容器最高工作压力的含义并不等同，但设计压力一般取略高于或等于最高工作压力。

② 装设有安全泄压装置的压力容器，其设计压力不得低于安全阀的开启（整定）压力和爆破片装置的爆破压力。

③ 盛装液化气体的容器，无保温装置的，设计压力（最高工作压力）不低于所装液化气体在 50℃时的饱和蒸气压力；有可靠的保温设施的，设计压力不低于其在试验中实测的最高温度下的饱和蒸气压力。

（2）设计温度

指容器在正常操作条件下,在相应设计温度下,设定的壳体的金属温度。

设计温度注意以下几点。

① 对常温或高温操作的容器,其设计温度不得低于壳体金属可能达到的最高金属温度。

② 对在0℃以下操作的容器,其设计温度不得高于壳体金属可能达到的最低金属温度。

③ 在任何情况下,容器壳体或其他受压元件金属的表面温度,不得超过材料的允许使用温度。

④ 安装在室外且器壁无保温装置的容器,壁温受环境温度的影响而可能小于或等于−20℃时,其设计温度一般应按容器使用地区历年各月、日最低温度月平均值的最小值确定其最低设计温度。

2. 压力容器的制造

凡制造和现场组焊压力容器的单位,必须持有省级以上(含省级)劳动部门颁发的制造许可证。超高压容器的制造单位,必须持有劳动部颁发的制造许可证。制造单位必须按批准的范围(即允许或组焊一、二类或三类)制造或组焊。无制造许可证的单位,不得制造或组焊压力容器。

压力容器制成后,应当进行耐压试验。耐压试验分为液压试验、气压试验以及气液组合压力试验三种。除设计图样要求用气体代替液体进行耐压试验外,不得采用气压试验。进行气压试验前,要全面复查有关技术文件,要有可靠的安全措施,并经制造安装单位技术负责人和安全部门检查、批准后方可进行。

耐压试验的压力应当符合设计图样要求,并且不小于按式(3-3)计算的数值[式(3-3)见本章第五节]。其中,耐压试验压力系数 η 的取值见表3-1。

表3-1 耐压试验的压力系数 η

压力容器的材料	耐压试验压力系数 η	
	液(水)压	气压
钢和有色金属	1.25	1.10
铸铁	2.00	
搪玻璃	1.25	1.10

液压试验时,容器要充满液体,排净空气,待容器壁温度与液体温度相同时,才能缓慢升压到规定压力,根据容器大小保持10～30min,然后将压力降到设计压力至少保持30min。气压试验时,首先缓慢升压至规定试验压力的10%,保持10min,然后对所有焊缝和连接部位进行初次检查。合格后继续升压到规定试验压力的50%,其后按每级为规定试验压力的10%的级差升压到试验压力,保持10～30min,然后再降到设计压力至少保持30min,同时进行检查。要注意气压试验时所用气体应为干燥的空气或氮气,气体温度不低于15℃。

液压试验后检查,符合下列情况为合格:①无渗漏;②无可见异常变形;③试验过程中无异常响声。

耐压试验合格后,可根据图样要求进行泄漏试验。

压力试验要严格按照试验的安全规定进行,防止试验中发生事故。

压力容器出厂时,制造单位必须按照《容规》的规定向订货单位提供有关技术资料。

3. 压力容器的安装

压力容器安装质量的好坏直接影响容器使用的安全。压力容器的专业安装单位必须经质量技术监督部门审核批准才可以从事承压设备的安装工作。安装作业必须执行国家有关安装的规范。

安装过程中应对安装质量实行分段验收和总体验收。验收由使用单位和安装单位共同进行。总体验收时，应有上级主管部门和劳动部门参加。压力容器安装竣工后，施工单位应将竣工图、安装及复验记录等技术资料和安装质量证明书等移交给使用单位。

第二节　压力容器的定期检验

压力容器的定期检验是指在压力容器的使用过程中，每隔一定期限采用各种适当而有效的方法，对容器的各个承压部件和安全装置进行检查和必要的试验，通过检验，发现容器存在的缺陷，使它们在还没有危及容器安全之前即被消除或采取适当措施进行特殊监护，以防压力容器在运行中发生事故。

（1）在使用过程中会产生缺陷

压力容器在生产中不仅长期承受压力，而且还受到介质的腐蚀或高温流体的冲刷磨损，以及操作压力、温度波动的影响。

（2）设计制造缺陷

有些压力容器在设计、制造和安装过程中存在着一些原有缺陷，这些缺陷将会在使用中进一步扩展。

无论是原有缺陷，还是在使用过程中产生的缺陷，如果不能及早发现或消除，任其发展扩大，势必在使用过程中导致严重爆炸事故。压力容器实行定期检验，是及时发现缺陷，消除隐患，保证压力容器安全运行的重要的必不可少的措施。

一、定期检验的要求

压力容器的使用单位，必须认真安排压力容器的定期检验工作，按照《在用压力容器检验规程》、《固定式压力容器安全技术监察规程》、《蒸汽锅炉安全技术监察规程》的规定，由取得检验资格的单位和人员进行检验，并将年检计划报主管部门和当地的锅炉压力容器安全监察机构。锅炉压力容器安全监察机构负责监督检查。

二、定期检验的内容

1. 外部检查

外部检查指专业人员在压力容器运行中定期的在线检查。检查的主要内容是：压力容器及其管道的保温层、防腐层、设备铭牌是否完好；外表面有无裂纹、变形、腐蚀和局部鼓包；所有焊缝、承压元件及连接部位有无泄漏；安全附件是否齐全、可靠、灵活好用；承压设备的基础有无下沉、倾斜、地脚螺丝、螺母是否齐全完好；有无振动和摩擦；运行参数是否符合安全技术操作规程；运行日志与检修记录是否保存完整。

2. 内外部检验

内外部检验指专业检验人员在压力容器停机时的检验。检验内容除外部检查的全部内容外，还包括以下内容的检验：腐蚀、磨损、裂纹、衬里情况、壁厚测量、金相检验、化学成分分析和硬度测定。

3. 全面检验

全面检验除内外部检验的全部内容外，还包括焊缝无损探伤和耐压试验。

① 焊缝无损探伤长度一般为容器焊缝总长的 20%。

② 耐压试验是承压设备定期检验的主要项目之一，目的是检验设备的整体强度和致密性。绝大多数承压设备进行耐压试验时用水作介质，故常常把耐压试验叫做水压试验。

安全状况等级评定见《固定式压力容器安全技术监察规程》。

三、定期检验的周期

压力容器的检验周期应根据容器的制造和安装质量、使用条件、维护保养等情况，由企业自行确定。

1. 定期检验的规定

（1）外部检查

外部检查指专业人员在压力容器运行中定期的在线检查，每年至少一次。

（2）内外部检验

内外部检验指专业检验人员在压力容器停机时的检验。其期限分为：

① 安全状况等级为1～3级的，每6年至少一次；

② 安全状况等级为3～4级的，每3年至少一次；

③ 安全状况等级为3级的，可视缺陷严重程度，适当延长或缩短检验周期。

（3）耐压试验

耐压试验的周期为每10年至少一次。

装有催化剂的反应容器以及装有充填物（如吸附剂）的大型压力容器，其检验周期由使用单位根据设计图纸和实际使用情况确定。

2. 检验周期适当延长或缩短的规定

有下列情况之一的，内外部检验期限应适当缩短：

① 介质对压力容器材料的腐蚀情况不明，介质对材料的腐蚀速率大于0.25mm/a，以及设计所确定的腐蚀数据严重不准确；

② 材料焊接性能差，制造时曾多次返修；

③ 首次检验；

④ 使用条件差，管理水平低；

⑤ 使用期超过15年，经技术鉴定确认不能按正常检验周期使用。

有下列情况之一的，内外部检验期限可以适当延长：

① 非金属衬里层完好，但其检验周期不应超过9年；

② 介质对材料腐蚀速率低于0.1mm/a，或有可靠的耐腐蚀金属衬里外部检验，确认符合原要求，但不应超过10年。

3. 检验合格后耐压试验的规定

压力容器在检验合格后，在下列情况下需进行耐压试验：

① 用焊接方法修理或更换主要受压元件；

② 改变使用条件且超过原设计参数；

③ 更换新衬里前；

④ 停止使用两年重新复用；

⑤ 新安装或移装；

⑥ 无法进行内部检验；

⑦ 使用单位对压力容器的安全性能有怀疑。

因特殊情况，不能按期进行内外部检验或耐压试验的使用单位必须申明理由，提前3个月提出申报，经单位技术负责人批准，由原检验单位提出处理意见，省级主管部门审查同意，发放《压力容器使用证》的锅炉压力容器安全监察机构备案后，方可延长检验期限，但一般不应超过12个月。

第三节 压力容器的安全附件

一、安全阀

安全阀是为了防止设备或容器内非正常压力过高引起物理性爆炸而设置的,当设备或容器内压力升高超过一定限度时安全阀能自动开启,排放部分气体,当压力降至安全范围内再自行关闭,从而实现设备和容器内压力的自动控制,防止设备和容器的破裂爆炸。

1. 安全阀的种类

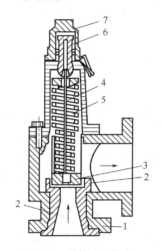

图 3-1 弹簧式安全阀
1—阀体;2—阀座;3—阀芯;4—阀杆;
5—弹簧;6—螺帽;7—阀盖

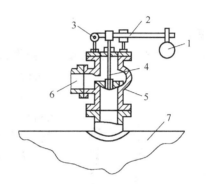

图 3-2 杠杆式安全阀
1—重锤;2—杠杆;3—杠杆支点;4—阀芯;
5—阀座;6—排出管;7—设备

安全阀按其整体结构及加载机构形式来分,常用的有弹簧式(见图 3-1)和杠杆式(见图 3-2)两种。在化工装置中,普遍使用弹簧式安全阀。弹簧式安全阀的加载装置是一个弹簧,通过调节螺母可以改变弹簧的压缩量,调整阀瓣对阀座的压紧力,从而确定其开启压力的大小。弹簧式安全阀结构紧凑,体积小,动作灵敏,对震动不太敏感,可以装在移动式容器上。缺点是阀内弹簧受高温影响时,弹性有所降低。

2. 安全阀的选用

安全阀的选用,应根据容器的工艺条件及工作介质的特性,从安全阀的安全泄放量、加载机构、封闭机构、气体排放方式、工作压力范围等方面考虑。安全阀的排放量是选用安全阀的关键因素,必须大于或等于容器的安全泄放量。选用安全阀时,要注意它的工作压力范围,要与压力容器的工作压力范围相匹配。

3. 安全阀的安装

安全阀应垂直向上安装在压力容器本体的液面以上气相空间部位,或与连接在压力容器气相空间上的管道相连接。安全阀确实不便装在容器本体上,而用短管与容器连接时,则接管的直径必须大于安全阀的进口直径,接管上一般禁止装设阀门或其他引出管。压力容器一个连接口上装设数个安全阀时,则该连接口入口的面积,至少应等于数个安全阀的面积总和。压力容器与安全阀之间,一般不宜装设中间截止阀门,对于盛装易燃、毒性程度为极度、高度、中高度危害或黏性介质的容器,为便于安全阀更换、清洗,可装截止阀,但截止阀的流通面积不得小于安全阀的最小流通面积,并且要有可靠的措施和严格的制度,以保证在运行中截止阀保持全开状态并加铅封。

4. 安全阀的调整、维护和检验

安全阀在安装前应由专业人员进行水压试验和气密性试验，经试验合格后进行调整校正。安全阀的开启压力，一般应为容器最高工作压力的 1.05～1.10 倍。对压力较低的低压容器，可调节到比工作压力高 0.98MPa，但不得超过容器的设计压力。校正调整后的安全阀应进行铅封。

要使安全阀动作灵敏可靠且密封性能良好，必须加强日常维护检查。安全阀应经常保持清洁，防止阀体弹簧等被油垢脏物所粘住或被锈蚀；还应经常检查安全阀的铅封是否完好，气温过低时，有无冻结的可能性；检查安全阀是否有泄漏。对杠杆式安全阀，要检查其重锤是否松动或被移动等。如发现缺陷，要及时校正或更换。

《容规》规定，安全阀要定期检验，每年至少检验一次。定期检验工作包括清洗、研磨、试验和校正。

二、防爆片

防爆片（见图 3-3）又称防爆膜、防爆板，其功用是当设备内发生化学爆炸或产生过高压力时，防爆片作为人为设计的薄弱环节自行破裂，将爆炸压力释放掉，使爆炸压力难以继续升高，从而保护设备或容器的主体免遭更大的损坏，使在场的人员不致遭受致命的伤亡。

图 3-3 防爆片

防爆片具有密封性能好、反应动作快以及不易受介质中黏污物的影响等优点。但它是通过膜片的断裂来泄压的，所以泄压后不能继续使用，容器也被迫停止运行。因此它只是在不宜装设安全阀的压力容器上使用。

防爆片的主零件是一块很薄的金属板，用一副特殊的管法兰夹持着装入容器的引出短管中，也有把膜片直接与密封垫片一齐放入接管法兰的。容器在正常运行时，防爆片虽可能有较大的变形，但它能保持严密不漏。当容器超压时，膜片即断裂排泄介质，避免容器因超压而发生爆炸。

防爆片的安全可靠性取决于防爆片的材料、厚度和泄压面积。防爆片的选用要求如下：

① 正常生产时压力很小或没有压力的设备，可用石棉板、塑料片、橡皮或玻璃片等作为防爆片。

② 微负压生产情况的，可采用 2～3cm 厚的橡胶板作为防爆片。

③ 操作压力较高的设备可采用铝板、铜板。铁片破裂时能产生火花，存在可燃性气体时不宜采用。

④ 防爆片的爆破压力一般不超过系统操作压力的 1.25 倍。若防爆片在低于操作压力时破裂，就不能维持正常生产；若操作压力过高而防爆片不破裂，则不能保证安全。

⑤ 防爆片的泄放面积，一般按照 $0.035\sim0.1\mathrm{m}^2/\mathrm{m}^3$ 选用。

防爆片的安装要可靠，夹持器和垫片表面不得有油污，夹紧螺栓应拧紧，防止螺栓受压后滑脱。运行中应经常检查连接处有无泄漏。由于特殊要求在防爆片和容器之间安装了切断阀的，要检查阀门的开闭状态，并应采取措施保证此阀门在运行过程中处于开启位置。防爆片一般每 6～12 月应更换 1 次。

三、防爆门

防爆门一般设置在燃油、燃气的燃烧室外壁上，以防止燃烧爆炸时，设备遭到破坏。防爆门的总面积一般按燃烧室内部净容积 $1m^3$ 不少于 $250cm^2$ 计算。为了防止燃烧气体喷出时将人烧伤，防爆门应设置在人们不常到的地方，高度不低于2m。图 3-4(a)、(b) 分别为向上翻和向下翻的两种防爆门。

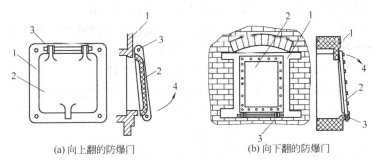

(a) 向上翻的防爆门　　　　(b) 向下翻的防爆门

图 3-4　防爆门的构造形式

1—燃烧室外壁；2—防爆门；3—转轴；4—防爆门动作方向

四、压力表

压力表是测量压力容器中介质压力的一种计量仪表。压力表的种类较多，有液柱式、弹性元件式、活塞式和电量式四大类。压力容器大多使用弹性元件式的单弹簧管压力表。

装在压力容器上的压力表，其表盘刻度极限值应为容器最高工作压力的1.5～3倍，最好的为2倍。压力表量程越大，允许误差的绝对值也越大，视觉误差也越大。选用压力表，还要根据容器的压力等级和工作需要。按容器的压力等级要求，低压容器一般不低于2.5级；中压及高压容器不应低于1.5级。为便于操作人员能清楚准确地看出压力指示，压力表盘直径不能太小。在一般情况下，表盘直径不应小于100mm。如果压力表距离观察地点远，表盘直径应相应增大，距离超过2m时，表盘直径最好不小于150mm，距离越过5m时，不要小于250mm。超高压容器压力表的表盘直径应不小于150mm。

安装压力表时，为便于操作人员观察，应将压力表安装在最醒目的地方，并要有充足的照明，同时要注意避免受辐射热、低温及震动的影响；装在高处的压力表应稍微向前倾斜，但倾斜角不要超过30°。压力表接管应直接与容器本体相接，为了便于卸换校验压力表，压力表与容器之间应装设三通旋塞，旋塞应装在垂直的管段上，并要有开启标志，以便核对与更换。蒸汽容器，在压力表与容器之间应装有存水弯管。盛装高温、强腐蚀或凝结性介质的容器，在压力表与容器之间应装有隔离缓冲装置。

使用中的压力表，应根据设备的最高工作压力，在它的刻度盘上划明警戒红线，但不要涂画在表盘玻璃上，以免玻璃转动使操作人员产生错觉，造成事故。

未经检验合格和无铅封的压力表均不准安装使用。

压力表应保持洁净，表盘上玻璃要明亮透明，使表内指针指示的压力值能清楚易见。压力表的接管要定期吹洗。在容器运行期间，如发现压力表指示失灵，刻度不清，表盘玻璃破裂，泄压后指针不回零位，铅封损坏等情况，应立即校正或更换。

压力表的维护和校验应符合国家计量部门的有关规定。压力表上应有校验标记，注明下次校验日期或校验有效期。校验后的压力表应加铅封。

五、液面计

液面（粉体物料的料面）计是压力容器的安全附件。一般压力容器的液面显示多用玻璃板液面计。化工装置的压力容器，如各类液化石油气体的储存压力容器，选用各种不同作用原理、构造和性能的液位指示仪表。介质为粉体物料的压力容器，多数选用放射性同位素料位仪表指示粉体的料位高度。

不论选用何种类型的液面计或仪表，均应符合《容规》规定的安全要求，主要有以下几点。

① 应根据压力容器的介质、最高工作压力和温度正确选用。

② 在安装使用前，低、中压容器用液面计，应进行1.5倍液面计公称压力的水压试验；高压容器用的液面计，应进行1.25倍液面计公称压力的水压试验。

③ 盛装0℃以下介质的压力容器上，应选用防霜液面计。

④ 寒冷地区室外使用的液面计，应选用夹套型或保温型结构的液面计。

⑤ 用于易燃，毒性程度为极度、高度危害介质的液化气体压力容器上，应采用板式或自动液面指示计，并应有防止泄漏的保护装置。

⑥ 要求液面指示平稳的，不应采用浮子（标）式液面计。

⑦ 液面计应安装在便于观察的位置，如液面计的安装位置不便于观察，则应增加其他辅助设施。大型压力容器还应有集中控制的设施和警报装置。液面计的最高和最低安全液位，应做出明显的标记。

⑧ 压力容器操作人员，应加强液面计的维护管理，经常保持其完好和清晰。应对液面计实行定期检修制度，使用单位可根据运行实际情况，在管理制度中予以具体规定。

⑨ 液面计有下列情况之一的，应停止使用：超过检验周期；玻璃板（管）有裂纹、破碎；阀件固死；经常出现假液位。

⑩ 使用放射性同位素料位仪表，应严格执行国务院发布的《放射性同位素与射线装置放射防护条例》的规定，采取有效保护措施，防止使用现场放射危害。

另外，化工生产过程中，有些反应压力容器和储存压力容器还装有液位检测报警、温度检测报警、压力检测报警及联锁等，既是生产监控仪表，也是压力容器的安全附件，都应该按有关规定的要求加强管理。

第四节　压力容器的安全使用

一、压力容器的使用管理

为了确保压力容器的安全运行，必须加强对压力容器的安全管理，消除弊端，防患于未然，不断提高其安全可靠性。

1. 压力容器的安全管理

要做好压力容器的安全技术管理工作，首先要从组织上保证。这就要求企业要有专门的机构，并配备专业人员即具有压力容器专业知识的工程技术人员，负责压力容器的技术管理及安全监察工作。

压力容器的技术管理工作主要内容如下。

① 贯彻执行有关压力容器的安全技术规程；

② 编制压力容器的安全管理规章制度，依据生产工艺要求和容器的技术性能制定容器的安全操作规程；

③ 参与压力容器的入厂检验、竣工验收及试车；

④ 检查压力容器的运行、维修和压力附件校验情况，压力容器的校验、修理、改造和报废等技术审查；

⑤ 编制压力容器的年度定期检修计划，并负责组织实施；

⑥ 向主管部门和当地劳动部门报送当年的压力容器的数量和变动情况统计报表、压力容器定期检验的实施情况及存在的主要问题；

⑦ 压力容器的事故调查分析和报告，检验、焊接和操作人员的安全技术培训管理，压力容器使用登记及技术资料管理。

2. 建立压力容器的安全技术档案

压力容器的技术档案是正确使用容器的主要依据，它可以使相关人员全面掌握容器的情况，摸清容器的使用规律，防止发生事故。

容器调入或调出时，其技术档案必须随同容器一起调入或调出。

对技术资料不齐全的容器，使用单位应对其所缺项目进行补充。

压力容器的技术档案应包括：压力容器的产品合格证，质量证明书，登记卡片，设计、制造、安装技术等原始的技术文件和资料，检查鉴定记录，验收单，检修方案及实际检修情况记录，运行累计时间表，年运行记录，理化检验报告，竣工图以及中高压反应容器和储运容器的主要受压元件强度计算书等。

3. 对压力容器使用单位及人员的要求

压力容器的使用单位，在压力容器投入使用前，应按劳动部颁布的《压力容器使用登记管理规则》的要求，向地、市锅炉压力容器安全监察机构申报和办理使用登记手续。

容器使用单位，应在工艺操作规程中明确提出压力容器安全操作要求，其内容有：

① 操作工艺指标（含介质状况、最高工作压力、最高或最低工作温度）；

② 岗位操作法（含开、停车操作程序和注意事项）；

③ 运行中应重点检查的项目和部位，可能出现的异常现象和防止措施，紧急情况的处理、报告程序等。

压力容器使用单位应对其操作人员进行安全教育和考核，操作人员应持压力容器安全操作证上岗操作。

二、压力容器的操作与维护

1. 压力容器工艺参数原则

压力容器的工艺规程和岗位操作法应控制下列内容：

① 压力容器工艺操作指标及最高工作压力、最低工作壁温；

② 操作介质的最佳配比和其中有害物质的最高允许浓度，及反应抑制剂、缓蚀剂的加入量；

③ 正常操作法、开停车操作程序，升降温、升降压的顺序及最大允许速度，压力波动允许范围及其他注意事项；

④ 运行中的巡回检查路线，检查内容、方法、周期和记录表格；

⑤ 运行中可能发生的异常现象和防治措施；

⑥ 压力容器的岗位责任制、维护要点和方法；

⑦ 压力容器停用时的封存和保养方法。

使用单位不得任意改变压力容器设计工艺参数，严防在超温、超压、过冷和强腐蚀条件下运行。操作人员必须熟知工艺规程、岗位操作法和安全技术规程，通晓容器结构和工艺流程，经理论和实际考核合格者方可上岗。

2. 压力容器的安全操作

① 操作压力容器时要集中精力，勤于监察和调节。

② 操作动作应平稳，应缓慢操作，避免温度、压力的骤升骤降，防止压力容器的疲劳

破坏。

③ 阀门的开启要谨慎，开停车时各阀门的开关状态以及开关的顺序不能搞错。

④ 要防止憋压闷烧，防止高压窜入低压系统，防止性质相抵触的物料相混，防止液体和高温物料相遇。

⑤ 操作时，操作人员应严格控制各种工艺指数，严禁超压、超温、超负荷运行，严禁冒险性、试探性试验。

⑥ 要在压力容器运行过程中定时、定点、定线地进行巡回检查，认真、及时、准确地记录原始数据。

⑦ 着重检查容器法兰等部位有无泄漏，容器防腐层是否完好，有无变形、鼓包、腐蚀等缺陷和可疑迹象，容器及连接管道有无振动、磨损。

⑧ 检查安全阀、爆破片、压力表、液位计、紧急切断阀以及安全联锁、报警装置等安全附件是否齐全、完好、灵敏、可靠。

3. 异常情况处理

为了确保安全，压力容器在运行中，发现下列情况之一者应停止运行，并尽快向有关领导汇报。

① 容器工作压力、工作壁温、有害物质浓度超过操作规程规定的允许值，经采取紧急措施仍不能下降时；

② 容器受压元件发生裂纹、鼓包、变形或严重泄漏等，危及安全运行时；

③ 安全附件失灵，无法保证容器安全运行时；

④ 紧固件损坏、接管断裂，难以保证安全运行时；

⑤ 容器本身、相邻容器或管道发生火灾、爆炸或有毒有害介质外逸，直接威胁容器安全运行时。

压力容器内部有压力时，不得进行任何修理或紧固工作。对于特殊的生产过程，需在开车升（降）温过程中带压、带温紧固螺栓的，必须按设计要求制定有效的操作和防护措施，并经使用单位技术负责人批准，在实际操作时，单位安全部门应派人进行现场监督。

以水为介质产生蒸汽的压力容器，必须做好水质管理和监测，没有可靠的水处理措施，不应投入运行。

运行中的压力容器，还应保持容器的防腐、保温、绝热、静电接地措施完好。

4. 压力容器的维护保养

压力容器的维护保养工作一般包括防止腐蚀，消除"跑、冒、滴、漏"和做好停运期间的保养。

(1) 防腐

化工压力容器内部受工作介质的腐蚀，外部受大气、水或土壤的腐蚀。

目前大多数容器采用防腐层来防止腐蚀，如金属涂层、无机涂层、有机涂层、金属内衬和搪瓷玻璃等。

检查和维护防腐层的完好，是防止容器腐蚀的关键。

如果容器的防腐层自行脱落或受碰撞而损坏，腐蚀介质和材料直接接触，则很快会发生腐蚀。

因此，在巡检时应及时清除积附在容器、管道及阀门上面的灰尘、油污、潮湿和有腐蚀性的物质，经常保持容器外表面的洁净和干燥。

(2) 消除生产设备的"跑、冒、滴、漏"

生产设备的"跑、冒、滴、漏"不仅浪费化工原料和能源，污染环境，而且往往造成容器、管道、阀门和安全附件的腐蚀。因此要做好生产设备日常的维护保养和检修工作，正确选用连接方式、垫片材料、填料等，及时消除"跑、冒、滴、漏"现象，消除振动和摩擦，维护保养好压力容器和安全附件。

(3) 压力容器在停运期间的保养

容器停用时，要将内部的介质排空放净，尤其是腐蚀性介质，要经排放、置换或中和、清洗等技术处理。

根据停运时间的长短以及设备和环境的具体情况，有的在容器内、外表面涂刷油漆等保护层，有的在容器内用专用器皿盛放吸潮剂。

对停运容器要定期检查，及时更换失效的吸潮剂。发现油漆等保护层脱落时，应及时补上，使保护层经常保持完好无损。

三、压力容器破坏形式和缺陷修复

1. 压力容器破裂

压力容器及其承压部件在使用过程中，其尺寸、形状或材料性能发生改变，完全失去或不能良好实现原定功能，继续使用会失去可靠性和安全性，需要立即停用修复或更换，把这称作压力容器及其承压部件的失效。压力容器最常见的失效形式是破裂失效，有韧性破裂、脆性破裂、疲劳破裂、腐蚀破裂、蠕变破裂等几种类型。通过对破裂宏观变形和微观形貌的观察分析，可以判断破裂的类型和致因。

(1) 韧性破坏

韧性破坏是指容器在压力作用下，器壁上产生的应力达到材料的强度极限而发生断裂的一种破坏形式。其主要特征为：破裂容器具有明显的形状改变和较大的塑性变形。如最大圆周伸长率常达10%以上，容积增大率也往往高于10%，有的甚至达20%，断口呈暗灰色纤维状，无闪烁金属光泽，断口不平齐，呈撕裂状，而与主应力方向成45°。这种破裂一般没有碎片或有少量碎片，容器的实际爆破压力接近计算爆破压力。

(2) 脆性破坏

容器没有明显变形而突然发生破裂，根据破裂时的压力计算，器壁的应力也远远没有达到材料的强度极限，有的甚至还低于屈服极限，这种破裂现象和脆性材料的破坏很相似，称为脆性破坏。因是在较低的应力状态下发生的，故又叫低应力破坏。

脆性破坏的主要特征为：破裂容器一般没有明显的伸长变形，而且大多裂成较多的碎片，常有碎片飞出。如将碎片组拼起来测量，其周长、容积和壁厚与爆炸前相比没有变化或变化很小。脆性破坏大多数在使用温度较低的情况下发生，而且往往在瞬间发生。其断口齐平并与主应力方向垂直，形貌呈闪烁金屑光泽的结晶状。

(3) 疲劳破坏

容器在反复的加压过程中，壳体的材料长期受到交变载荷的作用，因此出现金属疲劳而产生的破坏形式称为疲劳破坏。

疲劳破坏的主要特征为：破裂容器本体没有产生明显的整体塑性变形，但它又不像脆性破裂那样使整个容器脆断成许多碎片，而只是一般的开裂，使容器泄漏而失效。容器的疲劳破裂必须是在多次反复载荷以后，所以只有那些较频繁的间歇操作或操作压力大幅度波动的容器才有条件产生。

(4) 腐蚀破坏

腐蚀破坏是指容器壳体由于受到介质的腐蚀而产生的一种破坏形式。钢的腐蚀破坏形式可分为均匀腐蚀、点腐蚀、晶间腐蚀、应力腐蚀和疲劳腐蚀等。

① 均匀腐蚀。使容器壁厚逐渐减薄，以导致强度不足而发生破坏。化学腐蚀、电化学腐蚀和冲刷腐蚀是造成设备大面积均匀腐蚀的主要原因。

② 点腐蚀。有的使容器产生穿透孔而造成破坏；也有的由于点腐蚀造成腐蚀处应力集中，在反复交变载荷作用下，成为疲劳破裂的始裂点；如果材料的塑性较差，或处在低温使用的情况下，也可能产生脆性破坏。

③ 晶间腐蚀。是一种局部的、选择性的腐蚀破坏。这种腐蚀破坏沿金属晶粒的边缘进行，金属晶粒之间的结合力因腐蚀受到破坏，材料的强度及塑性几乎完全丧失，在很小的外力作用下即会损坏。这是一种危险性比较大的腐蚀破坏形式，因为它不在器壁表面留下腐蚀的宏观迹象，也不减小厚度尺寸，只是沿着金属的晶粒边缘进行腐蚀，使其强度及塑性大为降低，因而容易造成容器在使用过程中损坏。

④ 应力腐蚀。又称腐蚀裂开，是金属在腐蚀性介质和拉伸应力的共同作用下产生的一种破坏形式。

⑤ 疲劳腐蚀。也称腐蚀疲劳，它是金属材料在腐蚀和应力的共同作用下引起的一种破坏形式，它的结果也是造成金属断裂而破坏。与应力腐蚀不同的是，它是由交变的拉伸应力和介质对金属的腐蚀作用所引起的。

化工压力容器常见的介质腐蚀有：

① 液氨对碳钢及低合金钢容器的应力腐蚀；

② 硫化氢对钢制压力容器的腐蚀；

③ 热碱液对钢制压力容器的腐蚀；

④ 一氧化碳对钢瓶的腐蚀；

⑤ 高温高压氧气对钢制压力容器的腐蚀；

⑥ 氯离子引起的不锈钢容器的应力腐蚀。

(5) 蠕变破坏

蠕变破坏是指设计选材不当或运行中超温、局部过热而导致压力容器发生蠕变的一种破坏形式。

蠕变破坏的主要特征为：具有明显的塑性变形，破坏总是发生在高温下，经历较长的时间，破坏时的应力一般低于材料在使用温度下的强度极限。此外，蠕变破坏后进行检验可以发现材料有晶粒长大、钢中碳化物分解为石墨、氮化物或合金组织球化等明显的金相组织变化。

2. 压力容器缺陷修复

压力容器破裂大多是由于制造质量较差所致。压力容器的制造缺陷有成型组装缺陷和焊接缺陷两个类型。确认材质无劣化或劣化甚微不影响使用，或可用焊接方法修复的压力容器，应该进行修复。

在材质没有劣化的前提下，表面缺陷如裂纹、咬边、划伤、电弧擦伤等，可通过打磨圆滑过渡消除，如果剩余壁厚能够满足结构强度要求，则可接着采用防腐措施或改进工艺参数防止继续腐蚀。对于塑性、韧性、可焊性较好的钢材，其缺陷可采用补焊或堆焊的方法处理。施焊时应采取必要措施，防止焊接产生新的焊接缺陷和金属损伤。发现有大面积腐蚀和磨损难以堆焊处理时，可采用局部挖补方法，也可采用开设接管或人孔的方法。发现材质严重劣化时，不应轻易补焊或堆焊，必要时可局部更换或报废。临氢介质容器缺陷涉及焊接修复时，必须消氢后施焊。

四、压力容器安全状况等级评定

按《压力容器使用登记管理规则》（劳锅字〔1989〕2号）的规定，根据压力容器的安全状况分为1级、2级、3级、4级、5级五个等级。

1. 安全状况等级评定原则

应根据对材质、结构和缺陷的检验结果，进行材质、结构和缺陷的评定，做出客观、确认的结论。评定时，既承认已多年使用的超标缺陷，又不排除其存在的危险性。对有材质劣化、原有缺陷有扩展、又产生新缺陷的压力容器，应从严评定。评定时，以评定项目等级最低项的等级作为压力容器最终等级。新制压力容器按规定1、2级可以投用。在用压力容器按规定1、2、3级可继续使用；4级应控制使用，但液化气体罐车、槽车不允许继续使用；5级应报废。

2. 安全状况等级评定

（1）材质评定

实际材质与原设计选定材质不符合时，如果实际材质清楚，经材质检验未发现新生缺陷（不包括正常腐蚀），不影响定级。如使用中产生新缺陷，并确认是实际材质选用不当所致，应定为4级或5级，液化气体罐车、槽车应定为5级。

材质如有石墨化、合金元素迁移、回火脆性、应变时效、晶间腐蚀、氢损伤及脱碳、渗碳等，应根据材质劣化程度定为4级或5级。

（2）结构评定

封头主要参数不符合现行标准，但经检验未发现新缺陷，可定为2级或3级，如发现新缺陷应根据有关规定条款评定。封头与筒体连接形式，如采用单面焊对接而未焊透，液化气体罐车、槽车应定为5级，其他用途压力容器应定为3~5级。如采用不等厚板件对接结构，经检验未查出新缺陷，可定为3级；若发现新缺陷，则应定为4级或5级。

焊缝布置不当或焊缝间距小于规定值，经检验未发现新缺陷，可定为3级；若发现新缺陷，则应定为4级或5级。按规定应采用全焊透结构的角焊缝，但没有采用全焊透结构的主要承压元件，经检验未发现新缺陷，可定为3级；若发现新缺陷，应定为4级或5级。

如果开口不当，经检验未发现新缺陷，对一般压力容器可定为2级或3级；如果孔径超过规定，其计算和补强结构经过特殊考虑，不影响定级；未作特殊考虑，补强不够，应定为4级或5级。

（3）缺陷评定

表面裂纹按规定是不允许的，应一律消除。如果确有裂纹，其深度在壁厚余量范围内，打磨后不需补焊，不影响定级；其深度超过壁厚余量，打磨后补焊合格，可定为2级或3级。

由于工卡具、电弧等因素引起压力容器损伤，如果是焊迹，可利用打磨方法消除，在不补焊的情况下能保持原有性能，不影响定级；需要补焊的，补焊合格后可定为2级或3级。变形无需进行处理的，不影响定级；继续使用不能满足强度要求的，可定为5级。使用时出现局部鼓包，如弄清原因并判断不再继续发展时，可定为4级；无法查明原因或发现材质进入屈服状态时，可定为5级。

焊缝咬边深度，在内表面不超过0.5mm，在外表面不超过1.0mm；焊缝连续长度在内外表面均不超过100mm；焊缝两侧咬边长度，在内表面不超过焊缝总长的10%，在外表面不超过焊缝总长的15%，对于一般压力容器不影响定级，当咬边超标时应予修复。对罐、槽车和有特殊要求的压力容器，检验时未发现新的缺陷，可定为2级或3级；查出有新缺陷及咬边超标,应予修复。对低温压力容器,焊缝咬边应打磨消除,无需补焊的,不影响评级;若需补焊,补焊合格后可定为2级或3级。

存在腐蚀的压力容器,对于均匀腐蚀,如按最小壁厚余量(扣除至下一个使用周期的腐蚀量的2倍)校核强度合格,不影响评级;若需补焊,补焊合格后可定为2级或3级。

压力容器焊缝存在的埋藏缺陷,应按规定进行局部或全部探伤,根据具体情况评定。压力容器耐压试验时安全性能不能满足要求,属于本身原因的,应定为5级。

3. 检验评定报告

检验评定报告应包括所评定的安全状况等级、允许继续使用的参数、监控使用的限制条件、下次的检验周期、判废的依据及其他事宜。

第五节 压力管道

在煤化工生产中,管道和设备同样重要,因此,加强管道的使用、管理,亦是实现安全生产的一项重要工作。高压工艺管道的管理范围为:

① 静载设计压力为10~32MPa的化工工艺管道和氨蒸发器、水冷排、换热器等设备,以及静载工作压力为10~32MPa的蛇管、回弯管;

② 工作介质温度为-20~370℃的高压工艺管道。

一、管道的标准

化工管道,从广义上理解,应包括管子(断面几何形状为封闭环形,有一定壁厚和长度,外表形状均匀的构件)、管件(管子的连接件,包括阀门、法兰等)及其附属设施。

1. 公称直径

压力容器的公称直径是按容器零部件标准化系列而选定的壳体直径,用符号 DN(旧的公称直径代号为 D_g)及数字表示,单位为mm。

公称直径标记为:

如 $DN100$,即表示公称直径为100mm的管道及其附件,如阀门等。常用公称直径系列见表3-2。根据公称直径及公称压力,可以确定管道所用的管子、阀门、管件、法兰、垫片的结构尺寸和连接螺纹的标准。

注意:焊接的圆筒形容器,公称直径是指它的内径,而用无缝钢管制作的圆筒形容器,公称直径是指它的外径,因为无缝钢管的公称直径不是内径,而是接近而又小于外径的一个数值。为了方便,用无缝钢管作容器筒体时,选外径作为公称直径。

表3-2 公称直径系列表 单位:mm

15	(65)	300	(650)	(950)	(1250)	1600
20	80	350	700	1000	1300	1800
25	100	400	750	(1050)	(1350)	2000
(32)	(125)	450	800	1100	1400	
40	150	500	(850)	(1150)	(1450)	
50	200	600	900	1200	1500	

2. 公称压力

国家标准（GB 1042—1990）规定，公称压力表示为：

如 $PN4.0$，即表示公称压力为 4.0MPa 的管道及其元件。公称压力等级系列见表 3-3。

表 3-3 公称压力等级系列表   单位：MPa

0.05	1.0	6.3	28.0	100.0
0.10	1.6	10.0	32.0	125.0
0.25	2.0	15.0	42.0	160.0
0.40	2.5	16.0	50.0	200.0
0.60	4.0	20.0	63.0	250.0
0.80	5.0	25.0	80.0	335.0

3. 试验压力

管道投入使用前，要根据设计和使用工艺条件的要求，对管道的强度和材料的紧密性进行检验，检验所规定的压力称为试验压力。

试验压力表示为：

如 $PS15$，即表示试验压力为 15MPa。一定的公称压力，有其相应的试验压力。按照国家标准的规定，$PN0.25 \sim 30.0$ 范围内，$PS=1.5PN$；$PN40 \sim 80$ 范围内，$PS=1.4PN$；$PN \geqslant 100$ 时，$PS=1.3PN$ 或 $PS=1.25PN$。常温下工作的管道的公称压力 PN 与试验压力 PS 的关系见表 3-4。

表 3-4 公称压力与相应的试验压力   单位：MPa

公称压力 PN	试验压力 PS	公称压力 PN	试验压力 PS	公称压力 PN	试验压力 PS
0.1	0.2	4.0	6.0	42.0	59.0
0.25	0.4	5.0	7.5	50.0	70.0
0.40	0.6	6.3	9.5	63.0	95.0
0.60	0.9	10.0	15.0	80.0	112.0
0.80	1.2	15.0	22.5	100.0	130.0
1.0	1.5	16.0	24.0	125.0	163.0
1.6	2.4	20.0	30.0	160.0	205.0
2.0	3.0	25.0	38.0	200.0	260.0
2.5	3.8	32.0	48.0	250.0	325.0

由于在高温下工作的化工管道不可能在高温下进行压力试验，而是在常温下进行的，因此，对于操作温度高于 200℃ 的碳钢管道和操作温度高于 350℃ 的合金管道的液压试验，其试验压力应乘以温度修正系数 $[\sigma]/[\sigma]_t$。试验压力 PS 按如下公式计算：

$$PS = \eta p \frac{[\sigma]}{[\sigma]_t} \tag{3-3}$$

式中 p——工作压力，MPa；

η——压力试验系数，中、低压管道 $\eta=1.25$，高压管道 $\eta=1.5$；

$[\sigma]$——常温下管材的许用应力，按 20℃时选取，MPa；

$[\sigma]_t$——在操作温度下管材的许用应力，MPa。

试验压力 PS 的值不得小于 $p+1$，式中的温度修正系数 $[\sigma]/[\sigma]_t$ 值最高不超过 1.8。真空操作的化工管道，试验压力规定为 0.2MPa。

二、高压管道操作与维护

高压工艺管道由机械和设备操作人员统一操作和维护，操作人员必须熟悉高压工艺管道的工艺流程、工艺参数和结构。操作人员培训教育考核必须有高压工艺管道内容，考核合格者方可操作。

高压工艺管道的巡回检查应和机械设备一并进行。高压工艺管道检查时应注意以下事项：

① 机械和设备出口的工艺参数不得超过高压工艺管道设计或缺陷评定后的许用工艺参数，高压管道严禁在超温、超压、强腐蚀和强振动条件下运行；

② 检查管道、管件、阀门和紧固件有无严重腐蚀、泄漏、变形、移位和破裂以及保温层的完好程度；

③ 检查管道有无强烈振动，管与管、管与相邻件有无摩擦，管卡、吊架和支承有无松动或断裂；

④ 检查管内有无异物撞击或摩擦的声响；

⑤ 安全附件、指示仪表有无异常，发现缺陷及时报告，妥善处理，必要时停机处理。

高压工艺管道严禁下列作业：

① 严禁利用高压工艺管道作电焊机的接地线或吊装重物的受力点；

② 高压管道运行中严禁带压紧固或拆卸螺栓，开停车有热紧要求者，应按设计规定热紧处理；

③ 严禁带压补焊作业；

④ 严禁热管线裸露运行；

⑤ 严禁借用热管线做饭或烘干物品。

三、高压管道技术检验

技术检验工作由企业锅炉压力容器检验部门或委托有检验资格的单位进行，并对其检验结论负责。高压工艺管道技术检验分外部检查、探查检验和全面检验。

1. 外部检查

车间每季至少检查一次，企业每年至少检查一次。检查项目包括：

① 管道、管件、紧固件及阀门的防腐层、保温层是否完好，可见管表面有无缺陷；

② 管道振动情况，管与管、管与相邻物件有无摩擦；

③ 吊卡、管卡、支承的紧固和防腐情况；

④ 管道的连接法兰、接头、阀门填料、焊缝有无泄漏；

⑤ 检查管道内有无异物撞击或摩擦声。

2. 探查检验

探查检验是针对高压工艺管道不同管系可能存在的薄弱环节，实施对症性的定点测厚及连接部位或管段的解体检查。

(1) 定点测厚

测点：管内壁的易腐蚀部位，流体转向的易冲刷部位，制造时易拉薄的部位，使用时受力大的部位，以及根据实践经验选点。

高压工艺管道定点测厚周期应根据腐蚀、磨蚀年速率确定。腐蚀、磨蚀速率小于 0.10mm/a，每四年测厚一次；0.10～0.25mm/a，每两年测厚一次；大于 0.25mm/a，每半年测厚一次。

(2) 解体抽查

解体抽查主要是根据管道输送的工作介质的腐蚀性能、热学环境、流体流动方式，以及管道的结构特性和振动状况等，选择可拆部位进行解体检查，并把选定部位标记在主体管道简图上。

一般应重点查明法兰、三通、弯头、螺栓以及管口、管口壁、密封面、垫圈的腐蚀和损伤情况。同时还要抽查部件附近的支承有无松动、变形或断裂。对于全焊接高压工艺管道，只能靠无损探伤抽查或修理阀门时用内窥镜扩大检查。

解体抽查可以结合机械和设备单体检修时或企业年度大修时进行，每年选检一部分。

3. 全面检验

全面检验是结合机械和设备单体大修或年度停车大修时对高压工艺管道进行鉴定性的停机检验，以决定管道系统继续使用、限制使用、局部更换或判废。全面检验主要包括以下几种。

(1) 表面检查

表面检查是指宏观检查和表面无损探伤。宏观检查是用肉眼检查管道、管件、焊缝的表面腐蚀，以及各类损伤深度和分布，并详细记录。表面无损探伤主要采用磁粉探伤或着色探伤等手段检查管道管件焊缝和管头螺纹表面有无裂纹、折叠、结疤、腐蚀等缺陷。

对于全焊接高压工艺管道，可利用阀门拆开时用内窥镜检查；无法进行内壁表面检查时，可用超声波或射线探伤法检查代替。

(2) 解体检查和壁厚测定

管道、管件、阀门、丝扣和螺栓、螺纹的检查，应按解体要求进行。按定点测厚选点的原则对管道、管件进行壁厚测定。对于工作温度大于180℃的碳钢和工作温度大于250℃的合金钢的临氢管道、管件和阀门，可用超声波能量法或测厚法根据能量的衰减或壁厚"增厚"来判断氢腐蚀程度。

(3) 焊缝埋藏缺陷探伤

对制造和安装时探伤等级低的、宏观检查成型不良的、有不同表面缺陷的或在运行中承受较高压力的焊缝，应用超声波探伤或射线探伤检查埋藏缺陷，抽查比例不小于待检管道焊缝总数的10%。但与机械和设备连接的第一道、口径不小于50mm的，或主支管口径比不小于0.6的焊接三通的焊缝，抽查比例应不小于待检件焊缝总数的50%。

(4) 破坏性取样检验

对于使用过程中出现超温、超压，有可能影响金属材料性能的，或以蠕变率控制使用寿命，蠕变率接近或超过1%的，或有可能引起高温氢腐蚀的管道、管件、阀门，应进行破坏性取样检验。检验项目包括化学成分、力学性能、冲击韧性和金相组成等。根据材质劣化程度判断邻接管道是否继续使用、监控使用或判废。

全面检验的周期为10～12年至少一次，但不得超过设计寿命。遇有下列情况者全面检验周期应适当缩短：

① 工作温度大于 180℃ 的碳钢和工作温度大于 250℃ 的合金钢的临氢管道或探查检验发现氢腐蚀倾向的管段；

② 通过探查检验发现腐蚀、磨蚀速率大于 0.25mm/a，剩余腐蚀余量低于预计全面检验时间的管道和管件，或发现有疲劳裂纹的管道和管件；

③ 使用年限超过设计寿命的管道；

④ 运行时出现超温、超压或鼓胀变形，有可能引起金属性能劣化的管段。

第六节 蒸汽锅炉安全措施

一、锅炉简介

锅炉是使燃烧产生的热能把水加热或变成蒸汽的热力设备。尽管锅炉的种类繁多、结构各异，但是它都是由"锅"和"炉"以及为保证"锅"和"炉"正常运行所必需的附件、仪表及附属设备等三大类（部分）组成的。

"锅"是指锅炉中盛放水和蒸汽的密封受压部分，是锅炉的吸热部分。主要包括汽包、对流管、水冷壁、联箱、过热器、省煤器等。"锅"再加上给水设备就组成锅炉的汽水系统。

"炉"是指锅炉中燃料进行燃烧、放出热能的部分，是锅炉的放热部分。主要包括燃烧设备、炉墙、炉拱、钢架和烟道及排烟除尘设备等。

锅炉的附件和仪表很多，如安全阀、压力表、水位表及高低水位报警器、排污装置、汽水管道及阀门、燃烧自动调节装置、测温仪表等。

锅炉的附属设备也很多，一般包括给水系统的设备（如水处理装置、给水泵）、燃料供给及制备系统的设备（如给煤、磨粉、供油、供气等装置）、通风系统设备（如鼓风机、引风机）和除灰排渣系统设备（如除尘器、出渣机、出灰机）。

锅炉"锅"的部分中，凡一面有火焰或烟气加热，另一面有汽、水等介质进行冷热交换的金属壁面称作受热面。它把燃料燃烧释放的热量传给了水、汽，是"锅"的重要组成部分。水冷壁、对流管、过热器、省煤器都是受热面。空气预热器是辅助受热面。小型锅炉的炉胆、烟火管也是受热面。受热面一面受着高温烟气的烘烤，一面承受水汽的高温、高压、腐蚀，工作条件较为恶劣，是锅炉检验的重点部位之一。

总之，锅炉是一个复杂的组合体，其"锅"的部分为压力容器。化工企业中使用的大、中容量锅炉，除了锅炉本体庞大、复杂外，还有众多的辅机、附件和仪表，运行时需要各个环节密切协调，任何一个环节发生了故障，都会影响锅炉的安全运行。所以作为特种设备的锅炉的安全监督应特别予以重视。

二、锅炉运行安全

运用锅炉的单位，应建立以岗位责任制为主的各项规章制度。锅炉上水、点火、升压、运行和停炉要严格按照有关操作规程进行。

1. 点火和升压

锅炉点火前必须进行汽水系统、燃烧系统、风烟系统、锅炉本体和辅机系统的全面检查，确定完好。每个阀门处在点火前正确位置，风机和水泵冷却水畅流、润滑正常，安全附件灵敏、可靠，才可以进行点火准备工作。

锅炉点火是在做好点火前的一切准备工作后进行的。锅炉点火所需的时间应根据炉型、燃烧方式、水循环等情况确定。由于锅炉燃用燃料和燃烧方式不同，点火时的注意事项各异。

2. 正常运行维护

锅炉正常运行时，主要是对锅炉的水位、汽压、汽水质量和燃烧情况进行监视和控制。锅炉水位波动应在正常水位范围内。水位过高，蒸汽带水，蒸汽品质恶化，易造成过热器结垢，影响汽机的安全；水位过低，下降管易产生汽柱或汽塞，恶化自然循环，易造成水冷壁管过热变形或爆破。

在锅炉运行中要保持汽压的稳定。对蒸汽加热设备，汽压过低，汽温也低，影响传热效果；汽压过高，轻者使安全阀开启，浪费能源，并带来噪声，重者则易超压爆炸。此外，汽压变化应力求平缓，汽压陡升、陡降都会恶化自然循环，造成水冷壁管损坏。

为了保证锅炉传热面的传热效能，锅炉在运行时必须对易积灰面进行吹灰。吹灰时应增大燃烧室的负压，以免炉内火焰喷出烧伤人。为了保持良好的蒸汽品质及受热面内部的清洁，防止发生汽水共腾并减少水垢的产生，保证锅炉安全运行，必须排污，给水也应预先处理。

三、锅炉常见事故及处理

1. 水位异常

（1）缺水

当锅炉水位低于最低许可水位时称作缺水。缺水是最常见的事故。

危害：在缺水后锅筒和锅管被烧红的情况下，若大量上水，水接触到烧红的锅筒和锅管会产生大量蒸汽，汽压剧增会导致锅炉烧坏，甚至爆炸。

缺水原因：违规脱岗、工作疏忽、判断错误或误操作；水位测量或警报系统失灵；自动给水控制设备故障；排污不当或排污设施故障，加热面损坏；负荷骤变；炉水含盐量过大。

预防措施：严密监视水位，定期校对水位计和水位警报器，发现缺陷及时消除；注意对缺水现象的观察，缺水时水位计玻璃管（板）呈白色；严重缺水时严禁向锅炉内给水；注意监视和调整给水压力和给水流量，应与蒸汽流量相适应；排污应按规程规定，每开一次排污阀，时间不超过 30s，排污后关紧阀门，并检查排污是否泄漏；监视汽水品质，控制炉水含量。

（2）满水

满水事故是锅炉水位超过了最高许可水位，也是常见事故之一。

危害：满水事故会引起蒸汽管道发生水击，易把锅炉本体、蒸汽管道和阀门震坏；此外，满水时蒸汽携带大量炉水，使蒸汽品质恶化。

满水原因：操作人员疏忽大意，违章操作或误操作，水位计和水考克缺陷及水连管堵塞；自动给水控制设备故障或自动给水调节器失灵；锅炉负荷降低，未及时减少给水量。

处理措施：如果是轻微满水，应关小鼓风机和引风机的调节门，使燃烧减弱；停止给水，开启排污阀门放水；直到水位正常，关闭所有放水阀，恢复正常运行。如果是严重满水，首先应按紧急停炉程序停炉；停止给水，开启排污阀门放水；开启蒸汽母管及过热器疏水阀门，迅速疏水；水位正常后，关闭排污阀门和疏水阀门，再生火运行。

2. 汽水共腾

汽水共腾是锅炉内水位波动幅度超出正常情况，水面翻腾程度异常剧烈的一种现象。

危害：蒸汽大量带水，使蒸汽品质下降；易发生水冲击，使过热器管壁上积附盐垢，影响传热而使过热器超温，严重时会烧坏过热器而引发爆管事故。

汽水共腾原因：锅炉水质没有达到标准；没有及时排污或排污不够，造成锅水中盐碱含量过高；锅水中油污或悬浮物过多；负荷突然增加。

处理措施：降低负荷，减少蒸发量；开启表面连续排污阀，降低锅水含盐量；适当增加下部排污量，增加给水，使锅水不断调换新水。

3. 燃烧异常

燃烧异常是指烟道尾部发生二次燃烧和烟气爆炸，多发生在燃油锅炉和煤粉锅炉内。这是由于没有燃尽的可燃物，附着在受热面上，在一定的条件下重新着火燃烧。

危害：尾部燃烧常将省煤器、空气预热器甚至引风机烧坏。

二次燃烧原因：炭黑、煤粉、油等可燃物能够沉积在对流受热面上，是因为燃油雾化不好，或煤粉粒度较大，不易完全燃烧而进入烟道；点火或停炉时，炉膛温度太低，易发生不完全燃烧，大量未燃烧的可燃物被烟气带入烟道；炉膛负压过大，燃料在炉膛内停留时间太短，来不及燃烧就进入尾部烟道。尾部烟道温度过高是因为尾部受热面粘上可燃物后，传热效率低，烟气得不到冷却；可燃物在高温下氧化放热；在低负荷特别是在停炉的情况下，烟气流速很低，散热条件差，可燃物氧化产生的热量积蓄起来，温度不断升高，引起自燃。同时烟道各部分的门、孔或风挡门不严，漏入新鲜空气助燃。

处理措施：立即停止供给燃料，实行紧急停炉，严密关闭烟道、风挡板及各门孔，防止漏风，严禁开引风机；尾部投入灭火装置或用蒸汽吹灭器进行灭火；加强锅炉的结水和排水，保证省煤器不被烧坏；待灭火后方可打开门孔进行检查。确认可以继续运行，先开启引风机 10～15min 后再重新点火。

4. 承压部件损坏

（1）锅管爆破

危害：锅炉运行中，水冷壁管和对流管爆破是较常见的事故，性质严重，需停炉检修，甚至造成伤亡。爆破时有显著声响，爆破后有喷汽声；水位迅速下降，汽压、给水压力、排烟温度均下降；火焰发暗，燃烧不稳定或被熄灭。发生此项事故时，如仍能维持正常水位，可紧急通知有关部门后再停炉；如水位、汽压均不能保持正常，必须按程序紧急停炉。

原因：一般是水质不符合要求，管壁结垢，管壁受腐蚀或受飞灰磨损变薄；升火过猛，停炉过快，使锅管受热不均匀，造成焊口破裂，下集箱积泥垢未排除，阻塞锅管水循环，锅管得不到冷却而过热爆破。

预防措施：加强水质监督；定期检查锅管；按规定升火、停炉及防止超负荷运行。

（2）过热器管道损坏

现象与危害：过热器附近有蒸汽喷出的响声；蒸汽流量不正常，给水量明显增加；炉膛负压降低或产生正压，严重时从炉膛喷出蒸汽或火焰；排烟温度显著下降。

原因：水质不良，或水位经常偏高，或汽水共腾，以致过热器结垢；引风量过大，使炉膛出口烟温升高，过热器长期超温使用；也可能烟气偏流使过热器局部超温；检修不良，使焊口损坏或水压试验后，管内积水。

事故发生后，如损坏不严重，且生产需要，待备用炉启用后再停炉，但必须密切注意，不能使损坏恶化；如损坏严重，则必须立即停炉。

预防措施：控制水、汽品质；防止热偏差；注意疏水；注意安全检修质量。

（3）省煤器管道损坏

现象：沸腾式省煤器出现裂纹和非沸腾式省煤器弯头法兰处泄漏，是常见的损害事故，最易造成锅炉缺水。事故发生后的表象是：水位不正常下降，省煤器有泄漏声；省煤器下部灰斗有湿灰，严重者有水流出；省煤器出口处烟温下降。

处理办法：对沸腾式省煤器，加大给水，降低负荷，待备用炉启用后再停炉；若不能维持正常水位则紧急停炉，并利用旁路给水系统，尽量维持水位，但不允许打开省煤器再循环系统阀门。对非沸腾式省煤器，开启旁路阀门，关闭出入口的风门，使省煤器与高温烟气隔绝；打开省煤器旁路给水阀门。

事故原因：给水质量差，水中溶有氧和二氧化碳，发生内腐蚀；经常积灰，潮湿而发生外腐蚀；给水温度变化大，引起管道裂缝，管道材质不好。

预防措施：控制给水质量，必要时装设除氧器；及时吹铲积灰；定期检查，做好维护保养工作。

第七节　压力容器事故案例分析

【压力容器事故案例1】 某化工厂甲醇水分离罐爆炸事故

1996年10月2日20:05，某化工厂合成氨装置甲醇洗工段正在运行的甲醇水分离罐突然发生粉碎性爆炸。

事故原因：原材料钢板质量不佳，焊缝熔敷金属扩散氢控制不严，焊后热处理不当，形成了原始裂纹。在投用后由于高压及H_2、H_2S的作用，裂纹迅速扩展，造成爆炸。

【压力容器事故案例2】 尿素合成塔爆炸事故一

1995年10月7日凌晨，某化肥厂尿素合成塔在正常生产过程中发生爆炸，塔体断成三部分，重约90t的上部抛落在140m的厂区外，中部在爆炸过程中瞬时展平，拍打在邻近的同型备用塔上，整体平移14.5m，然后就地倾倒，将控制室楼房砸塌，冲击波摧毁压缩机泵房，方圆百米范围内楼房玻璃窗破碎，造成15人死亡，多人受伤的惨况。

【压力容器事故案例3】 尿素合成塔爆炸事故二

2005年3月21日21时20分左右，某化肥厂发生尿素合成塔爆炸事故。本次事故共造成4人死亡，32人受伤，截至3月28日直接经济损失约780万元。业内专家回忆，近年来，在世界范围内，尿素合成塔爆炸事故只发生过3起，一起发生在缅甸，两起发生在中国。2005年3月21日，中班接班后生产稳定，尿素正常负荷0.75MPa。21时20分左右，尿素合成塔突然发生爆炸并起火。整个尿素车间主框架燃起大火，由十个筒节组成的尿素塔塔体断为三段，由上而下第十节在原地与基础连接，第九节向西南方向打入框架二楼楼梯方向，第一节至八节整体向东北方向飞出约86m，落至造气车间前，将外管架上的部分蒸汽、软水、提氢等管道砸断，坠入地下七、八米深。爆炸产生的强烈冲击波使尿素车间主框架遭到严重破坏，并且摧毁了生产厂区内的大部分门窗玻璃。当班调度员在铜洗岗位听到爆炸声后，意识到发生了事故，启动应急救援预案，用对讲机向值班长下达了紧急停车指令，并赶到大压缩机岗位，要求停压缩机时不准开近路和放空，防止发生意外事故。在确认压缩机全部停机后，又通知总配电室电工拉闸停罗茨鼓风机。此时，供气值班长汇报造气炉均已安全停炉，并封死了气柜进出口水封，断开尿素配电室的电源。22时左右，厂防化连协助消防队将大火彻底熄灭，由于该厂制订了事故应急救援预案，并在日常定期演练，事故发生时充分发挥应急救援预案的作用，避免了事故的扩大。

事故原因：尿素合成塔的检漏管采用管螺纹连接方式与16MnR层板连接，该检漏管密封不严或在使用过程中产生松动,使检漏蒸汽漏入到尿素塔的层板之间,漏进层板间的蒸汽中的钠等碱离子被浓缩到较高浓度,从而产生了严重的应力腐蚀开裂,并致使尿素塔在爆炸前存在了大量和严重的应力腐蚀裂纹。由于采用蒸汽检漏方法,检漏孔实际结构造成了检漏蒸汽向塔体层板间的泄漏,使多个层板同时产生应力腐蚀开裂,加速了塔体层板的应力腐蚀开裂速度,是造成这次事故的主要原因。

【压力容器事故案例4】 压力容器法兰泄漏爆炸事故

2003年4月23日18时05分,某化工有限公司合成车间发生压力容器法兰泄漏、爆炸、着火重大事故,事故设备系为合成汽化B炉系Ⅲ类反应压力容器,外径2420mm×50mm,设计压力6.6MPa,操作压力5.9MPa,设计壁温350℃,操作温度1350~1550℃,介质为原料气。

事故原因:

① 烧嘴水冷壁夹套泄漏,冷却水蒸气对拱顶局部炉砖冲刷造成炉砖损坏,导致汽化B炉拱顶局部温度升高,在未监控的情况下使拱顶局部超温、鼓包,造成相邻的两条螺栓脱扣,拱顶法兰变形,法兰密封失效,高温工艺介质气体泄漏后喷着火,其他拱顶法兰连接螺栓过热后强度降低,在B炉系统内5.65MPa压力作用下拉断固定螺栓,烧嘴崩出。

② 操作工严重违反操作法和工艺纪律是事故的主要原因。从仪表记录看,事故发生前操作工未对拱顶温度进行监控,在当班生产中,增加30%负荷后,仍未及时调整,甚至在声光报警后也未进行确认,直至事故发生。

【压力容器事故案例5】 化肥厂分离压力容器爆炸事故

2003年1月2日15时20分,某市化肥厂氨加工分厂,一台分离压力容器多年未进行检验,存在的缺陷未能及时发现与消除,在重新投产试车时发生爆炸,死亡3人,重伤4人,轻伤1人,直接经济损失150万元。

事故原因:设备缺陷。

【压力容器事故案例6】 夹套锅炉超压破裂事故

某化肥厂造气车间气化炉蒸汽调压阀失灵,导致减压阀全开,使0.8MPa的蒸汽进入0.07MPa的低压蒸汽管网,刚巧6号炉夹套锅炉出口单向阀失灵,造成6号炉夹套锅炉超压破裂。夹套锅炉中的水和水蒸气与炽热的焦炭接触,剧烈反应造成整个炉体爆炸下沉,现场一片火海。

事故原因:夹套锅炉出口单向阀失灵,低压蒸汽管网无安全放空阀。

【压力容器事故案例7】 非法制造安装压力容器爆炸事故

2001年4月26日17点15分,某化工厂发生一起压力容器(干燥机)爆炸事故,容器全部损坏,生产车间及设备厂房全部损坏,造成2人死亡,1人轻伤。

事故原因:厂劳动服务公司机修厂非法制造、安装压力容器,并非法投入使用至2001年1月,因筒内蒸汽泄漏而停止运行。为恢复生产,该厂于2001年4月26日请一修车焊工将两个泄漏点进行焊接,焊接后即向筒内通入蒸汽,在试运行中容器发生爆炸。

【压力容器事故案例8】 液氮容器罐爆炸事故

2008年5月17日早7:45左右,某市照明电器公司车间内一台YDZ-100型液氮容器罐在静态下爆炸,2名工人被炸成重伤,经医院抢救无效死亡。内筒体表面纵向焊缝上存在一条长15mm的穿透性缺陷,增压管底部脱落口处有约5mm未焊透。

事故原因:内筒体液氮泄漏到夹层中,液氮在短时间内迅速汽化,导致夹层空间压力升高。当压力升高至夹套材料强度极限时,容器外筒体发生爆炸。

【压力容器事故案例 9】 锅炉水位异常爆炸事故

2002 年 8 月 6 日，某氮肥厂一台 4.5t/h 废热锅炉爆炸，造成 5 人死亡，2 人重伤，1 人轻伤，工厂部分停产。

事故原因：废热锅炉操作工脱岗，回到岗位发现炉水烧干后，急向炉内进水，致使炉内压力急剧增高而发生爆炸。

【压力容器事故案例 10】 锅炉升压过程爆炸事故

1998 年 9 月 16 日下午 4 时 10 分，某造纸厂一台 WNG4-1.2MPa（卧式内燃回火管）型锅炉在运行中爆炸，造成 1 人死亡，1 人重伤的重大事故，直接经济损失 30 多万元。当日，当班锅炉操作工周某对锅炉进行点火升压。1 个多小时后，锅炉压力达到 0.2MPa，因为纸机车间没有生产（此时纸厂已停电），操作工周某就擅自脱离工作岗位回家吃饭，中午 1 时多才返回工作岗位，开始操作锅炉。当锅炉压力升至 0.3MPa 时，开始向车间供气。下午 2 时 50 分左右，因整个造纸厂全部停电，锅炉也停止运行。当第二次来电时，因锅炉房灯泡不亮，周某让相邻锅炉房操作工张某照看自己操作的锅炉，他去找锅炉班长领灯泡，就在周某返回距锅炉房 20 多米远时，锅炉突然爆炸。锅炉爆炸后，强烈的冲击波造成锅炉房全部倒塌，相邻 21.4m 的另一锅炉房门横梁倒塌，周围的车间、库房遭受不同程度的破坏。

事故原因：

① 锅炉没有安装高低水位报警器和低水位联锁保护装置，由于水位显示不准确，造成缺水干烧，在操作工判断失误的情况下，盲目操作给水，致使锅炉产生大量蒸汽，压力骤增，炉胆不能承受外压产生爆炸。

② 补板焊缝质量不符合规程要求，焊缝结构本身存在着严重埋藏缺陷，致使锅炉炉胆不能承受工作压力的要求，是造成锅炉爆炸的主要原因之一。

③ 安全附件失灵，在出现异常的情况下，不能有效地起到安全附件应有的作用。

④ 锅炉操作工无证上岗，盲目操作，违反操作规程，对事故的发生起到了推波助澜的作用。

⑤ 管理混乱，职责不明确，只注重生产，轻视安全管理，违规违纪的现象从不同方面表现出来。

【压力容器事故案例 11】 干熄焦废热锅炉生产异常事故

2008 年某钢铁公司焦化厂干熄焦系统预存段压力突然由 0Pa 升高到 300Pa，同时锅炉水位急剧下降，循环气体中 CO、H_2 浓度上升到 10% 以上。现场发现排焦旋转密封阀处有大量蒸汽冒出，二次除尘器格式排灰阀处有水流出。

事故原因：锅炉炉管破损，除锅炉本身和操作不当原因外，还有锅炉炉管在制造、焊接、安装或酸洗中存在缺陷，经受不住干熄焦生产的正常波动而磨损。锅炉炉管断水或局部水循环不良，锅炉入口温度过高，造成炉管超温而破损。

复 习 题

1. 煤化工生产的哪些工艺设备属于压力容器？分别属于哪类压力容器？
2. 压力容器检验的内容有哪些？
3. 什么是焊缝无损探伤技术？
4. 简述压力容器定期检验的周期。
5. 简述安全阀及防爆板的工作原理。

6. 压力容器的破坏形式有哪些？
7. 高压工艺管道巡回检查时应注意哪些事项？
8. 锅炉常见事故有哪些？如何处理？
9. 查找煤化工生产及附属车间压力容器爆炸的事故案例，分析事故原因，指出应吸取的教训。

第四章 毒物防护与事故案例分析

第一节 中毒的概念

在工业生产中,工业毒物引起的中毒称为职业中毒。煤化工生产过程中产生许多有毒物质。例如:炼焦过程的装煤及推焦操作、炉顶与炉门的泄漏等排放出苯并(a)芘、SO_2、NO_x、H_2S、CO、NH_3 等毒物;煤气经过净化回收苯、焦油等,气化炉产生的煤气含高浓度一氧化碳,进一步合成甲醇、生产合成氨等,这些化工产品都具有一定的毒性。生产过程中的跑、冒、滴、漏会造成这些毒物的泄漏,侵入人体即引起中毒。一些煤化工企业由于生产条件所限,有些工段的工人长期处于亚毒性环境,所以毒物防护在煤化工生产中具有十分重要的地位。

一、职业中毒

1. 职业中毒的分类

(1) 急性中毒

急性中毒是指一个工作日或更短的时间内接触了高浓度毒物所引起的中毒。急性中毒发病很急,变化较快,多数是由于生产中发生意外事故而引起的,如果急救不及时或治疗不当,易造成死亡或留有后遗症。

(2) 慢性中毒

慢性中毒是指长时期不断接触某种较低浓度工业毒物所引起的中毒。慢性中毒发病慢,病程进展迟缓,初期病情较轻,与一般疾病难以区别,容易误诊。如果诊断不当,治疗不及时,会发展成严重的慢性中毒。

(3) 亚急性中毒

亚急性中毒是指介于急性和慢性中毒之间的职业中毒。一般是接触工业毒物 1~6 个月的时间,发病比急性中毒缓慢一些,但病程进展比慢性中毒快得多,病情较重。

(4) 亚临床型职业中毒

亚临床型职业中毒是指工业毒物在人体内蓄积至一定量,对机体产生了一定损害,但在临床表现上尚无明显症状和阳性体征。亚临床型职业中毒是职业中毒发病的前期,在此期间若能及时发现,与毒物脱离接触,并进行适当疗养和治疗,可以不发病而很快恢复正常。

2. 职业中毒的特点

职业中毒有明确的工业毒物职业接触史,包括接触毒物的工种、工龄以及接触种类和方式等。职业中毒具有群发性的特点,即同车间同工种的工人接触某种工业毒物,若有人发现中毒,则可能会有多人发生中毒。职业中毒症状有特异性,即毒物会有选择地作用于某系统或器官,出现典型的系统症状。

一般急性中毒属于安全技术范畴,其余中毒则属职业卫生管理。防止急性中毒引起的伤亡事故是煤化工安全生产的主要任务。

二、毒性物质的毒理作用

毒物侵入人体途径包括呼吸道、皮肤（包括眼部）和消化道三个途径。气体、蒸气、尘、烟、雾主要经呼吸道吸收；脂溶性、水溶性均强的物质可经皮肤吸收，如苯酚、苯胺、硝基苯、氰化氢等；经消化道食入的毒物较少，吸入原因主要有呼吸道内毒物进入消化道，不注意个人卫生，车间内进食，饭前不洗手，穿工作服回家等。毒物侵入人体，累积到一定量后，就会与机体组织和体液发生生物化学或生物物理学作用，扰乱或破坏机体的正常生理功能，进而引起暂时性或永久性的病变，甚至危及生命。

1. 对呼吸系统的危害

（1）窒息状态

一种是呼吸道机械性阻塞，如氨、氯、二氧化硫等能引起喉痉挛和声门水肿，严重时可发生呼吸道机械性阻塞而窒息死亡。另一种是呼吸抑制，有机磷可直接抑制呼吸中枢，使呼吸肌瘫痪，一氧化碳等能形成碳氧血红蛋白，使呼吸中枢因缺氧导致氧含量下降而窒息。

氮气、惰性气体、氢气、甲烷等化学物质，其本身无毒或毒性很小，但由于它们的大量存在而降低了氧含量，人体因为呼吸不到足够的氧而使机体窒息。正常空气中氧的含量为21%，空气中氧含量低于17%时，即可发生呼吸困难，低于10%时会引起昏迷，甚至死亡。人体缺氧症状与空气中氧浓度的关系见表4-1。

表 4-1 人体缺氧症状

氧含量/%	主 要 症 状
17	静止状态时无影响，工作时会引起喘息、呼吸困难、心跳加快
15	呼吸及心跳急促，耳鸣，目眩，感觉及判断能力减弱，肌肉功能被破坏，失去劳动能力
10~12	失去理智，时间稍长即有生命危险
6~9	失去知觉，呼吸停止，心脏在几分钟内还能跳动，如不进行急救，会导致死亡
<6	立即死亡

（2）呼吸道炎症

水溶性较大的刺激性气体如氨、二氧化氮、光气、氯等对局部黏膜产生强烈的刺激作用而引起充血、水肿。刺激性气体及碱性烟尘可引起化学性肺炎，如汽油误吸入会引起肺炎；长期接触刺激性气体，可引起黏膜的慢性炎症，甚至发生支气管哮喘。

2. 对神经系统的危害

（1）急性中毒性脑病

苯、甲醇、汽油、有机磷等所谓"亲神经性毒物"的中毒症状主要表现为神经系统症状，如头晕、呕吐、幻视、视觉障碍、昏迷、抽搐等。有的患者有癫病样发作或神经分裂症、躁狂症、忧郁症。有的会出现植物神经系统失调，如脉搏减慢、血压和体温降低、多汗等。

（2）中毒性周围神经炎

二硫化碳、有机溶剂等可引起指、趾触觉减退、麻木、疼痛、痛觉过敏，严重者会造成下肢运动神经元瘫痪和营养障碍等。

（3）神经衰弱症候群

神经衰弱常见于某些轻度急性中毒、中毒后的恢复期，以慢性中毒的早期症状最为常见。如头痛、头昏、倦怠、失眠、心悸等。

3. 对血液系统的危害

（1）白细胞数变化

苯、放射性物质等可抑制白细胞和血细胞核酸的合成，从而影响细胞的有丝分裂，对血细胞再生产生障碍。

(2) 血红蛋白变性

CO 可形成碳氧血红蛋白，由于血红蛋白的变性，带氧功能受到障碍，患者常有缺氧症状，如头昏、乏力、胸闷甚至昏迷。

(3) 溶血性贫血

苯胺、硝基苯等中毒可引起溶血性贫血。

4. 对泌尿系统的危害

以四氯化碳等引起的肾小管坏死性肾病最为严重，乙二醇等可引起中毒性肾病。

5. 对循环系统的危害

四氯化碳等可引起急性心肌损害；汽油、苯、三氯乙烯等能刺激肾上腺素受体而致心室颤动；刺激性气体引起严重中毒性肺水肿时，由于渗出大量血浆及肺循环阻力的增加，可能出现肺原性心脏病。

第二节　毒物危害及中毒急救

一、一氧化碳 (CO)

1. 一氧化碳的毒害作用

(1) 理化性质

一氧化碳为无色、无臭、无刺激性气体，相对密度为 0.91，不溶于水，易溶于氨水。各种煤气中一氧化碳的含量见表 4-2。一氧化碳是引起煤气中毒的主要气体，通常所说的煤气中毒即指一氧化碳中毒。

表 4-2　各种煤气中一氧化碳的含量

煤气种类	一氧化碳含量/%	煤气种类	一氧化碳含量/%
高炉煤气	23~30	铁合金煤气	60~80
焦炉煤气	5~8	发生炉煤气	23~27
转炉煤气	60~70	水煤气	32~37

(2) 危害

一氧化碳是一种窒息性毒气，属 Ⅱ 级毒物，空气中一氧化碳控制标准为小于 $30mg/m^3$（即 24ppm，ppm 为报警仪显示信号）。一氧化碳被吸入后，经肺泡进入血液循环系统。由于它与血液中的血红蛋白 (Hb) 的亲和力比 O_2 大 200~300 倍（240 倍），故人体吸入 CO 后，即与血红蛋白结合，生成碳氧血红蛋白 (HbCO)。碳氧血红蛋白无携氧能力，又不易解离，解离速度比氧合血红蛋白 (HbO_2) 慢 3600 倍，且 HbCO 的存在影响氧合血红蛋白的解离，阻碍了氧的释放，造成全身各组织缺氧，甚至窒息死亡。如表 4-3 所示，随着空气中一氧化碳的浓度增加，CO 对人体的毒害逐渐加深，吸入高浓度一氧化碳时，短时间可致人死亡。

一氧化碳中毒表现如下。

① 轻度中毒：吸入一氧化碳后出现头痛、头沉重感、恶心、呕吐、全身疲乏无力、耳鸣、心悸、神志恍惚。稍后，症状便加剧，但不昏迷，离开中毒环境，吸入新鲜空气能很快自行恢复。病人体内的碳氧血红蛋白一般在 20% 以下。

表 4-3　空气中一氧化碳对人体的危害程度

CO 在空气中的浓度		吸入时间和中毒症状
/%	/(mg/m³)	
0.02%	250	吸入 2~3h,轻微头痛
0.04%	500	吸入 1~2h,开始前额痛,吸入 2.5~3.5h 后头疼
0.08%	1000	吸入 45min,头晕、恶心、痉挛;吸入 2h,失去知觉
0.16%	2000	吸入 20min,头痛、恶心、痉挛;吸入 2h,死亡
0.32%	4000	吸入 5~10min,头痛;吸入 30min,死亡
0.64%	8000	吸入 1~2min,头痛;吸入 5~10min,死亡
1.28%	16000	吸入即昏迷,吸入 1~2min,死亡

② 中度中毒:除上述症状加重外,面颊部出现樱桃红,呼吸困难,心率加快,大小便失禁,昏迷。大多数病人经抢救后能好转,不留后遗病症。病人体内的碳氧血红蛋白在 20%~50%之间。

③ 重度中毒:多发生于一氧化碳浓度极高时,患者很快进入昏迷,并出现各种并发症,如脑水肿、心肌损害、心力衰竭、休克。如能得救也留有后遗症,如偏瘫、植物神经功能紊乱、神经衰弱等。病人体内碳氧血红蛋白在 50%以上。

重度一氧化碳中毒比较容易引起后遗症,常见的后遗症有:中毒性精神病,如精神分裂症、狂躁症、严重的神经官能症、植物性神经障碍等;智力障碍,患者可能"痴呆",甚至失去料理生活能力;瘫痪;心血管疾患等。

长期吸入少量的 CO 引起慢性中毒,慢性中毒者数天或数星期后才出现症状,其症状为贫血、面色苍白、心悸、疲倦无力、消化不良、呼吸表浅、体重减轻、头痛、感觉异常、失眠、记忆力减退等,这些症状大多数是可以慢慢恢复的,也有极少数不能恢复而引起后遗症。

2. 一氧化碳中毒事故案例分析

【煤气中毒事故案例 1】 煤气作业中毒事故

2009 年 8 月 21 日 21 时 30 分,某公司 4 名工人到除尘器平台上进行开箱体阀门引煤气、关放散阀门等操作。由于煤气大量下泄,而 4 人又未按规定戴防毒面具,造成当场中毒熏倒,后又有 3 人盲目施救,相继中毒,共造成 6 人死亡、1 人受伤。

事故原因:

① 操作人员未按规定携带报警器及呼吸器具;

② 施救人员在没有个体防护装备的情况下,进行盲目施救,致使事故进一步扩大;

③ 除尘器箱体放散管、煤气管道阀门不符合《工业企业煤气安全规程》要求;

④ 一些设备关键部位老化,造成煤气泄漏;

⑤ 作业现场缺乏监测监控、报警设备。

【煤气中毒事故案例 2】 干熄焦密封阀泄漏毒气导致中毒事故

2009 年 12 月 6 日,某钢铁公司焦化厂 2 号干熄焦的旋转密封阀出现故障,3 名协助处理故障的焦炉当班工人中毒死亡;1 人未佩戴呼吸器进行施救,中毒死亡;最终共导致 4 人死亡、1 人受伤。

事故原因:

① 3 名焦炉当班工人在巡检工还未关闭平板阀门的情况下打开 2 号干熄焦旋转密封阀人孔进行故障处理,导致有毒有害气体(气体主要成分为一氧化碳、二氧化碳、氮气等)从打开的人孔处冒出,造成中毒事故。

② 违反该厂有关的规定,在未佩戴空气呼吸器的情况下贸然进入危险区域,导致事故

扩大。

【煤气中毒事故案例 3】 设备吹扫不彻底入内检修中毒事故

1997 年 4 月 1 日，某钢铁公司炼铁分厂 3 座高炉休风，对设备进行全面检修。当天下午，电除尘工段负责 2 号静电除尘器喷头检修。1 人在平台上监护，另 1 人负责检修。14 时 15 分，在外监护者身体感到不适，发觉情况不妙，当即大声呼喊另 1 人赶快出来，但发现那人已倒在除尘器室内平台人孔处。于是立即向值班室求救，没多时也跌倒在平台上。闻讯赶来的一名热风炉工，钻进人孔把那位检修工拉上来，但因煤气浓度过大，自己也因中毒而体力不支跌入电除尘器检修平台上。待分厂采取紧急措施，救出 2 人时，终因中毒过重抢救无效而死亡。

事故原因：

① 违章作业是造成此次事故发生的主要原因。检修前没有对电除尘器内有毒气体进行测定；蒸汽吹扫时间不足，蒸汽压力低；没有将放散阀和人孔全部开通；检修人员没戴防毒面具；抢救过程中没有采取有效的安全救护措施。

② 规章制度不健全；煤气使用单位与生产单位缺乏联系制度；缺乏安全生产教育，职工安全技术素质不高等，也是导致煤气中毒事故不容忽视的诱因。

【煤气中毒事故案例 4】 安全阀防爆膜破裂中毒事故

2004 年 9 月 28 日凌晨，某钢铁有限公司发生煤气中毒事故，造成 5 人死亡，2 人受伤。当日凌晨 4 时 30 分左右，该公司天车操作工在从事吊运作业时按动了警铃，在场一名工人爬上天车操作室查看情况，倒在操作室内。在立即切断电闸后，3 名电工上去救人时也倒在天车上。这时，人们意识到是煤气中毒，2 名煤气抢险救护员迅速爬上天车救人。同时，现场立即切断煤气开关，拔掉车间吹渣用氧气管，向天车操作室周围喷冲氧气，组织工人将昏倒在天车上的人员抢运下来，并立即送往医院抢救。

事故原因：位于露天的煤气管线安全阀防爆膜破裂，致使煤气外泄；由于当时大雾且无风，外泄煤气在四周迅速聚集并扩散到工作区，造成人员煤气中毒事故；煤气场所作业未佩戴防毒面具。

3. 中毒急救

① 发生煤气中毒后，及时报告的同时，应立即将中毒者迅速及时地救出煤气危险区域，抬到危险区域外上风侧空气新鲜的地方，解除一切阻碍呼吸的衣物，并注意保暖。

② 对于轻度中毒，出现头痛、恶心、呕吐症状的，只要中毒者仍在呼吸，吸入新鲜空气或进行适当补氧，其症状即可消失。经观察有异常表现时，可送至附近医院或门诊所治疗。

③ 对中度中毒患者，如出现失去知觉、口吐白沫等症状，应立即通知煤气防护站和医务部门到现场急救，并采取以下措施：使之躺平，将中毒者双肩垫高 15cm，四肢伸开，头部尽量后仰，面部转向一侧，以利于呼吸畅通；适当保暖，以防受凉；掏出口内的假牙、食物等，以防阻塞呼吸；在中毒者有自主呼吸的情况下，使中毒者吸氧气，使用苏生器的自主呼吸功能调整好进气量，观察中毒者的吸氧情况。

在煤气防护站人员未到前，可将岗位用的氧气呼吸器的氧气瓶卸下，缓慢打开气瓶开关对在中毒者口腔、鼻孔部位，让中毒者吸氧。无氧条件下可以启用现场风源。

④ 对重度中毒患者，如出现失去知觉、呼吸停止等症状，应在现场立即做人工呼吸，抢救者要避免吸入中毒者呼出的气体，或使用苏生器的强制呼吸功能，成人 12～16 次/min。

对于心跳停止者，应立即进行人工复苏胸外挤压术，恢复心跳功能。

在抢救过程中未经医务人员允许，不得停止抢救。

⑤ 中毒者未恢复知觉前，应避免搬动、颠簸，尽量在现场进行抢救，不得用急救车送往较远医院急救。就近送往医院进行高压氧舱等抢救时，途中应采取有效的急救措施，并有医务人员护送。

⑥ 有条件的企业应设高压氧舱，对煤气中毒者进行抢救和治疗。应避免使用刺激性药物。

二、苯类

1. 苯类的毒害作用

(1) 理化性质

苯、甲苯、二甲苯是粗苯精制的主要产品，三者均为无色透明具有特殊芳香味的液体，常温下极易挥发，易燃，不溶于水，溶于乙醇、乙醚等有机溶剂。苯的沸点为80.1℃，相对密度为0.879。甲苯的沸点为110.6℃，相对密度为0.867。二甲苯有三种同分异构体，沸点范围为138.2~144.4℃，相对密度为0.860。

(2) 危害

苯是易挥发的液体，属Ⅰ级毒物，车间空气中苯的短时间接触容许浓度为$40mg/m^3$。高浓度苯对中枢神经系统有麻醉作用，引起急性中毒，轻者有头痛、头晕、恶心、呕吐、轻度兴奋、步态蹒跚等酒醉状态，俗称"苯醉"；严重者发生昏迷、抽搐、血压下降，以致呼吸和循环衰竭。长期接触苯对造血系统有损害，引起慢性中毒，主要表现有神经衰弱综合征；造血系统改变，白细胞、血小板减少，重者出现再生障碍性贫血；少数病例在慢性中毒后可发生白血病（以急性粒细胞性为多见）。皮肤损害有脱脂、干燥、皲裂、皮炎。

甲苯、二甲苯毒性较低，属Ⅲ级毒物，车间空气中甲苯、二甲苯的短时间接触容许浓度均为$100mg/m^3$。甲苯、二甲苯主要以蒸气态经呼吸道进入人体，皮肤吸收很少。急性中毒表现为中枢神经系统的麻醉作用和植物性神经功能紊乱症状，眩晕、无力、酒醉状，血压偏低、咳嗽、流泪，重者有恶心、呕吐、幻觉甚至神志不清。慢性中毒主要因长期吸入较高浓度的甲苯、二甲苯蒸气所引起，可出现头晕、头痛、无力、失眠、记忆力减退等现象。

因此，凡从事苯作业的工人都应做就业前体检，在职工人每年体检一次，检查白细胞计数和血红蛋白定量。必要时，可做血小板计数、白细胞分类和骨髓象检查等。

职业禁忌症：就业前体检时，血象指标低于或接近正常值下限者；各种血液病；严重的全身性皮肤病。除此之外，苯、甲苯、二甲苯对女性尚有如下几方面影响。

① 敏感性差别。经调查发现，接触同样浓度的男、女职工的血液中和呼出气中的苯浓度测定结果表明，苯在妇女体内存留时间长，而15%~20%可蓄积在体内含脂肪较多的组织中，这可能与女性脂肪较丰富有关。

② 生殖、胚胎毒性。对皮鞋厂接触混苯的女工进行调查，发现月经不调患病率高，特别是血量过多、经期延长者多见。动物实验，高浓度苯对生殖机能和胚胎发育有影响，说明具有弱胚胎毒性。对接触苯的女工乳汁检查，苯可直接通过乳汁排出，给小儿喂奶时，有拒乳现象发生。

③ 胎盘屏障作用。苯、甲苯、二甲苯相对分子质量低，可透过胎盘屏障而直接作用于胚胎组织；苯能使母亲贫血，从而影响胎儿的营养；甲苯、二甲苯的代谢产物与甘氨酸结合后被排出，与其转化解毒的过程中能大量消耗母体的蛋白质储存；苯的代谢产物酚能抑制DNA的合成。凡此种种均可对胎儿发育带来不良影响。

因此，苯的作业岗位应尽量避免女工作业，尤其是女工怀孕期及哺乳期必须调离苯作业，以免对胎幼儿产生不良影响。

2. 苯类中毒事故案例分析

【苯中毒事故案例 1】 换阀门苯中毒事故

某焦化厂精苯车间操作工王某见初馏塔油水分离器排水阀门不灵活，误认为是阀门掉砣，决定更换阀门。王某和李某一起处理，因风大危险便停止更换。1h 后，李某发现油水分离器水位较高，便向王某汇报，王某决定同李某继续处理。卸下法兰用铁丝透通仍不见效果，便决定换阀门。由于违章操作，没穿防护服和戴防毒面具，松动螺丝后，大量液体苯溅在王某和李某身上，王某当即中毒倒在平台上，抢救无效于 3h 后死亡。

【苯中毒事故案例 2】 清扫轻苯槽车中毒死亡事故

2001 年 4 月 9 日 14 时 30 分，某焦化厂生产科销售组组长兼安全员陈某参加了近半小时的厂长安全讲话会议后，组织了洗车工彭某、谢某对分厂轻苯槽车进行清扫。14 时 40 分，陈某、谢某下入槽内，分别由罐体两端向中部清渣，彭某见作业时间过长，催促陈某、谢某二人上槽休息，但两人仍在继续工作，直至彭某不再放桶后，陈某、谢某二人方上槽休息。此时，谢某感觉头昏，休息两三分钟后，彭某将陈某拉到人孔下面，并上槽喊人，谢某下车到硫酸铵工段打电话，随即陈某被大家拉上槽车。此时，谢某打电话回来途中昏倒。安环科闻讯后，火速将陈某、谢某二人送医院，陈某抢救无效死亡，谢某经医疗康复。

【苯中毒事故案例 3】 长期使用苯造成职业病

某焦化厂备煤工序维修班王某，因长期使用苯清洗机器零件（每月 3~5 次，每次 2~3h，历时约 3 年），于 1980 年下半年开始，头晕、心慌无力、失眠时有发生，1981 年上述症状加重。于 10 月化验为贫血，用铁剂等治疗后效果不佳。1982 年 9 月经地、省、京等医院确诊为"再生障碍性贫血"病。在京治疗后有所缓解，王某 1983 年 2 月 25 日回维修班工作。再次接触苯，情况如上，之后，病情迅速恶化，造成职业病。

原因分析：长期直接接触苯，造成职业病；防护不足。

防范措施：严禁用苯清洗零部件。一旦造成职业中毒，应治疗后彻底脱离与苯接触的环境。

3. 中毒急救

(1) 急性中毒

应迅速将中毒者移至空气新鲜处，立即脱去被苯污染的衣物，用肥皂水清洗被污染的皮肤，注意保暖，急性期应卧床休息。病情恢复后，轻度中毒一般休息 3~7 天即可工作。重度中毒的休息时间，应按病情恢复程度而定。

对于误服中毒者应及时洗胃，洗胃液常用 2% 碳酸氢钠或 0.5% 活性炭混悬液。洗胃后导泻，禁忌催吐。昏迷患者，应及早应用脱水剂，以预防和减轻脑水肿，必要时可用地塞米松从输液中滴入。

当苯溅入眼内时，应立即用清水或生理盐水彻底冲洗，并适当涂一些抗生素眼膏；对皮肤中毒者，用清水多次洗涤，涂抹白色洗剂。

(2) 慢性中毒

慢性中毒无特效解毒药，可用有助于造血功能恢复的药物，并给予对症治疗，可大量服用或注射维生素 C。工人一经确定诊断，即应调离接触苯及其他有毒物质的工作，在患病期间应按病情分别安排工作或休息。轻度中毒一般可从事少量工作或半日工作；中度中毒应根据病情，适当安排休息；重度中毒应全休。

三、萘 ($C_{10}H_8$)

1. 萘的毒害作用

（1）理化性质

萘又称焦油樟脑，为白色易挥发晶体，有温和芳香气味，具有刺激作用。萘难溶于水，是可燃物，熔点为80.1℃，沸点为219.9℃。

（2）危害

萘属低毒类，较大量摄入，可致溶血性贫血、血红蛋白尿、肾功能损害、视神经炎和白内障，主要是萘在体内的代谢产物萘醇和萘醌可引起血管内溶血。

（3）急性中毒

① 吸入中毒：眼和呼吸道黏膜刺激症状；头痛、乏力、恶心、呕吐、视神经炎等；腰痛、尿频、血尿、蛋白尿等；重症患者有黄疸、血红蛋白尿和肝脏损害表现，甚至有抽搐和昏迷等。

② 口服中毒：恶心、呕吐、腹痛、腹泻、肝肿大；寒战、发热、腰痛、酱油色尿、溶血性贫血和黄疸；重症有急性肾功能衰竭、肝坏死等。

（4）慢性影响

在重症患者中可有异常：

① 血尿、蛋白尿、血红蛋白尿；

② 血常规方面，血红蛋白偏低，网织红细胞增多；

③ 肝、肾功能损害。

2. 萘中毒事故案例分析

2002年8月29～30日，某公司临时雇用46名民工对存放在某仓库内的500多桶（约50t）成品萘进行转包装及装运作业。8月29日晚11时许，有3人出现头晕、头痛、恶心、呕吐、全身皮肤黄染、尿呈红茶色等表现。8月30日出现发病高峰，有11人发病，到9月2日共发生17例。根据对散落仓库内所装运物质的检测结果以及病人的症状和体征，确为一起急性萘中毒事件。

3. 中毒急救

处理原则：同苯中毒。

① 选用温开水、0.5%药用炭悬液、2%碳酸氢钠溶液或1：2000高锰酸钾液洗胃，洗胃后用硫酸镁导泻，并饮浓米汤或蛋清水保护胃黏膜。

② 对症治疗，如多饮水、补液、输血、保护肝/肾功能，必要时输新鲜血液，供氧。重症患者可给予糖皮质激素。

四、苯酚 (C_6H_5OH)

1. 苯酚的毒害作用

（1）理化性质

苯酚为无色针状结晶或白色结晶，有特殊气味，遇空气和光变红，遇碱变色更快。苯酚的相对密度为1.071，熔点为42.5～43℃，可溶于水，易溶于醇、氯仿、乙醚、丙三醇、二硫化碳、凡士林、碱金属氢氧化物水溶液，几乎不溶于石油醚。

（2）危害

苯酚属Ⅲ级毒物，最高允许浓度为$5mg/m^3$。急性中毒：吸入高浓度苯酚蒸气可引起头痛、头昏、乏力、视物模糊、肺水肿等表现。误服可引起消化道灼伤，出现烧灼痛，呼出气带酚气味，呕吐物或大便可带血，可发生胃肠道穿孔，并可出现休克、肺水肿、肝或肾损害。一般可在 48h 内出现急性肾功能衰竭，血及尿中酚量增高。

皮肤灼伤：创面初期为无痛性白色起皱，继而形成褐色痂皮。常见浅度灼伤。苯酚可经灼伤的皮肤吸收，经一定潜伏期后出现急性肾功能衰竭等急性中毒表现。眼接触苯酚可致灼伤。

酚是公认的有毒化学物质，一旦被人吸收就会蓄积在各脏器组织内，很难排出体外，当体内的酚达到一定量时就会破坏肝细胞和肾细胞，造成慢性中毒，使人出现不同程度的头昏、头痛、皮疹、精神不安、腹泻等症状。

酚类化合物挥发到空气中可使大气受到污染。含酚的废水流入农田会使土壤受污染，被酚污染的土壤会使农作物减产或枯死；流入地下则会造成地下水污染，水体酚污染会使水生生物受到抑制，繁殖下降、生长变慢，严重时导致死亡。酚侵入人体，会与细胞原浆中蛋白质结合形成不溶性蛋白，使细胞失去活性。酚对神经系统、泌尿系统、消化系统均有毒害作用。

我国规定酚的最高允许浓度为：饮用水中挥发酚 0.002mg/L；地面水中挥发酚 0.010mg/L；渔业水体挥发酚 0.005mg/L；废水排放限度 0.5mg/L；居住区大气一次测定值最高限 $0.02mg/m^3$。

2. 苯酚中毒事故案例分析

【苯酚中毒事故案例 1】 苯酚液体喷出中毒事故

2004 年 3 月 5 日，某化工厂四车间缩聚工段操作工接受安排更换 B 套设备底部 837 阀门，未安装完的阀门口突然喷出苯酚液体，导致工作人员被苯酚灼伤，诊断为"化学性中毒肺水肿"。

事故原因：因生产过程中工作衔接出现差错，导致的苯酚液体泄漏，致使两名检修工人急性中毒的安全责任事故。工人对苯酚的危害性认识不足，缺乏个人防护意识，在设备检修过程中未配带个人防护用品，认为只有在可能发生光气泄漏或者中毒的情况下才使用配备的防毒面具。

【苯酚中毒事故案例 2】 苯酚泄漏中毒事故

2003 年 4 月 8 日，在工作期间发生苯酚泄漏致 1 人死亡的急性中毒事故，中毒者系由皮肤、呼吸道吸收高浓度苯酚抑制中枢神经系统致死。

事故原因：该厂职工开苯酚罐球阀发放料时，因开阀过大，导致管子连接处冲开，苯酚溅到身上（右侧面部、颈部、四肢），操作工人没戴任何防护用品。车间内自然通风不畅，缺乏通风排毒设施，操作工人对所用原料和产品的毒性不了解。在车间内取样检测酚含量为 $58.8mg/m^3$，超出国家标准（$<5mg/m^3$），由于采样时间比中毒时间晚，可推测中毒时苯酚浓度要比检测结果还高。

【苯酚中毒事故案例 3】 苯酚慢性中毒事故

某化工厂苯酚泵房爆炸，泵内苯酚弥散于空气中，一员工在现场灭火，4h 后该员工出现头晕、头痛、伴恶心等症状。

3. 中毒急救

急性中毒时，应立即脱离现场至空气新鲜处。皮肤污染后立即脱去污染的衣着，用大量流动清水冲洗至少 20min；面积小也可先用 50% 酒精擦拭创面或用甘油、聚乙二醇或聚乙二醇和酒精混合液（7∶3）抹皮肤后立即用大量流动清水冲洗。再用饱和硫酸钠溶液湿敷。

口服者给服植物油 15～30mL，催吐后温水洗胃至呕吐物无酚气味为止，再给硫酸钠

15~30mg。消化道已有严重腐蚀时勿进行上述处理。早期给氧，合理应用抗生素，防治肺水肿、肝、肾损害等对症治疗。糖皮质激素的应用视灼伤程度及中毒病情而定。病情（包括皮肤灼伤）严重者需早期应用透析疗法排毒及防止肾衰。口服者需防止食道瘢痕收缩致狭窄。

眼接触：用生理盐水、冷开水或清水至少冲洗10min，对症处理。

五、甲醇（CH_3OH）

1. 甲醇的毒害作用

（1）理化性质

甲醇是一种无色、易燃、易挥发的有毒液体，略有酒精气味。相对分子质量为32.04，相对密度为0.792，沸点为64.5℃，能与水、乙醇、乙醚、苯、酮、卤代烃和许多其他有机溶剂相混溶，但是不与石油醚混溶。挥发过程中也会使物体油漆表面遭腐蚀。

（2）危害

甲醇为神经毒物，具有显著的麻醉作用，尤以对视神经危害最为严重。饮入甲醇5~10mL可导致严重中毒，10mL以上即有失明的危险，饮入30mL以上可以致死。它的蒸气在空气中最高允许浓度为0.05mg/L。我国规定，空气中允许甲醇浓度为50mg/m^3，在有甲醇气的现场工作须戴防毒面具，废水要处理后才能排放，允许含量小于200mg/L。

甲醇的毒理作用是因为甲醇在水和血液中具有很高的溶解度，所以通过肺向外排出是较慢的，甲醇在有机体中缓慢氧化、分解为甲醛和甲酸，是有剧毒的物质。甲醇侵入人体内，在一定程度上进行缓慢的积累。甲醇对人体的毒害作用可以使血管麻痹，特别是使神经和视网膜损害。另外，甲醇蒸气对呼吸道、眼黏膜及皮肤也有一定的刺激作用。

① 急性中毒。常见于误服，症状如下。

- 轻度：眩晕、头痛、恶心、呕吐、步态不稳、嗜睡、手指轻度振动等。
- 中度：恶心、呕吐、头痛、腹痛、脉搏加快、躯体平衡障碍、腱反射亢进，数小时至两三天后可出现视力障碍，以后视力开始急剧减退，严重者可导致失明。
- 重度：面色苍白、唇及四肢显著青紫、脉搏加快、呼吸深而困难、心音减弱、大量出汗或出现酸中毒现象。视觉紊乱、意识模糊、瞳孔对光反应消失、腱反射减弱、强直性惊厥、血压下降以致休克。

② 慢性中毒。较长时间吸入较高浓度的甲醇蒸气，会导致慢性中毒。主要表现为神经系统症状：头痛、恶心、耳鸣，常伴随有失眠、健忘、类神经衰弱等症状发生。特别以视神经损害最为明显，视力减退，眼球活动时疼痛且有压痛，两眼模糊，看灯光有晃晕，视野缩小或视中心出现暗点，重者可导致视神经萎缩至完全失明。对周围神经伤害则可出现有肢端麻木、震颤、感觉障碍。有的行动异常，肌体无力，步态蹒跚并可出现神经炎。

较高浓度甲醇蒸气有一定刺激作用，可发生湿疹、皮炎、上呼吸道炎和结膜炎等病症。

2. 甲醇中毒事故案例分析

【甲醇中毒事故案例1】 化工厂甲醇中毒事故

1998年12月，某精细化工厂发生一起甲醇中毒事故，导致3人中毒，1人失明。

事故原因：

① 生产工艺落后，设备简陋，生产条件恶劣，作业环境中甲醇浓度严重超标；

② 厂房布局不合理，将职工宿舍、厨房与产品制作间安排在同一房间内，致使有毒物质交叉污染；

③ 无有效的卫生防护设施和操作管理制度，企业领导无视卫生法规，只注重经济效益，

不顾工人身体健康，未给工人发放任何卫生防护用品。

【甲醇中毒事故案例2】 入塔作业甲醇中毒事故

2009年某月某日夜间，某焦化厂甲醇分厂合成段，操作工甲在检查塔内催化剂时，由人孔进入检查，中毒昏厥，与其一同操作的同事乙欲救甲，进入人孔，中毒昏厥，其后，其他发现情况的工人打120求救，当晚，两名操作工抢救无效死亡。

事故原因：

① 操作工麻痹大意，进入人孔检查时未佩戴防毒面具；

② 在日常生产中，该厂严重缺乏安全方面教育，操作工对各种有毒介质了解不够；

③ 分厂领导及相关技术人员未告知操作工相关注意事项。

【甲醇中毒事故案例3】 泵房休息甲醇中毒事故

2003年10月27日下午13时30分，某车间2名操作工（A和B）从甲醇泵房出来后，操作工A出现头晕、呕吐、双眼疼痛并视物不清等症状，操作工B马上与罐区班长联系，将A送往医院治疗。操作工B在回到甲醇泵房休息室1h后也出现了呕吐、眼痛、双眼睁不开等症状。2人同时被诊断为甲醇中毒，住进了公司职业病防治研究所，其中1人在24h内甲醇中毒症状和体征消失，第二天痊愈出院，而另一人因中毒较重，住院3个月后出院。

事故原因：

① 甲醇离心泵出口阀门发生泄漏是本次事故发生的直接原因；

② 岗位员工在有甲醇泄漏的环境中长时间逗留而没有任何防护意识并未采取有效的防护措施，责任意识差，没有及时将泄漏的设备告知车间修理，也没有督促车间及时修补堵漏；

③ 泄漏没有引起车间各级管理人员和岗位操作人员的高度重视，车间各级管理人员对岗位员工疏于管理，员工午休时间不在休息室休息，而是长时间逗留在操作现场，没有人予以制止。

3. 中毒急救

若进入眼睛可用大量的水冲洗；污染身体可用肥皂水清洗；食入者用4%碳酸氢钠洗胃，每小时服碳酸氢钠5~10g，也可口服或静脉注射减少推迟甲醇的代谢。

甲醇中毒，通常可以用乙醇解毒法。其原理是：甲醇本身无毒，而代谢产物有毒，因此可以通过抑制代谢的方法来解毒。甲醇和乙醇在人体内的代谢都需同一种酶，而这种酶和乙醇更具亲和力。因此，甲醇中毒者，可以通过饮用烈性酒（酒精度通常在60度以上）的方式来缓解甲醇代谢，进而使之排出体外。而甲醇已经代谢产生的甲酸，可以通过服用小苏打（碳酸氢钠）的方式来中和。

六、二硫化碳（CS_2）

1. 二硫化碳的毒害作用

（1）理化性质

二硫化碳是无色易燃物体，工业品呈黄色，纯品有微弱芳香味，粗品有不愉快臭味。相对密度为1.261，熔点为-108℃，沸点为46.5℃，易挥发，不溶于水，溶于乙醇、乙醚等多数有机溶剂，相对空气密度为2.64。

（2）危害

二硫化碳属Ⅱ级毒物，最高允许浓度为10mg/m³。二硫化碳主要影响人体神经系统、心脏血管及生殖系统，包括帕金森症、周围神经病变、精神疾病、动脉硬化及冠状动脉心脏病。

当环境浓度达 500～1000mg/L 时，短期数小时暴露则会使人产生严重神经症状，若更高浓度就会造成急性中毒。急性轻度中毒有头痛、头晕、眼及鼻黏膜刺激症状；急性中度中毒尚有酒醉表现；急性重度中毒可呈短时间的兴奋状态，继之出现谵妄、昏迷、意识丧失，伴有强直性及阵挛性抽搐，可因呼吸中枢麻痹而死亡。严重中毒后可遗留神经衰弱综合征，中枢和周围神经永久性损害。

慢性中毒主要为神经衰弱综合征和植物神经功能紊乱，可引起多发性神经炎、肌肉疼痛、肌力降低、走路不稳、记忆力减退，出现视、听、味觉障碍，可致性功能障碍，而对妇女影响尤为明显。二硫化碳可引起女工月经失调；二硫化碳可通过胎盘屏障侵入胎体；二硫化碳作业可使女工自然流产率增加；二硫化碳也可自乳汁排出。二硫化碳亦会造成男性精虫减少及异常。

2. 二硫化碳中毒事故案例分析

【二硫化碳中毒事故案例 1】 2009 年 1 月 20 日 21 时 13 分，某地村民一家三口，擅自进入二硫化碳废弃厂内偷偷生产二硫化碳，在生产过程中储气阀门损坏，二硫化碳泄漏，造成 3 人中毒，经抢救无效死亡。

事故原因：违法违规私自进行化学化工生产，法律意识淡薄，化工生产安全知识缺乏。

【二硫化碳中毒事故案例 2】 初馏分引起中毒事故

某焦化厂精苯车间蒸馏工段值班主任程某在前日 2 时停运的漏油的 16 号泵出入口堵上盲板，慌乱中将出口盲板错上在调节开关的法兰上。15 时 45 分，当班的李某走到电泵房，见程某一人干活，屋里初馏分气味很大，并有少量油滴在 16 号泵的地坪上。李某打开附近窗户，见调节开关的法兰在漏油，味很大，李某回头想走出去，突然见此法兰往外喷油，并喷到程某的头上。程某趴在窗台上 1min 后又返回去，马上又回到窗户处，去拧法兰的李某见程某顺高台慢慢倒下，嘴角有血，马上呼人抢救。毕某、张某二人赶到，毕某见味儿大去找防毒面具，张某和赶来的车间副主任谢某将程某抬过 16 号泵时，张某呛不住，跑出门外。谢某依然积极救人，但被熏倒，后来多人抢救，又有 2 人熏倒。中毒者送至医院，程某、谢某抢救无效死亡。

事故原因：初馏分泄漏，其中所含的二硫化碳引起中毒事故。

3. 中毒急救

吸入中毒，可参照一氧化碳急救措施。以防治脑水肿及对症支持治疗为主。

七、吡啶 (C_5H_5N)

1. 吡啶的毒害作用

(1) 理化性质

吡啶又名氮（杂）苯，无色或微黄色液体，恶臭，味辛辣。相对密度为 0.987，沸点为 115℃，能与水、乙醇等混溶。吡啶及其同系物存在于煤焦油、煤气、页岩油中。

(2) 危害

吡啶属Ⅱ级毒物，最高允许浓度为 $4mg/m^3$，溶剂和蒸气对皮肤和黏膜有刺激作用。吡啶进入机体后，部分与蛋氨酸作用于氮位上，被甲基化或羟基化和氧化，另一部分以原形从尿中排出。大量吸入吡啶能麻痹中枢神经系统，经口服还可致肝、肾损害。

① 轻度中毒患者有眼部烧灼感，流泪、咽痛、咳嗽、头昏、头胀、失眠、恶心、腹痛、腹泻及乏力等症状。除咽部、眼睑及球结膜充血外，无其他特殊阳性体征。

② 严重中毒者除上述症状加重外，可出现心前区疼、窒息感、呼吸困难、意识模糊、酒醉状态、大小便失禁或抽搐、昏迷等症状。

2. 吡啶中毒事故案例分析

【吡啶中毒事故案例】 计量槽漏吡啶引起中毒死亡事故

某焦油加工厂吡啶工段一操作工发现吡啶计量槽跑漏，三次进入室内关闭进计量槽的阀门。因没戴防毒面具，而吸入大量吡啶蒸气，使神经中枢受损被熏倒，在被拖出时，已失去知觉，送至医院抢救无效死亡。

3. 中毒急救

吸入中毒，可参照一氧化碳急救措施。无特殊解毒药，主要是对症治疗，有以下几种措施。

① 用5%葡萄糖液500mL加维生素C_1 2g静脉滴注；
② 维生素100mg肌内注射，每日2次，葡醛内酯200mg肌内注射，每日1次；
③ 如合并肺部感染及肺部出现哮鸣音，可给抗生素及小剂量糖皮质激素；
④ 局部皮肤黏膜灼伤应迅速用清水冲洗，用0.1%依沙吖啶（雷佛奴尔）湿敷。

八、氨（NH_3）

1. 氨的毒害作用

（1）理化性质

氨为无色、强烈刺激性气体，比空气稍轻，易液化，沸点为－33.5℃，相对密度为0.76。氨可液化成无色液体，易溶于水而生成氨水，呈碱性。

（2）危害

氨属Ⅱ级毒物，主要是对上呼吸道有刺激和腐蚀作用，车间空气中NH_3的短时间接触容许浓度为30mg/m³，人对氨的嗅觉阈为0.5～1mg/m³，大于350mg/m³的场所无法工作。接触氨后，患者眼和鼻有辛辣和刺激感，出现流泪、咳嗽、喉痛、头痛、头晕、全身无力等症状。重度中毒时会引起中毒性肺水肿和脑水肿，还可引起喉头水肿、喉痉挛，中枢神经系统兴奋性增强，引起痉挛，通过三叉神经末梢的反射作用引起心脏停搏和呼吸停止。液氨或高浓度氨可使眼结膜水肿、角膜溃疡、虹膜炎、晶体混浊，甚至角膜穿孔。当氨水或高浓度的氨气接触到皮肤时，可引起局部的灼伤，接触氨的皮肤出现红斑、水泡和坏死等。

2. 氨中毒事故案例分析

【氨中毒事故案例1】 浓氨水中毒事故

某焦化厂蒸氨操作工和粗苯操作工，用25kg塑料桶偷灌浓氨水，2人灌1人放，3人均中毒昏倒，幸被人及时发现送医院抢救脱险。

【氨中毒事故案例2】 无水氨中毒事故

1992年7～8月，某焦化厂发生无水氨灼伤眼事故3起，都是带压力或余压检修阀门、拆卸法兰时，无水氨喷出造成。

3. 中毒急救

吸入：迅速将患者移至空气新鲜处，合理吸氧，解除支气管痉挛，维持呼吸、循环功能，立即用2%硼酸液或清水彻底冲洗污染的眼或皮肤；为防治肺水肿，应卧床休息，保持安静，根据病情及早、足量、短期应用糖皮质激素，在病程中应严密观察以防病情反复，注意窒息或气胸发生，预防继发感染，有严重喉头水肿及窒息预兆者宜及早施行气管切开，对危重病员应进行血气监护。

误服：尽快催吐，神志清醒者用手指刺激舌根或咽部引吐。意识不清或消化道已有严重腐蚀时勿用上述处理。误服氨类等强腐蚀性的毒物者，应饮入一些牛奶、豆浆、面糊、蛋清、氢氧化铝凝胶等保护胃黏膜，并及时就医。

皮肤接触：立即脱去被污染的衣着，应用2%硼酸液或大量清水彻底冲洗，并及时就医。

眼睛接触：立即提起眼睑，用大量流动清水或生理盐水彻底冲洗至少15min，并及时就医。

九、硫化氢（H_2S）

1. 硫化氢的毒害作用

（1）理化性质

硫化氢是无色透明的气体，具有臭鸡蛋气味。密度为空气的1.19倍，溶于水、乙醇、甘油、石油等溶剂。在地表面或低凹处空间积聚，不易飘散。硫化氢的化学性质不稳定，在空气中容易燃烧，燃烧时火焰呈蓝色。它能使银、铜及金属制品表面发黑，与许多金属离子作用，生成不溶于水或酸的硫化物沉淀。

（2）危害

硫化氢属Ⅱ级毒物，车间空气中硫化氢的最高容许浓度为$10mg/m^3$。它是一种神经毒物，它通过呼吸系统进入人体，能与人体细胞色素氧化酶中的三价铁作用，而且对人体中的各种酶均能起作用，使人体代谢作用降低。硫化氢在空气中浓度不大时，即能使人眩晕、心悸、恶心，当空气中硫化氢浓度达到0.1%以上时，可立即发生昏迷和呼吸麻痹而呈"闪电式"死亡。当吸入硫化氢后，人很快失去对硫化氢气味的感觉，因此，中毒的危险性更大。

（3）中毒表现

① 轻度中毒：有畏光流泪、眼刺痛、流涕、鼻及咽喉灼热感，数小时或数天后自愈。

② 中度中毒：出现头痛、头晕、乏力、呕吐、运动失调等中枢神经系统症状，同时有喉痒、咳嗽、视觉模糊、角膜水肿等刺激症状，经治疗可很快痊愈。

③ 重度中毒：表现为骚动、抽搐、意识模糊、呼吸困难，迅速陷入昏迷状态，可因呼吸麻痹而死亡，抢救治疗及时，1~5天可痊愈。在接触极高浓度时（$1000mg/m^3$以上），可发生"闪电式"死亡，即在数秒钟突然倒下，瞬间停止呼吸，立即进行人工呼吸尚可望获救。

煤气中含有少量的硫化氢，由于发生煤气中毒时最显著的特征是一氧化碳中毒，所以硫化氢中毒现象常常被掩盖，但是长期接触仍然会引起中毒反应如头痛眩晕以及眼角膜发炎、疼痛。由于煤气中硫化氢超标严重，某公司曾出现多名储配站维修工烂眼角现象，就是典型的硫化氢慢性中毒。

2. 硫化氢中毒事故案例分析

【硫化氢中毒事故案例1】 酸气泄漏导致硫化氢中毒事故

1990年4月20日，某焦化厂回收车间，处理完饱和器回流槽故障后，有关人员判断失误，饱和器内母液未达到满流状态，即未形成液封就向饱和器送酸气。该车间系从德国引进的全负压回收系统，饱和器及回流槽设在厂房内。硫化氢等有毒气体在厂房内扩散，短时间就造成5人中毒，其中3人死亡。

事故原因：无液封饱和器内的硫化氢等有毒气体从满流槽大量逸出。

【硫化氢中毒事故案例2】 清理储罐硫化氢中毒事故

2008年1月1日，某化工公司发生硫化氢中毒事故，造成3人死亡。该公司为从事煤焦油加工的危险化学品生产企业，主要产品为工业萘、沥青等。1月1日，该公司的焦油加工车间组织清理燃料油中间储罐，16时许，在没有对作业储罐进行隔离，也没有对罐内有毒、有害气体和氧气含量进行分析的情况下，一名负责清理的工人仅佩戴过滤式防毒口罩

(非隔离式防护用品)就进入燃料油中间储罐进行清罐作业,进罐后即中毒晕倒。负责监护的工人和附近另外一名工人盲目施救,没有佩戴任何安全防护用品就相继进入罐内救人,也中毒晕倒,3人救出后抢救无效死亡。4日从与发生事故储罐相连的两个产品储罐取样分析,硫化氢含量分别高达为56mg/L和30mg/L。

事故原因:

① 作业人员在清理储罐时,未将燃料油中间储罐与其他储罐隔离,未按照安全作业规程进行吹扫、置换、通风,未对罐内有毒、有害气体和氧含量进行检测;

② 存在有毒、有害气体作业时,应使用隔离式防护用品,而作业人员使用安全防护用品错误,造成硫化氢中毒;

③ 现场人员盲目施救,施救人员在没有佩戴安全防护用品的情况下进罐救人,造成伤亡扩大;

④ 该公司安全管理严重不到位,虽然制定了进入密闭空间作业的安全规定,但不执行。

3. 中毒急救

吸入中毒,可参照一氧化碳急救措施。

十、氰化氢 (HCN)

1. 氰化氢的毒害作用

(1) 理化性质

氰化氢为无色液体,有苦杏仁味,易溶于水及有机溶剂,极易挥发,相对密度为0.933,熔点为-13.2℃,沸点为25.7℃。

(2) 危害

氰化氢属Ⅰ级毒物,最高允许浓度为$0.3mg/m^3$。吸入低浓度氰化氢,可出现头痛、头晕、乏力、胸闷、呼吸困难、心悸、恶心、呕吐等症状。短时间内吸入高浓度氰化氢气体,可致呼吸立即停止而死亡,故称之为"电击型"死亡,原因是氰离子能迅速与氧化型细胞色素氧化酶的三价铁结合,造成细胞内窒息,引起组织缺氧而中毒。眼和皮肤沾染氰化氢,也可吸收中毒,并产生局部刺激症状。

2. 氰化氢中毒事故案例分析

某焦化分厂回收车间六名工人上五楼平台检修蒸氨分缩器。14时50分,一名工人闻到有股臭鸡蛋味,回头向班长建议说"今天有味,别干了",但未引起重视。另一工人提出要休息会儿,刚从脚手架上下来就感到头晕恶心,紧接着就躺倒了。班长看到,就去抢救,也中毒躺下,工人呼救,许多人跑来抢救,先上去两人,再上去五人,后又上去四人,以后又上去多人,先后共有15人中毒,当即送医院抢救,其中3人死亡,其余脱离危险。

事故原因:1MPa的高压蒸气(正常为0.2MPa)窜入分解器,被高温分解后的氰化物、硫化物等被带入蒸氨塔,又通过分缩器进入冷却器,但由于停了冷水,有毒混合气未经冷凝而从放散管放散,穿过有孔的五楼楼板,导致楼上作业人员中毒;冷凝冷却器放散管太低,放散的有毒气体仍处于工作面,引起中毒。

3. 中毒急救

将患者转移到空气新鲜处,脱掉受污染衣服,用清水和0.5%硫代硫酸钠冲洗受污皮肤,经口中毒可用0.2%高锰酸钾、5%硫代硫酸钠或3%过氧化氢彻底洗胃,注意镇静、保暖及吸氧,亚硝酸异戊酯吸入,及时注射3%亚硝酸钠10~15mL,心跳及呼吸骤停应施行人工呼吸,直至送到医院。

十一、二氧化硫（SO_2）

1. 理化性质

SO_2 是无色、不燃、有恶臭并具有辛辣味的窒息性气体。相对密度为 1.434，熔点为 $-72.7℃$，沸点为 $-10℃$。易溶于甲醇和乙醇，溶于硫酸、乙酸、氯仿和乙醚等。

2. 毒害作用

车间空气中二氧化硫最高允许浓度为 $15mg/m^3$。二氧化硫对眼及呼吸道黏膜有强烈的刺激作用，大量吸入可引起肺水肿、喉水肿、声带痉挛而致窒息。

急性中毒：轻度中毒时，出现流泪、畏光、咳嗽、咽灼痛等呼吸道及眼结膜刺激症状；严重中毒可在数小时内发生肺水肿；极高浓度时可引起反射性声门痉挛而致窒息。

慢性中毒：长期接触二氧化硫，可有头痛、头昏、全身乏力等症状以及慢性鼻炎、支气管炎、嗅觉及味觉减退、肺气肿等症状；少数工人有牙齿酸蚀等。

含硫煤及含硫化氢的煤气燃烧是产生 SO_2 的主要来源。SO_2 在阳光、水汽和飘尘的作用下，易生成 SO_3 而与水滴接触形成酸雾，以气溶胶的形式附着于云雾和尘埃上，遇雨则形成酸雨（$pH<5.6$）。酸雾和酸雨除对自然界有严重危害外，对人体的影响远胜于 SO_2，空气中酸雾达到 $0.8mg/m^3$ 时，人即有不适感觉。

十二、氮氧化物（NO_x）

1. 理化性质

氮氧化物种类很多，主要包括氧化亚氮、氧化氮、三氧化二氮、二氧化氮、四氧化二氮和五氧化二氮。在工业生产中引起中毒的多是混合物，但主要是一氧化氮和二氧化氮，一氧化氮为无色无臭的气体，相对密度为 1.037，在空气中易氧化为二氧化氮，二氧化氮为红棕色有毒的恶臭气体。

2. 毒害作用

氮氧化物属Ⅲ级毒物，车间空气中最高允许浓度为 $5mg/m^3$。NO 为无色无臭的气体，它与血红蛋白的结合力强，对人体更容易造成缺氧。

二氧化氮在水中的溶解度低，对眼部和上呼吸道的刺激性小，吸入后对上呼吸道几乎不发生作用。当进入呼吸道深部的细支气管与肺泡时，可与水作用形成硝酸和亚硝酸，对肺组织产生强烈的刺激和腐蚀作用，可引起肺水肿、化学性肺炎和化学性支气管炎。接触高浓度二氧化氮可损害中枢神经系统。长期接触低浓度氮氧化物除引起慢性咽炎、支气管炎外，还可出现头昏、头痛、无力、失眠等症状。

含氮的煤气燃烧可产生 NO_x，燃料燃烧时产生的 NO_x 主要是 NO 和 NO_2，炼焦产生的荒煤气中也有少量的 NO_x。进入大气中的 NO_x 与 C_mH_n、CO 和 SO_2 等有害物混合，在阳光、紫外线的照射下，经一系列的化学反应，最终形成一种浅蓝色"光化学烟雾"，其中含有臭氧、甲醛、丙烯醛（$H_2C=CH-C=O$）等危害人体的物质，有特殊气味，刺激眼睛，严重时可致死。NO_x 还会使晴朗的天空烟雾弥漫，伤害植物。

第三节 毒物的防护

通过对一些中毒事故案例的统计分析，工业生产中造成中毒的原因中，违章操作占 32.91%，管理不善占 22.64%，由于设备原因泄漏毒物占 14.88%，生产生活煤气混用占 5.45%，抢救不当占 7.93%，其他原因占 16.19%。在众多的中毒原因中，作业环境的风向、气压、湿度等气象条件虽有一定的影响，但实际上中毒事故多数与违章操作、管理不善及抢救不当有很大关系，采取合理的预防措施，大多数的中毒事故是可以避免的。

一、中毒事故的预防

1. 组织管理措施

加强安全管理，严格执行《工业企业煤气安全规程》（GB 6222—2005）、《焦化安全规程》（GB 12710—2008）和《职业性接触毒物危害程度分级》（GBZ 230—2010）等法律法规，应制订本企业的实施细则，建立健全与毒物防护有关的制度和措施。

从事有毒作业人员上岗前，必须经过安全知识教育培训，考试合格后方能上岗工作。

有毒区域地区应悬挂明显的安全警示牌，以防误入造成中毒事故。严禁在有毒区域停留、睡觉或取暖。

推行煤气区域三类划分和分类管理的制度。比如在发生炉煤气站，根据可能引起中毒的概率及煤气容易泄漏和扩散的程度，一般将其危险区域分为3级。

① 甲级危险区，有中毒和致死的危险。包括：未经吹扫的洗涤塔、隔离水封、电气滤清器等设备空间；停炉后未经吹扫的发生炉内部空间及未经吹扫的煤气管道内部；带压力煤气进行抽堵盲板，更换孔板、管道法兰盘等的工作场所。

在此区域工作必须持有煤气工作证，戴上氧气呼吸器，并应有人在现场监护。

② 乙级危险区。包括：已经吹扫和清洗过的煤气设备、管道内部及周围场所；正在运行的煤气管道上或有关的设备周围场地及打开盖的煤气排送机周围场地；在经过吹扫的煤气设备和管道上进行焊接工作的周围场地；吹扫煤气设备、管道及放散残余煤气或点燃放散火炬时的周围场地；不带压力煤气进行抽堵盲板及更换法兰等工作的周围场地。

在此区域工作必须持有煤气工作证，备有氧气呼吸器，并要求救护人员监护。

③ 丙级危险区。包括：煤气排送机间、煤气发生炉操作间及化验室等操作场所；煤气使用部门的煤气操作场所；厂区煤气管道及附属设施周围场地。

在此区域允许工作，但需有人定期巡视检查。

2. 密闭防止泄漏

在化工生产中，敞开式加料、搅拌、反应、测温、取样、出料、存放等，均会造成有毒物质的散发、外逸，毒化环境。为了控制有毒物质，使其不在生产过程中散发出来造成危害，关键在于生产设备本身的密闭化以及生产过程各个环节的密闭化。

生产设备的密闭化，往往与减压操作和通风排毒措施互相结合使用，以提高设备密闭的效果，消除或减轻有毒物质的危害。设备的密闭化尚需辅以管道化、机械化的投料和出料，才能使设备完全密闭。用机械化代替笨重的手工劳动，不仅可以减轻工人的劳动强度，而且可以减少工人与毒物的接触，从而减少毒物对人体的危害。

对于间歇操作，生产间断进行，需要经常配料、加料，频繁地进行调节、分离、出料、干燥、粉碎和包装，几乎所有单元操作都要靠人工进行。反应设备时而敞开时而密闭，很难做到系统密闭，尤其是对于危险性较大和使用大量有毒物料的工艺过程，操作人员会频繁接触毒性物料，对人体的危害相当严重。采用连续化操作可以消除上述弊端。

运转的机械如鼓风机、加压机等的轴头密封要严密，防止因泄漏发生煤气中毒事故。煤气排水器应定期检查溢流情况，冬季要伴随蒸汽保温，避免因亏水造成煤气压力超过水封的安全要求，使水封被压穿。使用、运输和储存有毒物质时应注意安全，防止容器破裂和漏气。

3. 通风排毒

产生有毒气体的生产过程和环境应加强通风，通风的目的在于排除车间或房间内的有毒气体、蒸气及粉尘（排毒防尘）等，提供新鲜空气，使工作环境保持适宜的温度、湿度和良好的卫生条件。

通风有自然通风和强制通风两种。

（1）自然通风

自然通风是不使用机械设备，借助于热压或风压让空气流动，使室内外空气进行交换的通风方式。

（2）强制通风

强制通风是借助于机械作用促使空气流动，将空气或冷气直接吹向操作者的通风方式。对于自认通风不好的比较小的操作空间，采用强制通风的方式很有效。

无论采用何种通风方式，一定要满足工人在车间中对新鲜空气的需求，并保证送入的空气不含有灰尘和有害气体。在车间生产中，每名作业人员所需新鲜空气量，是按其所占空间的容积计算的。每名作业人员所占空间的容积小于 $20m^3$ 的车间，应保证每人每小时不少于 $30m^3$ 的新鲜空气量；所占容积为 $20\sim40m^3$ 时，应保证每人每小时不少于 $20m^3$ 的新鲜空气量；所占容积超过 $40m^3$ 时，可以由门窗渗入的空气换气。采用空气调节的车间，应保证每人每小时不少于 $30m^3$ 的新鲜空气量。

对于通风设施有以下要求。

① 散发有毒气体或多尘的厂房内的空气不得循环使用。

② 焦炉炉顶、炉门修理站、焦炉地下室等处应设轴流通风机组。

③ 鼓风机室、苯蒸馏泵房、蒸馏主厂房、精苯洗涤工段、吡啶装置设备室、生产厂房、库房、泵房，这些场所应安装自动或手动事故排风装置。

④ 事故风机应有两路电源，手动事故排风通风机的开关应分别设在室内、外便于操作的地点。

⑤ 有燃烧或爆炸危险场所的通风设备应由非燃烧材料制成，通风系统应有接地和消除静电的措施。

4. 定期监测

凡进入有毒物质的区域均应先测定相关毒物浓度。毒物区域，特别是室内有毒作业场所，可能有毒物泄漏，所以应设毒物报警系统，煤气岗位人员检查时，必须携带 CO 报警器，发现泄漏及时撤离及处理。对新建、扩建、改建或大修后的设施，在投产前必须进行气密性试验，合格后方可投产，试验时间为 2h，泄漏率每小时小于 1% 为合格。

有时需进入设备内部检修，进入前一定要取样分析氧和毒物的含量，根据含量控制进入操作时间，并对含量不断监测。煤气设备内的作业时间要根据一氧化碳含量不同而确定（见表 4-4），同时氧含量要接近对比环境中的氧含量时才能进入，并对含量不断监测。同时，现场必须有专门的防护人员监护。

表 4-4　一氧化碳含量与可在设备内的操作时间

一氧化碳含量/(mg/m³)	设备内的操作时间
<30	可长时间操作
30～50	操作时间<1h
50～100	操作时间<0.5h
100～200	操作时间<15～20min(每次操作的间隔 2h 以上)
>200	不准入内操作

5. 个人防护

(1) 呼吸系统防护

空气中毒物浓度超标时，佩戴自吸过滤式防毒面具或隔绝式呼吸器。发生中毒事故或设备和管网发生毒物泄漏时，抢救人员须佩戴氧气呼吸器或空气呼吸器等隔绝式防毒面具，严禁在无防护的情况下盲目指挥和进行抢救，严禁用纱布口罩或其他不适合防止中毒的器具。

(2) 身体防护

主要是穿防毒物渗透的工作服。防毒服是用于防止酸、碱、矿植物油类、化学物质等毒物污染或伤害皮肤的防护服。

(3) 手臂的防护

耐酸碱手套具有一定的强力性能，用于手接触酸碱液的防护，一般应具有耐酸碱腐蚀、防酸碱渗透、耐老化的功能。常用的耐酸碱手套有橡胶耐酸碱手套、乳胶耐酸碱手套和塑料耐酸碱手套（包括浸塑手套）。

(4) 皮肤的防护

有些毒物对人体的暴露皮肤产生不断的刺激或影响，进而引起皮肤的病态反应，如皮炎、湿疹、皮肤角化、毛刺炎、化学烧伤等，称为职业性皮肤病。有的工业毒物还可经皮肤吸收，积累到一定程度后引起中毒。对待特殊作业人员的外露皮肤，应使用特殊的护肤膏、洗涤剂等护肤用品保护，它们与日用化妆膏霜、洗涤剂在功能用途上有所区别。

护肤膏用于防止皮肤免受化学、物理等因素的危害，如各种溶剂、涂料类、酸碱溶液、紫外线、微生物等的刺激作用。当外界环境有害因素强烈时，应采取专门的防护器具。护肤膏一般在整个劳动过程中使用，涂用时间长，上岗时涂抹，下班后清洗，可起一定隔离作用，使皮肤得到保护。护肤膏分水溶性和脂溶性两类，前者防油溶性毒物，后者防水溶性毒物。

皮肤保洁剂主要用于洗除皮肤表面的各种污染，特别是毒、尘接触作业人员，需要及时清理除去附着在皮肤和工作服上的毒物。

(5) 眼部的防护

戴化学安全防护眼镜、眼罩（密闭型和非密闭型）和面罩（罩壳和镜片）。

二、毒物泄漏处置

1. 及时报告和组织指挥

① 发生中毒事故后要立即打电话通知厂调度、气体防护站，将中毒的人数、时间、地点、中毒程度汇报清楚。

② 气体防护站应尽快组织好抢救人员，携带救护工具、设施，迅速赶赴现场；进入有毒危险区的抢救人员必须佩戴氧气呼吸器或空气呼吸器；先关闭阀门切断毒源，防止毒气扩散；同时要打开门窗和通风装置，排除过量的有毒气体。

③ 同时现场还要立即通知附近医院、卫生所或保健站派医护人员赶到现场。

④ 监测人员要赶赴现场，采集空气样品，分析毒物的浓度，为医师诊断抢救患者提供依据。

⑤ 中毒事故的现场抢救，必须服从统一领导和指挥，指挥人应是企业领导人、车间主任或值班负责人。事故现场应划出危险区域，布置岗哨，阻止非抢救人员进入；抢救人员应绝对服从统一指挥和纪律要求；当抢救人员发生中毒等意外事故时，必须先抢救出发生中毒事故的抢救人员。

2. 泄漏处置

① 泄漏发生后，有关人员迅速撤离泄漏污染区至安全区域，并隔离至气体散尽，严格

限制出入。

② 切断火源。

③ 建议应急处理人员佩戴自给式呼吸器，针对不同毒物穿相应的防护服。

④ 切断泄漏源。对于苯类、甲醇等物质应防止进入下水道、排洪沟等限制性空间。

⑤ 用喷雾状水或其他水溶液稀释、溶解，注意收集并处理废水。

对于小量泄漏：用活性炭或其他惰性材料吸收，也可以用不燃性分散剂制成的乳液刷洗，洗液稀释后放入废水系统。

对于大量泄漏：构筑围堤或挖坑收容，用泡沫覆盖，降低蒸气灾害；用防爆泵转移至槽车或专用收集器内，回收或运至废物处理场所处置。

⑥ 抽排（室内）或强力通风（室外）。如有可能，将残余气体或漏出气用排风机送至洗水塔或与塔相连的通风橱内。对于硫化氢，可使其通过氯化铁水溶液。对于一氧化碳气体，将漏出气用排风机送至空旷地方或装设适当喷头烧掉，也可以用管路导至炉中、凹地焚之。

三、中毒人员的搬运

抢救中毒患者，应禁止采用大声呼叫、用力摇撼、生拉硬拖等不正确的搬运方法，这样不仅无助于抢救，而且可使病情加重。应采取双人拉车式、双人平托式、单人肩扛式等办法进行搬运，有条件的话，可采用担架运送法。

1. 双人拉车式（见图4-1）

① 将中毒者面部向上，并使其两臂在胸前交叉。

② 将中毒者上半身扶起，两名抢救人员各架一只手臂将其架起，其中一人迅速转至身后将中毒者腰部抱紧。

③ 另一人站于中毒者两腿之间，从膝关节上将其两腿夹于自己两腋下，迅速将中毒者抬出危险区域。

④ 从高处向下搬运时，前后两人要配合好，以免摔倒和撞伤。

2. 双人平托式（见图4-2）

① 将中毒者平放，使其面部向上。

② 两名抢救人员站于中毒者一侧或两侧，分别将双臂伸入中毒者颈背部和臀部下，同时将其平托起，离开危险区域。

3. 单人肩扛式（见图4-3）

图4-1 双人拉车式搬运

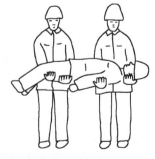

图4-2 双人平托式搬运

图4-3 单人肩扛式搬运

① 将中毒者平放，面部向上并使其两小臂胸前交叉。

② 将中毒者上身扶起，右手抓住其左小臂，头部从其腋下钻进，将其拱起，左臂将其

腿抱在怀里,将中毒者扛起运离区域。

③ 搬运中不要压住氧气呼吸器软管并要防止撞伤。

四、心肺复苏法简介

中毒现场急救,是减少中毒者伤害程度,减少死亡,降低煤气中毒死亡率的根本性措施。对中毒、触电、溺水等引起的猝死(假死),必须立即采用心肺复苏法进行抢救,使之心肺复苏。而对于真死、猝死的判断,应以医生的诊断为准。

心肺复苏法包括人工呼吸法和胸外按压法两种急救方法。采用心肺复苏法进行抢救,以维持中毒者生命的三项基本措施是:通畅气道、人工呼吸和胸外心脏按压。

1. 通畅气道

中毒者呼吸停止时,最主要的是要始终确保其气道通畅。解开中毒者身上妨碍呼吸的衣物,如领子、衣扣、腰带、袖口等,以保障呼吸通畅。若发现中毒者口内有异物,则应清理口腔阻塞,即将其身体及头部同时侧转,并迅速用一个或两个手指从口角处插入以取出异物,操作中要防止将异物推向咽喉深处。

采用使中毒者鼻孔朝天、头后仰的"仰头抬颌法"(如图4-4所示)通畅气道。具体做法是用一只手放在中毒者前额,另一只手的手指将中毒者下颌骨向上抬起,两手协同将头部推向后仰,此时舌根随之抬起,气道即可通畅,如图4-5所示。为保持这一姿势,应在肩胛骨下垫衣服或其他软质物品,垫高10~12cm,使头稍后仰。禁止用枕头或其他物品垫在中毒者头下,因为头部太高更会加重气道阻塞,且使胸外按压时流向脑部的血流减少。

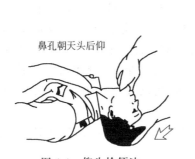

图4-4 仰头抬颌法

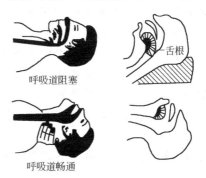

图4-5 气道阻塞与通畅

2. 人工呼吸

正常的呼吸是由呼吸中枢神经支配的,由肺的扩张与缩小排出二氧化碳,维持人体的正常生理功能。一旦呼吸停止,机体不能建立正常的气体交换,最后导致人的死亡。人工呼吸就是采用人工机械的强制作用维持气体交换,并使其逐步地恢复正常呼吸。

人工呼吸有口对口(鼻)式、压背式、振臂式和苏生器法。人工方法最好采用口对口(鼻)式人工呼吸法,它的优点是换气量大,比其他人工呼吸法多几倍,简单易学,便于和胸外心脏挤压配合,不易疲劳,无禁忌。

(1)口对口(鼻)式

① 在保持气道畅通的同时,救护人员用放在中毒者额上那只手捏住其鼻翼,深深地吸足气后,与中毒者口对口接合并贴近吹气,然后放松换气,如此反复进行,如图4-6所示。开始时(均在不用气情况下)可先快速连续而大口地吹气4次,每次用1~1.5s。经4次吹气后观察中毒者胸部有无起伏状,同时测试其颈动脉,若仍无搏动,便可判断为心跳已停止,此时应立即同时施行胸外按压。

 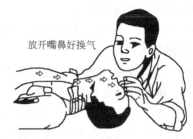

图 4-6　口对口人工呼吸法

② 除开始施行时的 4 次大口吹气外，此后正常的口对口吹气量均不需过大（但应达 800～1200mL），以免引起胃膨胀。施行速度为 12～15 次/min，对儿童为 20 次/min。吹气和放松时，应注意中毒者胸部要有起伏状呼吸动作。吹气中如遇有较大阻力，便可能是头部后仰不够，气道不畅，需及时纠正。

③ 同时应通知医生到现场急救，可根据呼吸衰竭、循环衰竭情况进行药物急救或针灸少商、内关、十宣、人中、涌泉、劳宫等六位。

④ 中毒者如牙关紧闭且无法弄开时，可改为口对鼻人工呼吸，口对鼻人工呼吸时，要将中毒者嘴唇紧闭以防止漏气。

(2) 压背式

使中毒者取俯卧位，头偏向一侧，舌头凭借重力略向外坠，不至于堵塞呼吸道，使空气能较通畅地出入。患者一臂枕于头下，一臂向外伸开，使胸部舒展。救护者面向中毒者头侧，两腿屈膝跪在中毒者大腿两旁，把双手平放在背部肩胛骨下角（第七对肋骨）脊柱两旁，救护者俯身向前，用力向下并稍向前推压，当救护者的肩膀向下移动到与中毒者肩膀成一垂直面时，就不再用力。救护者向下前推压过程中，将中毒者肺内的空气压出，造成呼气，然后救护者双手放松（但手不必离开背部），身体随之向后回到原来位置，这时外部空气进入中毒者肺内，造成吸气。如此反复有节律地一压一松，每分钟 16～19 次。

此法对有心跳而没有呼吸，不需要同时作心脏按压的情况，仍是一种较好的人工呼吸法。

(3) 振臂式

救护者双腿跪于中毒者头部两侧，握住中毒者双手肘部稍下处，用力均匀地举起超过头部后拉开成 180°，然后把患者双肘向其前胸部两侧压迫。如此反复进行，每分钟 14～16 次，最多不超过 18 次。

(4) 苏生器法

利用苏生器中的自动肺，自动地交替将氧气输入患者肺内，然后又将肺内的二氧化碳气体抽出，适用于呼吸麻痹、窒息或呼吸功能丧失、半丧失人员的急救。工厂常用 ASZ-30 型自动苏生器。

使用苏生器，首先要进行清理口腔、清理喉腔、插口咽导气管等呼吸道畅通步骤，然后应根据患者的中毒程度，选择正确的抢救方法。在中毒者有自主呼吸的情况下，使用苏生器的自主呼吸功能调整好进气量，观察中毒者的吸氧情况；若无自主呼吸时，应采取下列措施。

① 人工呼吸。将自动肺与导气管、面罩连接，打开气路，听到"飒……"的气流声音，将面罩紧压在伤员面部，自动肺便自动地交替进行充气与抽气，自动肺上的杠杆即有节律地

上下跳动。与此同时，用手指轻压伤员喉头中部的环状软骨，借以闭塞食道，防止气体充入胃内，导致人工呼吸失败，如图 4-7(a) 所示。若人工呼吸正常，则伤员胸部有明显起伏动作。此时可停止压喉，用头带将面罩固定，如图 4-7(b) 所示。

当自动肺不自动工作时，是面罩不严密、漏气所致；当自动肺动作过快，并发出疾速的"喋喋"声，是呼吸道不畅通引起的，此时若已插入了口咽导气管，可将伤员下颌骨托起，使下牙床移至上牙床前，以利呼吸道畅通，如图 4-7(c) 所示。若仍无效，应马上重新清理呼吸道，切勿耽误时间。

② 调整呼吸频率。调整减压器和配气阀旋钮，使成年人呼吸频率达到 12～16 次/min，儿童约为 30 次/min。

当人工呼吸正常进行时，必须耐心等待，除确显死亡征象（出现尸斑）外，不可过早中断。实践证明，曾有苏生达数小时之后才奏效的。当苏生奏效后，伤员出现自主呼吸时，自动肺会出现瞬时紊乱动作，这时可将呼吸频率稍调慢点，随着上述现象重复出现，呼吸频率可渐次减慢，直至 8 次/min 以下。当自动肺仍频繁出现无节律动作时，说明伤员自主呼吸已基本恢复，便可改用氧吸入。

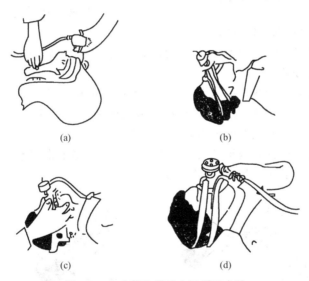

图 4-7　自动苏生器的人工呼吸方法

③ 氧吸入。呼吸阀与导气管、储气囊连接，打开气路后接在面罩上，调节气量，使储气囊不经常膨胀，也不经常空瘪，如图 4-7(d) 所示。对一氧化碳中毒的伤员，氧含量调节环应调在 100%。输氧不要过早终止，直到苏醒、知觉恢复正常为止。

氧吸入时应取出口咽导气管，面罩要松缚。

当人工呼吸正常进行后，要随时观察压力表，当压力降低 3MPa 以下时，必须将备用氧气瓶及时接在自动苏生器后，氧气即可直接输入。

抢救结束后，应将所用部件摆放整齐，以免丢失，影响以后的使用，与人体接触的部件应清洗、消毒。氧气瓶压力低于规定的数值时要重新充填，以保证苏生器随时可以投入使用。

3. 胸外心脏按压

心脏是血液循环的"发动机"。一旦心脏停止跳动，机体因血液循环中止，将缺乏供氧和养料而丧失正常功能，最后导致死亡。胸外心脏按压法就是采用人工机械的强制作用维持

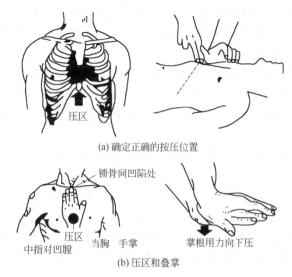

图 4-8 胸外按压的准备工作

血液循环，并使其逐步过渡到正常的心脏跳动。胸外心脏按压要及时，据有关资料介绍，人在心脏停止跳动 4min 内开始抢救，成功的概率可达 50%，在心脏停止跳动 4～6min，成功的概率只有 10%，10min 以上开始抢救，几乎无成功可能。

(1) 正确的按压位置

正确的按压位置是保证胸外按压效果的重要前提，确定正确按压位置的步骤如图 4-8(a) 所示。

① 右手食指和中指沿中毒者右侧肋弓下缘向上，找到肋骨和胸骨结合处的中点；

② 两手指并齐，中指放在切迹中点（剑突底部），食指平放在胸骨下部；

③ 另一手的掌根紧挨食指上缘，置于胸骨上，此处即为正确的按压位置。

(2) 正确的按压姿势

正确的按压姿势是达到胸外按压效果的基本保证，正确的按压姿势如下。

① 使中毒者仰面躺在平硬的地方，救护人员立或跪在中毒者一侧肩旁，两肩位于伤员胸骨正上方，两臂伸直，肋关节固定不屈，两手掌根相叠，如图 4-8(b) 所示。此时，贴胸手掌的中指尖刚好抵在中毒者两锁骨间的凹陷处，然后再将手指翘起，不触及中毒者胸壁，或者采用两手指交叉抬起法（如图 4-9 所示）。

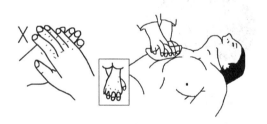

图 4-9 两手指交叉抬起法

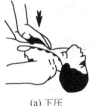
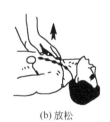

图 4-10 胸外心脏按压法

② 以髋关节为支点，利用上身的重力，垂直地将成人的胸骨压陷 4～5cm（儿童和瘦弱者酌减，为 2.5～4cm）。

③ 按压至要求程度后，要立即全部放松，但放松时救护人员的掌根不应离开胸壁，以免改变正确的按压位置，如图 4-10 所示。

按压时正确地操作是关键。尤应注意，抢救者双臂应绷直，双肩在患者胸骨上方正中，垂直向下用力按压。按压时应利用上半身的体重和肩、臂部肌肉力量（如图 4-11 所示），避免不正确的按压（如图 4-12 所示）。按压救护是否有效的标志，是在施行按压急救过程中再次测试中毒者的颈动脉，看其有无搏动。由于颈动脉位置靠近心脏，容易反映心跳的情况。此外，因颈部暴露，便于迅速触摸，且易于学会与记牢。

(3) 胸外按压的方法

 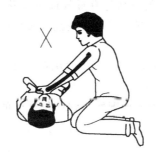 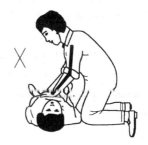

图 4-11　正确的按压姿势　　　　　　图 4-12　不正确的按压姿势

① 胸外按压的动作要平稳，不能冲击式地猛压。而应以均匀速度有规律地进行，每分钟 80～100 次，每次按压和放松的时间要相等（各用约 0.4s）。

② 胸外按压与口对口人工呼吸两法同时进行时，其节奏为：单人抢救时，按压 15 次，吹气 2 次，如此反复进行；双人抢救时，每按压 5 次，由另一人吹气 1 次，可轮流反复进行（如图 4-13 所示）。

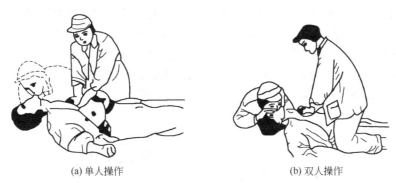

(a) 单人操作　　　　　　　　　　(b) 双人操作

图 4-13　胸外按压与口对口人工呼吸同时进行

第四节　毒物防护设施

一、呼吸器

为了保障操作人员和维护人员的安全，在尘毒污染、事故处理、抢救、检修、剧毒操作以及在狭小舱室内作业，都必须选用可靠的呼吸器官保护用具，正确使用呼吸防护器是防止有毒物质从呼吸道进入人体引起职业中毒的重要措施之一。呼吸器品种很多，按用途可分为防尘、防毒、供氧等；按作用原理可分为过滤式（净化式）、隔绝式（供气式）。

1. 过滤式呼吸器

（1）防毒原理

过滤式呼吸器是靠过滤罐或过滤盒将空气中的污染物净化为清洁的空气供人体呼吸，根据过滤罐（盒）中充填的材料，其防毒原理不同。

① 活性炭吸附。活性炭是用木材、果实烧成的炭，再经蒸气和化学药剂处理制成。这种活性炭是具有不同大小孔隙结构的颗粒，当气体在活性炭颗粒表面或微孔容积内积聚时，这种现象称为吸附。这种吸附是逐渐进行的，直到气体充填至活性炭的微孔容积，即完全饱和，气体才可以穿透活性炭床层，这就是防毒面具的过滤罐（盒）充填活性炭起防护作用的原理。活性炭孔隙的内表面越大，活性越大，吸附毒气效率也越高。

② 化学反应。用化学吸收剂与有毒气体发生化学反应净化空气的方法。根据不同的有毒气体采用不同的化学吸收剂，如过锰酸银或氧化钠等，发生分解、中和、络合、氧化或还原等反应。

例如采用霍加拉特（Hopcalite）为催化剂可将一氧化碳变成二氧化碳。霍加拉特剂是1919年由美国约翰·霍普金斯（John Hopkins）大学和加利福尼亚（California）大学共同发明的，由活性二氧化锰和氧化铜按一定比例制成的颗粒状催化剂，它在室温下能使一氧化碳和空气中的氧反应生成无毒的二氧化碳。该催化剂适用于一氧化碳体积浓度在0.5%以下的场合。

一氧化碳变成二氧化碳的催化反应发生在霍加拉特催化剂的表面上。当水蒸气与霍加拉特作用时，其活性降低，降低的程度取决于一氧化碳的温度和浓度大小。温度越高，水蒸气对霍加拉特的影响越小。因此，为了防止水蒸气对霍加拉特的作用，在一氧化碳防毒面具中，用干燥剂来除湿，把霍加拉特置于两层干燥剂之间。

（2）类型

过滤式呼吸器包括防尘面具和防毒面具两大类，有的品种可同时防尘防毒。

① 防尘呼吸器。过滤式防尘呼吸器分自吸过滤式简易防尘口罩和自吸过滤复式防尘口罩两种。简易防尘口罩分为无呼吸阀和有呼吸阀两种。无呼吸阀，吸气和呼气都通过滤料的简易防尘口罩如图4-14(a)所示；有呼吸阀，吸气和呼气分开的简易防尘口罩如图4-14(b)所示。

复式防尘口罩是由滤尘盒、呼吸阀和吸气阀、头带、半面罩等组成的。吸气和呼气分开通道的自吸过滤式防尘口罩如图4-14(c)、图4-14(d)所示。

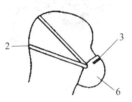
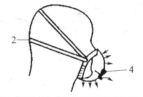

(a) 自吸过滤式无阀简易防尘口罩　　(b) 自吸过滤式有阀简易防尘口罩

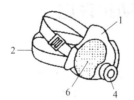
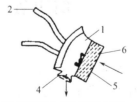

(c) 自吸过滤式复式防尘口罩(有呼气阀)　　(d) 自吸过滤式复式防尘口罩(有吸气阀和呼气阀)

图4-14　自吸过滤式防尘口罩示意

1—面罩底座；2—头带；3—调节阀；4—呼气阀；5—吸气阀；6—滤料（过滤器）

② 过滤式防毒呼吸器。过滤式防毒呼吸器主要有过滤式防毒面具和过滤式防毒口罩。

过滤式防毒面具主要是由面罩、吸气软管和滤毒罐组成的，其中，面罩和滤毒罐（盒）是关键部件。如图4-15所示的防毒面具为导管式防毒面具，带有导管（吸气软管）；而直接式不带导管，如图4-16所示。

面罩是用于遮盖人体口、鼻或面部的专用部件，分全面罩和半面罩。全面罩由罩体、呼气阀、吸气阀、眼窗及固定拉带构成；半面罩由罩体、呼气阀、吸气阀、眼窗及可调拉带构成。面罩按头型大小可分为五个型号，佩戴时要选择合适的型号，并检查面罩及塑胶软管是

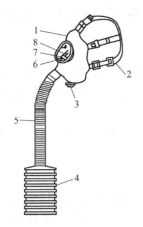
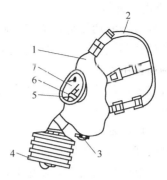

图 4-15　导管式防毒面具
1—面罩；2—头部系带；3—呼气阀；
4—吸收罐；5—导管；6—吸气阀；
7—隔障；8—目镜

图 4-16　直接式全面罩防毒面具
1—面罩；2—头部系带；3—呼气阀；
4—小型滤毒堆；5—吸气阀；
6—隔障；7—目镜

否老化，气密性是否良好。对防毒面罩的要求是漏气系数小、视野宽、呼气吸气阻力低、实际有害空间小。

过滤式防毒面具以其滤毒罐内装填的吸附（收）剂类型、作用、预防对象进行系列性的生产，并统一编成8个型号，只要罐号相同，其作用与预防对象亦相同。不同型号的罐制成不同颜色，以便区别使用，如国产的防护一氧化碳5号滤毒罐颜色为白色，8号滤毒罐颜色为红色。滤毒罐的有效期一般为两年，所以使用前要检查是否已失效。滤毒罐的进、出气口平时应盖严，以免受潮或与岗位低浓度有毒气体作用而失效。

过滤式防毒口罩如图4-17所示。其工作原理与防毒面具相似，采用的吸附（收）剂也基本相同，只是结构形式与大小等方面有些差异，使用范围有所不同。由于滤毒盒容量小，一般用以防御低浓度的有害物质。

（3）使用条件

过滤式呼吸器是利用有毒气体吸收剂吸收气体中的有毒气体，从而保证人体吸入无毒气体。但是，由于人体生活的环境中，空气中氧气含量低于18%，就会感到呼吸困难，倘若氧气

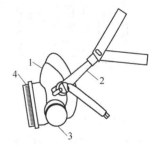

图 4-17　直接式半面罩
防毒口罩
1—面罩；2—头部系带；
3—呼气阀；4—滤毒盒

含量再低，人体生命就无法维持，势必造成窒息，因此，使用过滤式防毒面具的环境中，氧气含量应不低于18%。同时，由于过滤式防毒面具的滤毒罐中装入吸收剂量有限，若是一氧化碳环境，浓度不能超过1%；如果浓度过高，势必有一部分有毒气体尚未被吸收，就被吸入人体，因而造成中毒事故的发生。

过滤式防毒面具虽然具有体轻、灵活、简便易行的优点，但可靠性差，使用的地点受到限制，一般使用在经常有有毒气体散发，但散发量又不大的场合。在大量散发有毒气体的场合，不能使用这种防毒面具，在罐、槽等狭小、密闭容器中也不能使用。

（4）维护保养

通常未使用过的过滤式防毒面具在干燥、干净环境下保管的有效期为3～5年。保管的重点是面罩的橡胶是否老化，滤毒罐的滤毒剂是否过期失效。由于滤毒剂容易吸潮而失效，

故在使用前,不得打开罐盖和底塞。每次使用后应清洁面罩,长期保存则应将面罩涂一层薄薄的滑石粉。凡是使用过的滤毒罐应换上备用滤毒罐。

2. 隔绝式呼吸器

隔绝式呼吸器的功能是使戴用者呼吸系统与劳动环境隔离,由呼吸器自身供气(氧气或空气)或从清洁环境中引入纯净空气维持人体正常呼吸,适用于缺氧、严重污染等有生命危险的工作场所戴用。

按供气方式,隔绝式呼吸器分为自给式和长管式两类,其中自给式有空气呼吸器和氧气呼吸器两种,均自备气源。

(1) 氧气呼吸器

氧气呼吸器一般为密闭循环式,其工作原理是周而复始地将人体呼出气中的二氧化碳脱除,定量补充氧气供人吸入,使用时间根据呼吸器的储氧量等因素确定。我国生产的携带式压缩氧呼吸器产品有 AHG-2 型、AHG-3 型和 AHG-4 型(分别称为 2h、3h、4h 氧气呼吸器)等三种规格,图 4-18 为国产 AHG-2 型氧气呼吸器。AHG-2 型氧气呼吸器由金属外壳、压缩氧气瓶、清净罐、气囊、呼吸阀、减压器、压力表、全面罩、导气管、背带等部件组成,氧气瓶容量为压缩氧 1L(当压力 20MPa 时,储存相当于常压气 200L)。

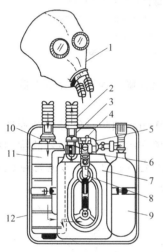

图 4-18 AHG-2 型氧气呼吸器示意

1—全面罩;2—导气管;3—压力表;4—吸气阀;5—高压管;6—减压器;7—气囊;8—排气阀;9—氧气瓶;10—呼气阀;11—清净罐;12—外壳

图 4-19 为氧气呼吸器气体循环流程图。佩戴人员从肺部呼出的气体,由面具、三通、呼气软管和呼气阀进入清净罐,经清净罐内的吸收剂吸收了呼出气体中的二氧化碳成分后,其余气体进入气囊;另外,氧气瓶中储存的氧气经高压导管、减压器减为 $(2.4 \sim 2.9) \times 10^5 Pa$ 的压力,以 $1.1 \sim 1.3 L/min$ 的定量进入气囊,气体汇合组成含氧气体,当佩戴人员吸气时,含氧气体从气囊经吸气阀、吸气软管、面具进入人体肺部,从而完成一个呼吸循环。在这一循环中,由于呼气阀和吸气阀是单向阀,因此气流始终是向一个方面流动。

使用方法如下。

① 首先打开氧气瓶开关,观察压力表所显示的数值,是否达到 10MPa。

② 将面具戴好,做几次深呼吸,按手动补给阀,观察呼吸器各部件是否处于良好状态。如无问题,摘下面具,关闭氧气瓶,按手动补给排出气囊中残余气体。

③ 使用时,人员根据脸形选用适当面具。将呼吸器佩戴好,右肩左斜,先打开氧气瓶开关,戴好面具,使用人员相互确认后方可进入险区工作。

④ 使用过程中随时观察压力表的数值,当低于 5MPa 时,立即退出险区,未退出险区时,严禁摘下面具。退出险区后,及时更换氧气瓶可继续工作。

⑤ 使用完毕,先摘面具,后关氧气瓶,拆下氧气瓶,进行氧气充填备用。

⑥ 使用中的应急措施见表 4-5。

氧气呼吸器结构复杂、严密,使用者应经过严格训练,掌握操作要领,能做到迅速、准确地佩戴使用。平时应有专人管理,用毕要检查、清洗,定期检验保养,妥善保存,使之处于备用状态。

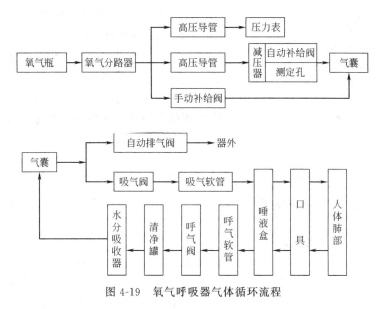

图 4-19 氧气呼吸器气体循环流程

表 4-5 使用中的应急措施

故障现象	应急措施
定量供氧减少或中断	间断性采用手动补给向气囊中充氧以供使用,并应迅速撤离灾区
自动补给失灵	间断性地采用手动补给向气囊中充氧以供使用,并应迅速撤离灾区
氧气消耗过大,从压力表观察到压力数值变化很大	耗氧过大,应停止频繁使用手动补给;高压漏气,应迅速退出灾区
呼气时明显比平时费劲	1. 手探摸软管,应迅速整理好 2. 将呼气软管捏紧,做几次急促呼吸,或提起软管抖动 3. 按手动补给阀门,充氧到排气阀开启
头晕	通过手动补给向气囊内进行充氧排氮和二氧化碳,同时撤离事故现场

(2) 自给式空气呼吸器

自给式空气呼吸器是以压缩空气为供气源的隔绝式呼吸器。其优点是使用方便,受使用场合的限制较小;缺点是使用时间相对较短。根据供气方式不同,空气呼吸器分成动力型和定量型(又称恒量型)。动力型的特点是采用肺力阀,根据佩戴者肺部的呼吸能力供给所需空气量;而定量型是在单位时间内定量地供给空气。定量型空气呼吸器又有两种产品,一种适用于气态的环境,另一种适用于液态的环境。

根据呼吸过程中面罩内的压力与外界环境压力间的高低,自给式空气呼吸器可分为正压式和负压式两种。正压式空气呼吸器在呼吸的整个循环过程中,面罩内始终处于正压状态,因而,即使面罩略有泄漏,也只允许面罩内的气体向外泄漏,而外界的染毒气体不会向面罩内泄漏,具有比负压式空气呼吸器高得多的安全性。而且正压式空气呼吸器可按佩戴人员的呼吸需要来控制供给气量的多少,实现按需供气,使人员呼吸更为舒畅。基于上述优点,正压式空气呼吸器已在煤气场所、消防、化工、船舶、仓库、实验室、油气田等部门广泛使用。

图 4-20 为正压式空气呼吸器,由高压空气瓶、输气管、减压器、压力表、面罩等部件组成。使用时,打开气瓶阀,储存在气瓶内的高压空气通过气瓶阀进入减压器组件,同时,压力表显示气瓶空气压力。高压空气被减压为中压,中压空气经中压管进入安装在面罩上的

供气阀，供气阀根据使用者的呼吸要求，能提供大于 200L/min 的空气。同时，面罩内保持高于环境大气的压力。当人吸气时，供气阀膜片根据使用者的吸气而移动，使阀门开启，提供气流；当人呼气时，供气阀膜片向上移动，使阀门关闭，呼出的气体经面罩上的呼气阀排出，当停止呼气时，呼气阀关闭，准备下一次吸气。

使用前的准备如下。

① 从快速接头上取下中压管，观察压力表，读出压力值。若气瓶内压力小于 28MPa 时，则应充气。

② 佩戴人员必须把胡须刮干净，以避免影响面罩和面部贴合的气密性。

③ 擦洗面罩的视窗，使其有较好的透明度。

④ 做 2～3 次深呼吸，感到畅通，可进入煤气地区。

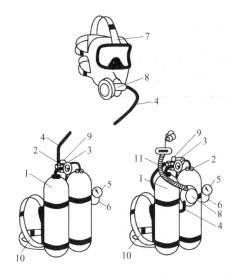

图 4-20　正压式空气呼吸器结构示意
1—压缩空气钢瓶；2—钢瓶阀；3—减压器；
4—中压连接管；5—压力表；6—压力表管；
7—面具；8—定量阀；9—警报装置；
10—背带；11—呼吸软管

佩戴和使用要求如下。

① 背戴气瓶。将气瓶阀向下背上气瓶，通过拉肩带上的自由端，调节气瓶的上下位置和松紧，直到感觉舒适为止。

② 扣紧腰带。将腰带公扣插入母扣内，然后将左右两侧的伸缩带向后拉紧，确保扣牢。

③ 佩戴面罩。将面罩上的五根带子放松，把面罩置于使用者脸上，然后将头带从头部的上前方向后下方拉下，由上向下将面罩戴在头上。调整面罩位置，使下巴进入面罩下面凹形内，先收紧下端的两根颈带，然后收紧上端的两根头带及顶带，如果感觉不适，可调节头带松紧。

④ 面罩密封。用手按住面罩接口处，通过吸气检查面罩密封是否良好。做深呼吸，此时面罩两侧应向人体面部移动，人体感觉呼吸困难，说明面罩气密良好，否则再收紧头带或重新佩戴面罩。

⑤ 装供气阀。将供气阀上的接口对准面罩插口，用力往上推，当听到"咔嚓"声时，安装完毕。

⑥ 检查仪器性能。完全打开气瓶阀，当压力降至 4～6MPa 时，应能听到报警哨短促的报警声，否则，报警哨失灵或者气瓶内无气，同时观察压力表读数。气瓶压力应不小于 28MPa，通过几次深呼吸检查供气阀性能，呼气和吸气都应舒畅、无不适感觉。

⑦ 使用。使用过程中要注意随时观察压力表和报警器发出的报警信号，当报警器发出报警时，立即撤离现场，更换空气瓶后方可工作。

⑧ 使用结束后，先用手捏住下面左右两侧的颈带扣环向前一推，松开颈带，然后再松开头带，将面罩从脸部由下向上脱下。转动供气阀上旋钮，关闭供气阀。捏住公扣笋头，退出母扣。放松肩带，将呼吸器从背上卸下，关闭气瓶阀。

(3) 长管式呼吸器

长管式呼吸器是通过机械动力或人的肺力从清洁环境中引入空气供人呼吸，亦可采用高压瓶空气作为气源，适合流动性小、定点作业的场合。长管式呼吸器有手动送风呼吸器、电动送风呼吸器和自吸式长管呼吸器三种。

手动送风呼吸器（见图 4-21）的特点是不要电源，送风量与转数有关，面罩内由于送风形成微正压，外部的污染空气不能进入面罩内。手动送风呼吸器在使用时，应将手动风机置于清洁空气场所，保证供应的空气是无污染的清洁空气。

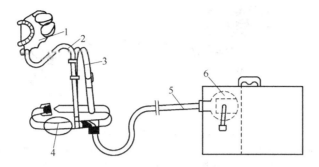

图 4-21　手动送风呼吸器结构示意

1—全面罩；2—吸气软管；3—背带和腰带；4—空气调节袋；5—导气管；6—手动风机

电动送风呼吸器如图 4-22 所示，其特点是使用时间不受限制，供气量较大，可以供1~5人使用，送风量依人数和导气管长度而定。

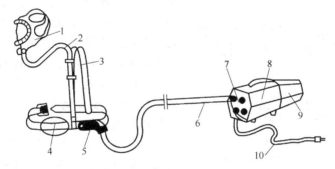

图 4-22　电动送风呼吸器结构示意

1—全面罩；2—吸气软管；3—背带和腰带；4—空气调节袋；5—流量调节器；
6—导气软管；7—风量转换开关；8—电动送风机；9—过滤器；10—电源线

自吸式长管呼吸器（见图 4-23）是将导气管的一端固定于新鲜无污染的场所，而另一端与面罩连接，依靠佩戴者自己的肺动力将清洁的空气经导气管、吸气软管吸进面罩内。由于是靠自身的肺动力，因此在呼吸的过程中不能总是维持面罩内为微正压。如在面罩内压力下降为微负压时，就有可能造成外部污染的空气进入面罩内，所以这种呼吸器不宜在毒物危害大的场所使用。此外，导气管要力求平直，长度不宜太长，以免增加吸气阻力。

压气式呼吸器（见图 4-24）是采用空气压缩机或高压瓶空气作为移动气源，经压力调节装置将高压降为中压后，通过空气导管、吸气软管，把气体通过导气管送到面罩供佩戴者呼吸的一种保护用品。

（4）化学氧呼吸器

在与大气隔离的情况下进行工作时，人

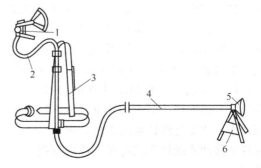

图 4-23　自吸式长管呼吸器结构示意

1—面罩；2—吸气软管；3—背带和腰带；
4—导气管；5—空气输入口；6—警示板

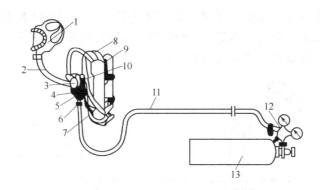

图 4-24 压气式呼吸器结构示意
1—面罩；2—吸气管；3—肺力阀；4—减压阀；5—单向阀；6—软管接合部；
7—高压导管；8—着装带；9—小型高压空气容器；10—压力指示计；
11—空气导管；12—减压阀；13—高压空气容器

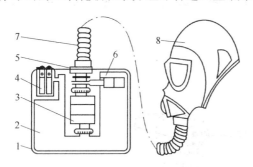

图 4-25 HSG79 型化学氧呼吸器
1—外壳；2—气囊；3—生氧罐；4—快速
供氧盒；5—散热器；6—排气阀；
7—导气管；8—面罩

体呼出的二氧化碳和水分经导管进入生氧罐，与化学生氧剂发生化学反应产生氧气，储存于气囊中，使人呼出的气体达到净化再生。当人吸气时，气体由气囊经散热器、导气管、面罩进入人体肺部，完成整个呼吸循环。生氧罐内装填含氧化学物质，如氯酸盐、超氧化物、过氧化物等，它们均能在适宜的条件下反应放出氧气，供人呼吸。现在广泛采用金属超氧化物（超氧化钠、超氧化钾等），能同时解决吸收二氧化碳和提供氧气问题。

国产 HSG79 型化学氧呼吸器的主要部件有面罩、生氧罐、气囊、排气阀、导气管等，如图 4-25 所示。

二、有毒气体报警仪

监视煤气区域作业环境有毒气体浓度，实现超标报警，是控制、预防中毒事故的有效技术措施。有毒气体报警仪能准确快速地测定环境中有毒气体浓度，并在浓度达到预先设定的报警值时发出声光报警信号，以提醒操作人员及时进行处理从而避免事故的发生。

检测报警装置由传感器、信号处理线路板、指示器等组成。目前根据所采用传感器的不同，主要有电化学传感器、催化可燃气体传感器、固态传感器和红外传感器等。

对于连续生产区域或固定的容易泄漏毒气的作业场所，应设置固定式有毒气体报警系统装置，并划分成若干区域，每一区域由一台微型计算机控制，并使之形成网络；对于在有毒气体区域流动作业或非连续作业的人员，应予以配置可移动式或便携式有毒气体检测报警仪。

1. 固定式有毒气体报警仪

固定式检测报警系统通常由传感

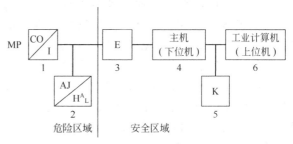

图 4-26 固定式有毒气体报警系统方框图
MP—测量点；1—传感器；2—现场报警器；3—安全栅；
4—主机（下位机）；5—控制开关；6—工业计算机（上位机）

器（探头）、现场报警器、安全栅和主机等组成，如图4-26所示。该装置可自动连续检测被测区域空气中的有毒气体浓度，并在现场和操作室同时显示、超标报警及实现其他功能。

2. 便携式有毒气体报警仪

便携式检测报警仪产品种类很多，但其原理都是采用三端电化学传感器为气体敏感元件，根据定电位电解法原理监测CO气体浓度。便携式检测报警仪还有组合型，有"二合一"、"三合一"、"四合一"等组合形式，即一个检测报警仪可以同时检测几种气体。

便携式有毒气体报警仪（见图4-27）由电化学传感器、信号处理线路板、显示器、外壳等组成。电化学传感器以扩散方式直接与环境中有毒气体反应产生电信号，信号经放大、A/D转换、暂存处理后，在液晶屏上直接显示出所测气体浓度值。当气体浓度达到预先设置的报警值时，蜂鸣器和发光二极管将发出声光报警信号。

三、高压氧舱

在高于周围环境气压（通常高于1atm）下吸纯氧，称为高压氧。高压氧疗法对窒息中毒的治疗，有其独特的疗效，其治疗原理如下。

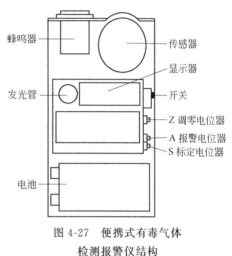

图4-27 便携式有毒气体检测报警仪结构

① 高压氧治疗法能够明显提高血氧含量，在2.5～3.0atm（绝对）大气压纯氧状态下，血液溶氧量较常压下吸入空气要高15～20倍。氧分压愈高，COHb的解离和CO的清除就愈明显。CO的清除时间随氧分压的增高而缩短，例如CO半排除时间在常压空气中为5h20min，常压纯氧下为1h20min，而在3atm大气压（绝对压力）下仅为20min。

② 高压氧能提高血氧分压，增加血氧含量，使组织得到充足的溶解氧，大大减少机体对Hb运氧的依赖性，从而迅速纠正低氧血症。如在常压下吸纯氧，肺泡氧分压上升最高不超过673mmHg，而在3atm下肺泡氧分压可上升到2193mmHg。

③ 高压氧能使颅内血管收缩（但不降低血氧含量），使其通过性降低，有利于降低颅压，打断大脑缺氧与脑水肿的恶性循环。

④ 高压氧下血氧含量及血氧张力增加，组织氧储量及血氧弥散半径也相应增加，故能明显改善组织细胞缺氧状态，有利于解除CO对细胞色素氧化酶的抑制作用。

⑤ 高压氧对急性中毒所致的各种并发症均有良好的防治作用。如心、肺、肾和肝损害，休克，消化道出血，酸中毒，挤压伤等。

复 习 题

1. 煤化工生产的有毒物质有哪些？简述空气中最高允许浓度的要求。
2. 简述毒性物质的毒理作用。
3. 简述一氧化碳、苯、萘、酚、甲醇、吡啶、氨、硫化氢、氰化氢、二硫化碳等毒物的中毒机理和急救措施。
4. 毒物的预防措施有哪些？
5. 有毒物质的浓度符合要求，是否就能进入设备内维修？

6. 毒物泄漏如何处置?
7. 简述呼吸器的使用环境要求。
8. 简述有毒气体报警仪的工作原理。
9. 查找有关煤化工生产中毒的事故案例,结合所学分析原因,提出预防和处理措施。

第五章 机械伤害及坠落事故预防

煤化工生产过程中用的机械设备较多,例如备煤车间的皮带传送机、粉碎机、堆取料机等,炼焦车间的焦炉装煤车、推焦车、拦焦车、熄焦车、捣固车等,气化炉的搅拌装置、加煤装置以及化工车间的离心机、压缩机、泵类等都是运转机械,这些运转机械容易造成机械伤害事故。另外,煤塔、焦炉、各种高大设备易发跌落,甚至造成窒息事故。因此,应采取合理的措施防止机械伤害及坠落事故发生。

第一节 运转机械安全技术

一、运转机械的不安全状态

1. 运转机械危险源

运转机械是运行的机械,当机械能逸散施于人体时,就会发生伤害事故。机械能逸散施于人体的主要原因是由于机械设计不合理、强度计算误差、安装调试存在问题、安全装置缺陷以及人的不安全行为。

运转机械伤害包括以下几种。

(1) 碰撞伤害

机械零部件高速运动使在运动途中的人受到伤害。运转机械的摇摆部位存在着撞击的危险。

(2) 夹挤伤害

机械零部件的运动可以形成夹挤点或缝,如手臂被两辊之间的辊隙夹挤,截获过往运动的衣服而被夹挤等。相互接触而旋转的滚筒,如轧机、压辊、卷板机、干燥滚筒等都有把人卷入的危险。

(3) 接触伤害

机械零部件由于其锋利、有磨蚀性、热、冷、带电等,而使与其接触的人受到伤害。这可以是运动的机械,也可以是静止的机械。

(4) 缠结伤害

传动齿轮、传动皮带、传动对轮、传动链条等运动的机械零部件可以卷入头发、环状饰品、有钩挂衣袖、裤腿、手套、衣服等而引起缠结伤害。风翅、叶轮等有绞伤或咬伤的危险。

(5) 抛射伤害

机械零部件或物料被运转的机械抛射出而造成伤害。

2. 运转机械不安全状态原因

运转机械的设计、制造、安装、调试、使用、维修直至报废,都有可能产生不安全状态。

(1) 设计阶段的原因

设计时对安全装置和设施考虑不周;对使用条件的预想与实际差距太大;选用材质不符合工艺要求;强度或工艺计算有误;结构设计不合理;设计审核失误等。这些大都是设计者缺乏经验或疏忽所致。

(2) 制造、安装阶段的原因

没按设计要求装设安全装置或设施；没按设计要求选材；所用的材料没有按要求严格检查，材料存在的原始缺陷没有被发现；制造工艺、安装工艺不合理；制造、安装技术不熟练，质量不符合标准，随意更改图纸，不按设计要求施工等。

(3) 使用、维修阶段的原因

使用方法不当；使用条件恶劣；冷却与润滑不良，造成机械磨损和腐蚀；超负荷运行；维护保养差；操作技术不熟练；人为造成机械不安全状态，如取下防护罩、切断联锁、摘除信号指示等；超期不修；检修质量差等。

二、人的不安全行为

人的不安全行为表现为多种情况，大致可以分为操作失误和误入危区两种情况。

1. 操作失误

机械具有复杂性和自动化程度较高的特点，要求操作者具有良好的素质。但人的素质是有差异的，不同的人在体力、智力、分析判断能力及灵活性、熟练性等方面，有很大不同。特别是人的情绪易受环境因素、社会因素和家庭因素的影响，易导致操作失误。

常见的操作失误如下。

① 运转机械产生的噪声危害比较严重，操作者的知觉和听觉会发生麻痹，当运转机械发出异声时，操作者不易发现或判断错误。

② 运转机械的控制或操纵系统的排列和布置与操作者习惯不一致，运转机械的显示器或指示信号标准化不良或识别性差，而使操作者误动作。

③ 操作规程不完善、作业程序不当、监督检查不力都易造成操作者操作失误，导致事故。

④ 操作者本身的因素如技术不熟练、准备不充分、情绪不良等，也易导致失误。

⑤ 运转机械突然发生异常，时间紧迫，造成操作者过度紧张而导致失误。

⑥ 操作者缺乏对运转机械危险性的认识，不知道运转机械的危险部位和范围，进行不安全作业而产生失误。

⑦ 取下安全罩、切断连锁装置等人为地使运转机械处于不安全状态而导致事故。

2. 误入危区

(1) 运转机械危区

所谓危区是指运转机械在一定的条件下，有可能发生能量逆流造成人员伤害的部位或区域。如压缩机主轴联结部位、副轴、活塞杆、十字头、填料函、油泵皮带轮或传动轮、风机叶轮、电机转子等，传送机械的皮带、链条、滚筒、电机等均属危区部位。危区部位一般都有一定的危区范围，如果人的某个部位进入运转机械危区范围，就有可能发生人身伤害事故。

(2) 误入危区的原因

在人机系统中，人的自由度比运转机械大得多，而每个人的素质和心理状态千差万别，所以存在误入危区的可能性。

① 机械操作状况的变化使工人改变已熟练掌握的原来的操作方法，会产生较大的心理负担，如不及时加强培训和教育，就很可能产生误入危区的不安全行为。

② "图省事、走捷径"是人们的共同心理。对于已经熟悉了的机械，人们往往会下意识地进行操作，而无需有意思维，也不必选择更安全的操作方法，因而会有意省掉某些操作环

节，而且一次成功就会重复照干，这也是误入危区的常见原因。

③ 条件反射是人和动物的本能，但由于一时条件反射会忘记置身于危区。如某工人在机床上全神贯注地工作，这时后面有人与之打招呼，条件反射使其下意识地转身，忘记了身处危区，把手无意中伸入卡盘，发生伤害事故。

④ 疲劳使操作者体力下降、大脑产生麻木感，有可能出现某些不安全行为而误入危区。

⑤ 由于操作者身体状况不佳或操作条件影响，造成没看到或看错、没听到或听错信号，产生不安全行为而误入危区。

⑥ 人们有时会忘记某件事而出现思维错误，而错误的思维和记忆会使人做出不安全的行为，有可能使人体某个部位误入危区。

⑦ 不熟悉业务的指挥者指挥不当，多人多机系统的联络失误，以及紧急状态下人的紧张慌乱，都有可能产生不安全行为，导致误入危区。

三、运转机械安全防护

1. 提高运转机械的安全可靠性

(1) 零部件安全

运转机械的各种受力零部件及其连接，必须合理选择结构、材料、工艺和安全系数，在规定的使用寿命期内，不得产生断裂和破碎。运转机械零部件应选用耐老化或抗疲劳的材料制造，并应规定更换期限，其安全使用期限应小于材料老化或疲劳期限。易被腐蚀的零部件，应选用耐腐蚀材料制造或采取防腐措施。

(2) 控制系统安全

运转机械应配有符合安全要求的控制系统，控制装置必须保证当能源发生异常变化时，也不会造成危险。控制装置应安装在使操作者能看到整个机械动作的位置上，否则应配置开车报警声光信号装置。运转机械的调节部分，应采用自动联锁装置，以防止误操作和自动调节、自动操纵等失误。

(3) 操纵器安全

操纵器应有电气或机械方面的联锁装置，易出现误动作的操纵器，应采取保护措施。操纵器应明晰可辨，必要时可辅以易理解的形象化符号或文字说明。

(4) 操作人员安全防护

运转机械需要操作人员经常变换工作位置者，应配置安全走板，走板宽度应不小于0.5m；操作位置高于2m以上者，应配置供站立的平台和防护栏杆。走板、梯子、平台均应有良好的防滑功能。

2. 防止人的不安全行为

应该建立健全安全操作规程，运转机械操作规程应针对不同类型的运转机械的特点，详细准确地编制。安全操作规程一经确立，就是运转机械的操作法规，不得随意违反。

应进行经常性的安全教育和安全技术培训，不断提高操作者的安全意识和安全防护技能，教育操作者熟练掌握并严格遵守安全操作规程。应结合同类型运转机械事故案例进行教育，使操作者对操作过程中可能发生的事故进行预测和预防。

应不断改进操作环境，如室温、尘毒、振动、噪声等的处理和控制；加强劳动纪律，防止操作者过度疲劳；优化人机匹配，防止或减少失误。

3. 防护装置或设施

机械设备的安全运转首先应基于机械本身的安全设计，对于可以预见的危险和可能的伤害，也应该有适当的安全防护措施。人员易触及的可动零部件，应尽可能密封，以免在运转时与其接触。运转机械运行时,操作者需要接近的可动零部件,必须有安全防护装置。为防止运转机械运行中运动的零部件超过极限位置,应配置可靠的限位装置。若可动零部件所具有的动能或势能会引起危险时,则应配置限速、防坠落或防逆转装置。运转机械运行过程中,为避免工具、工件、连接件、紧固件等甩出伤人,应有防松脱措施和配置防护罩或防护网等措施。

第二节 备煤机械安全

备煤包括原料煤的装卸、储存、输送、配煤、粉碎等工序。备煤车间卸煤一般采用翻车机、螺旋卸煤机或链斗卸煤机等机械,堆取煤采用堆取料机、门式抓斗起重机、桥式抓斗起重机、推土机等,运煤车辆多,装卸设备多,运输皮带多,诱发机械伤害事故的原因也较多。为防止机械伤人等事故的发生,应遵守《焦化安全规程》(GB 12710—2008)等的安全规定。

一、卸煤及堆取煤机械

1. 翻车机操作安全

翻车机应设事故开关、自动脱钩装置、翻转角度极限信号和开关,以及人工清扫车厢的断电开关,且应有制动闸。翻车机转到 90°时,其红色信号灯熄灭前禁止清扫车底。翻车时,其下部和卷扬机两侧禁止有人工作和逗留。

2. 螺旋卸煤机和链斗卸煤机操作安全

严禁在车厢撞挂时上下车,卸煤机械离开车厢之前,禁止扫煤人员进入车厢内工作。螺旋卸煤机和链斗卸煤机应设夹轨器。螺旋卸煤机的螺旋和链斗卸煤机的链斗起落机构,应设提升高度极限开关。在操作链斗卸煤机时,要由机车头或调车卷扬机进行对位作业,必须避免碰撞情况的发生。

【卸煤机事故案例】 错扳行车开关卸煤机伤害事故

某焦化分厂煤场调度安排联合卸煤机卸煤。先由唐某操作卸煤机,卸完第三个车皮后,下来打扫卫生。由于第二车皮余煤较多,继续由家属工清扫归堆。再进行第二次卸煤。由原为钳工,10 月份调入联合卸煤机任司机的皮某操作卸煤,把卸煤机从第三个车皮开往第二车皮,皮某听到家属工叫喊,慌忙中错扳动大车行车开关。卸煤机很快就靠近六个家属工,致使 1 人死亡,5 人重伤的事故。

事故原因:业务不熟练,擅自单独操作,违反"清扫车皮时不准开车"的规定;家属工跟车清扫车皮也是违章作业。

3. 堆取料机操作安全

堆取料机应设风速计、防碰撞装置、运输胶带联锁装置、与煤场调度通话装置、回转机构和变幅机构的限位开关及信号、手动或具有独立电源的电动夹轨钳等安全装置。堆取料机供电地沟,应有保护盖板或保护网,沟内应有排水设施。

【堆取料机事故案例】 堆料机悬臂皮带机折断事故

2005 年 12 月 17 日,某焦化厂堆料机悬臂皮带机、减速机高速轴折断两次,电机轴折断一次。

事故原因:

① 减速机、电机底脚螺栓有松动现象。

② 液偶转动不灵活,经检查发现加油超过规定范围(40%~80%),造成扭矩增大。

③ 减速机、电机同心度不好。

4. 门式或桥式抓斗起重机操作安全

门式或桥式抓斗起重机具有运行灵活可靠的优点，但操作不当或违章作业也有可能发生伤害事故。为避免事故，门式或桥式抓斗起重机应设夹轨器和自下而上的扶梯，从司机室能看清作业场所及其周围的情况。门式或桥式抓斗起重机应设卷扬小车作业时大车不能行走的联锁、卷扬小车机电室门开自动断电联锁或检修断电开关、抓斗上升极限位装置、双车间距限位装置等。大型门式抓斗起重机应设风速计、扭斜极限装置和上下通话装置。抓斗作业时必须与车厢清理残煤作业的人员分开进行，至少保持1.5m的距离。尤其是抓斗故障处理必须在停放指定位置进行，切不可将抓斗停放在漏斗口上处理，以免滑落引起重大伤害事故。应禁止推土机横跨门式起重机轨道。

【门式起重机事故案例】 龙门吊小车伤害事故

某焦化分厂民工马某，因龙门吊抓斗钢丝绳断了一根，协助副司机更换钢丝绳。换好后，马某站在小车门口。司机先打铃，后动作开始试车起吊。为便于小车上副司机观察钢丝绳情况，当抓斗到离操作室较近的高度时，停顿一下，上升到限位（上端）开关处又停顿20s左右。这时马某产生可以离开小车的错觉，将头伸出窗外，小车又动，马某被挤身亡。

事故原因：小车电机室东西门的限位开关长期失效，没有使用，失去保护作用；司机未向民工交待安全注意事故；司机再次启动未发信号。

二、破碎机及粉碎机

破碎机是破碎过程中的关键机械，用于破碎大块的煤料，破碎后的煤料采用粉碎机进行粉碎。焦化厂采用的粉碎机有反击式、锤式和笼型等几种形式。

对于破（粉）碎机，须符合下列安全条件：加料、出料最好是连续化、自动化，产生的粉尘应尽可能少。对各类破（粉）碎机，必须有紧急制动装置，必要时可迅速停车。运转中的破碎机严禁检查、清理和检修，禁止打开其两端门和小门。破（粉）碎机工作时，不准向破（粉）碎机腔内窥视，不要拨动卡住的物料。如破（粉）碎机加料口与地面平齐或低于地面不到1m均应设安全格子。

为保证安全操作，破（粉）碎装置周围的过道宽度必须大于1m。如破（粉）碎机安装在操作台上，则台与地面之间高度应在1.5～2m。操作台必须坚固，沿台周边应设高1m的安全护栏。

颚式破碎机应装设防护板，以防固体物料飞出伤人。为此，要注意加入破碎机的物料粒度不应大于其破碎性能。当固体物料硬度相当大，且摩擦角（物料块表面与颚式破碎机之间夹角）小于两颚表面夹角之一半时，即可能将未破碎的物料甩出。当非常坚硬的物料落入两颚之间，会导致颚破碎，故应设保险板。在颚破碎之前，保险板先行破裂加以保护。对于破碎机的某些传动部分，应用安全螺栓连接，在其超负荷情况下，弯曲或断掉以保护设备和操作人员。粉碎机前应设电磁分离器，以吸出煤中的铁器，破（粉）碎机应有电流表、电压表及盘车自动断电的联锁装置。

【粉碎机事故案例1】 粉碎机未停机器加油伤害事故

1987年8月16日，某焦化厂备煤车间工人王某，在破碎机运转中抬胳膊拧破碎机轴头上的油盒，由于破碎机盘车器的防护罩检修后没有复原，王某肥大的衣服被旋转的盘车器绞住，王某被绞起来，绞伤胸腹部，造成肺、脾、胃、肾和肋骨多处损伤。

事故的主要原因：在机械设备外露的转动部分加油，没有停车；没有采取可靠的防护措施；没有穿紧口工作服。

【粉碎机事故案例2】 对辊式破碎机伤害事故

某研究所王某、李某,用小型对辊式破碎机破碎试验用煤,因煤块较大,下料不畅,二人决定停车清理。王某去断电,李某打开上盖,用手拨对辊上的煤块,由于惯性,对辊还没有停下来,把李某的手连同手套卷入辊间,以致李某的中指、无名指截肢。

事故的主要原因:违章操作,机械设备没有完全停下来,不能进行操作;安全意识淡薄。

三、皮带运输机

皮带运输机是煤化工企业备煤和筛焦系统常用的输送设备,它是由皮带、托辊、卷筒、传动装置和紧张机组所组成的。皮带运输机具有结构简单、操作可靠、维修方便等优点。虽然皮带运输机看来是一种速度不高,安全问题不大的设备,但根据许多厂矿尤其是备煤工序的实践经验表明,皮带轮和托辊绞碾伤亡是皮带运输机的多发和最常见的事故,必须引起足够重视。

1. 皮带输送机的安全要求

从传动机构到墙壁的距离,不应少于1m,以便检查和润滑传动机构时能自由出入;输送机的各个转动和活动部分,务必用安全罩加以防护;传动机构的保护外罩取下后,不准进行工作;输送机的速度过高时,则应加栏杆防护;输送机应设有联锁装置,以防止事故的发生;皮带机长度超过30m,应设人行过桥,超过50m应设中间紧急停机按钮或拉线开关,"紧急停机"的拉线开关应设在主要人行道一侧;启动装置旁边,应设音响信号,在未发出工作信号之前,运输装置不得启动;运输机的启动装置,应设辅助装置(例如锁),为防止检修时被他人启动,应在启动装置处悬挂"机器检修,禁止开动"的小牌;倾斜皮带机必须设置止逆、防偏、过载、打滑等保护装置。

2. 皮带运输机安全操作规程

① 开车前应将皮带机所属部件和油槽进行检查,检查传动部分是否有障碍物卡住,齿轮罩和皮带轮罩等防护装置是否齐全,电器设备接地是否良好,发现问题及时处理。听到开车信号,待上一岗位启动后再启动本岗位。听到停车信号,待皮带上无料时方可停车。捅溜槽、换托辊,必须和上一岗位取得联系,并有专人看护。

② 开车后,要经常观察轴瓦、减速器运转是否正常,特别要注意皮带跑偏,负载量大小,防止皮带破裂。运行中禁止穿越皮带。

③ 运行中没有特殊情况不允许重负荷停车。

④ 皮带机被物料挤住时,必须停止皮带机后方可取出,禁止在运行中取出物料。

⑤ 禁止在运行中清理滚筒,皮带两侧不准堆放障碍物和易燃物。

⑥ 运转过程中严禁清理或更换托辊、机头、机尾、滚筒、机架,不允许加油,不准站在机架上铲煤、扫水等作业,机架较高的皮带运输机,必须设有防护遮板方可在下面通过或清扫。

⑦ 清理托辊、机头、机尾、滚筒时必须办理停电手续。必须切断电源,取下开关保险,锁上开关室。

⑧ 输送机上严禁站人、乘人或者躺着休息。

【皮带运输机事故案例1】 未停机进行异物清理造成伤害事故

某焦化厂一名操作工在处理皮带输送机跑偏时,违章不停车用扳手撬皮带轮上的异物,由于扳手打滑,手臂被皮带机卷入,颈部受到挤压,当场死亡。

事故原因:操作工安全意识差,违反操作规程。

【皮带运输机事故案例2】 未停机进行故障处理的伤害事故

2001年6月14日，某焦化厂备煤车间3号皮带输送机岗位操作工郝某，从操作室进入3号皮带输送机进行交接班前检查清理时，发生皮带机伤害死亡事故。

事故原因：

① 操作工郝某在未停车的情况下处理机尾轮沾煤，违反了该厂"运行中的机器设备不许擦拭、检修或进行故障处理"的规定，是导致本起事故的直接原因；

② 皮带机没有紧急停车装置，在机尾没有防护栏杆，是造成这起事故的重要原因；

③ 该厂安全管理不到位，对职工安全教育不够，安全防护设施不完善，是造成这起事故的原因之一。

【皮带运输机事故案例3】 皮带运转时清扫的伤害事故

某焦化厂备煤车间皮带工李某，在煤塔回龙皮带送煤时，用铁铲清扫皮带辊子，被带进皮带滚筒中，造成右胸第9、10根肋骨骨折，右手重伤。

事故原因：安全意识差，违反操作规程。

【皮带运输机事故案例4】 往皮带头轮撒水泥手被压断

某焦化分厂备煤工段6号皮带机工严某发现皮带头轮打滑，煤运不上去，就用手往头轮撒水泥，不幸右臂被带入皮带头轮，致使右臂从肩膀下全压断，造成终身残废。

事故原因：由于是露天皮带，皮带走廊两边避雨板严重失修，皮带淋雨造成打滑的问题一直未解决；皮带头轮无防护罩。

【皮带运输机事故案例5】 换焦仓辊筛未断电伤亡事故

某焦化厂炼焦车间钳工组6人按计划换焦仓的辊筛。崔某等3人拉葫芦，谢某一人在下面配合。14时50分许，新辊筛已就位，突然铃声响起，焦仓皮带机启动，谢某立即从新辊筛上跳上旧辊筛，崔某从北侧下来奔向操作室去停车，而田某在从小溜槽上下来时不幸被卷入皮带，因伤势过重，当场死亡。

事故原因：没有执行检修中的三道防线制度，即同操作工联系、挂牌、切断电源；皮带机操作规程不完善。

第三节 焦炉机械伤害事故预防

一、焦炉机械的特点

焦炉机械主要是推焦车、拦焦车、熄焦车和装煤车等四大机车。推焦车除了整机开动，还有推焦、摘上炉门、提小炉门和平煤等多种功能；拦焦车则有启上炉门和拦焦等功能。而四大车必须在同一炭化室位置上工作，推焦时，拦焦车必须对好导焦槽，熄焦车做好接红焦的准备，装煤车装煤时，必须在推焦车和拦焦车都上好炉门以后进行。如果四大车中任何一个环节失控或指挥信号失误，都有可能造成严重的事故。除了四大车，焦炉机械设备还有捣固机、换向机、余煤提升机、熄焦水泵以及焦粉抓斗机、皮带机、炉门修理站卷扬机等。

焦炉机械操作的全过程存在以下几个不足：自动化协调程序差，很多岗位操作靠人工操作，多数程序靠人工指挥；四大车车体笨重、运行频繁且视线不开阔；机械运行与人工活动空间狭窄，极易造成碰、撞、挤、压事故的发生。

二、焦炉机械伤害事故

焦炉机械伤害事故主要是四大车事故，四大车常见的事故有：挤、压、碰、撞和倾覆引起的伤害事故；拦焦车、熄焦车倾覆事故；四大车设备烧坏事故。据不完全统计，焦炉四大车事故中拦焦车事故最多，占 1/2 以上，其次装煤车事故占 1/5 强，熄焦车事故占 1/10 强，推焦车事故不到 1/10。产生四大车事故的原因是多方面的，既有人为原因，也有管理原因，还有设备缺陷和环境的不良因素。原因虽复杂多样，但主要原因是违规操作，其次是思想麻痹，因此要不断地提高全员的安全思想素质。另外，新工人技术不熟练和非标准化操作引起的事故也不少，也应值得重视。

【焦炉机械事故案例 1】 装煤套筒落下致死事故

2008 年 10 月某焦化厂发生一起机械伤害事故，装煤车在炉顶装煤时螺旋给料机发生堵塞，岗位工趴在套筒下往上观察堵塞情况，司机在未确认的情况下将装煤套筒落下将岗位工砸死。

事故原因：①在处理故障时未制定临时安全措施，未采取可靠的防护，是此次事故的主要原因。②司机在未进行联系确认的情况下，将套筒落下是这起事故的直接原因。

【焦炉机械事故案例 2】 装煤车开倒车造成死亡事故

某厂装煤车司机伦某驾驶煤车由南往北去 90 号炭化室装煤，当车行驶到 81 号炭化室时，伦某将北行控制器拉回零位，没有向前瞭望就到南司机室开倒车，行驶到 85 号炭化室时，将正在测温的邓某挂倒，此时 86 号、87 号、88 号炉盖已被刮开着火，停车后，邓某已被挤在 88 号炭化室装煤处，因炉上喷火，救出时已死亡。

事故原因：装煤车司机没有向前瞭望开倒车。

【焦炉机械事故案例 3】 坐在装煤车轨道上睡觉被撞死

某焦化厂民工李某在椅子上睡觉，车间副主任祖某发现后将李某叫醒并作了班中不能睡觉的提示。不久，李某在 269 号炉机侧一方轨道上坐睡。煤车司机陈某开车去 2 号炉装煤，车到煤地磅处，陈某将行走开关打到零位滑行，李某被煤车撞倒，抢救无效而死亡。

事故原因：李某违章坐在装煤车轨道上睡觉；2 号煤车东南角走行轮防护装置有缺陷；煤车司机没有在行驶方向驾驶车辆；安全教育不够扎实，隐患处理不够及时。

【焦炉机械事故案例 4】 违章在推焦杆下清扫导致事故

1987 年 9 月 26 日，某焦化分厂推焦车司机周某去摘门机处清扫，没有告知正在操作的副司机。推焦车对门时摘门机将周某撞倒，又在摘门机前移摘门时将其挤伤，最终导致周某抢救无效死亡。

事故原因：违反厂定推焦车安全规程第五条"机械在运转时禁止清扫、加油和擦拭"的规定，属本人违章作业。

【焦炉机械事故案例 5】 推焦车推翻拦焦车事故

某年 4 月 8 日 2 时 25 分，某焦化厂熄焦车接完 1 号炉 43 号焦后，开到 2 号炉 53 号的接焦位置上。吹哨工刘某到 2 号炉顶组织推焦。当时只看到推焦车、熄焦车在出焦的位置上，而实际上拦焦车移门机正对准 53 号在摘门，导焦栅离 53 号还很远。刘某未认真查看，把熄焦车催拦焦车快点摘门的信号误认为是接焦信号，便到机侧指挥推焦。当推焦司机肖某接到信号后，就准备推焦，但推焦杆无电不能动（为防事故装置联锁，推焦杆电直接由熄焦车控制），就打信号要熄焦车送电。因那边未做接焦准备就不送电，此时，肖某就自行解除联锁，将推焦杆贴近焦饼等电。见熄焦车仍未送电，又第二次解除联锁，强行推焦，直到推焦杆推不动了为止，导致了一起把拦焦车推翻的重大设备事故。

事故原因：吹哨工没有按操作规程查看、确认推焦准备情况；吹哨工离开岗位，未按规程到焦侧观察推焦情况；推焦车司机违章，解除联锁，强行推焦；推焦时不观察电流情况。

【焦炉机械事故案例 6】 头伸出拦焦车出口挤伤事故

1989 年 4 月 11 日,某焦化厂炼焦车间更换 4 号炉柱,起重工刘某将炉柱绑在 1 号拦焦车尾部由司机刘某开车西行。车经 6 号柱时,刘某在车行进中将头从观察炉号的窗口伸出,观察炉柱是否到位。结果头部被 7 号炉柱与车帮挤住,经抢救无效死亡。

事故原因:刘某无证驾驶拦焦车,并违章将头伸出窗口是事故的直接原因;拦焦车观察窗口玻璃损坏,未及时上防护栏网。

【焦炉机械事故案例 7】 为避车靠炉门发生事故

1986 年 1 月 29 日,某焦化厂出焦工薛某上夜班,担任 1 号炉出焦任务,当清完 8 号炭化室炉门尾焦时,拦焦车司机开车向北移动,在对 8 号炭化室炉门时,拦焦车的北端东侧将靠在 11 号炭化室炉门处的薛某挤住,经抢救无效死亡。

事故原因:违反焦化安全规程,为避车靠炉门是造成事故的主要原因;拦焦车司机因照明视线不好是事故的另一原因。

【焦炉机械事故案例 8】 违章操作拦焦车致人重伤

某焦化厂出炉工钟某,在清除了 38 号尾焦发出开车信号后,发现在钢柱角内还有一块焦没有铲掉,他又加了一铲,这时拦焦车已接近,铲子被车卡住,钟某被铲子柄拦在钢柱和炉框之间,不能出来,车滑过 900mm,钟某被拦焦车挤在 35 号炉门横铁下造成重伤。

事故原因:违反"出炉时必须保持二人出炉"的操作规程。

【焦炉机械事故案例 9】 未注意熄焦车动向受伤事故

某焦化厂工人裴某在清理凉焦台时,未注意熄焦车动向,熄焦车楼梯将其腿部刮伤,休息治疗三个月。

事故原因:工人思想麻痹,安全意识不强;特殊作业的安全措施不到位;注意力不集中。

【焦炉机械事故案例 10】 熄焦车运行中下车,被拦焦车挤压致死

2003 年 1 月 7 日 16 时 25 分左右,某焦化厂炼焦车间丙班熄焦车司机张某、见习司机陆某驾驶熄焦车由北向南去 2 号炉接焦。熄焦车运行中,对讲机传来另一出炉工李某要陆某帮其买饭的呼叫,陆某答应马上过去。当车行到 1~2 号焦炉平台处时,陆某从司机室出来后被挤在熄焦车司机室与停在此处的拦焦车之间(间距 18cm),送医院抢救无效死亡。

事故原因:陆某违反《炼焦车间通用安全规程》车辆运行时不准攀登及上下的规定,在熄焦车运行中下车。

【焦炉机械事故案例 11】 余煤提升机伤害事故

2006 年冬季,某焦化厂上工人在提升余煤过程中,由于余煤提升机钢丝绳结冰,怕钢丝绳脱出地滑轮轮槽而直接用手拿块抹布,在钢丝绳还在运行过程中,用抹布擦掉钢丝绳上的冰,结果钢丝绳上的毛刺挂住抹布,把该工人的手带到地滑轮中,结果半个手掌被铰掉。

事故原因:
① 工人严重违章,由于是下班时间,工人着急下班,违章操作。
② 现场单人作业,没有监护人及协同作业人。
③ 车间日常安全教育力度不够。

【焦炉机械事故案例 12】 炉门修理站伤害事故

2003 年 5 月炼焦车间炉门维修工孙某在炉门站检修炉门,在用旋转架放下炉门时,没有插旋转架下部的两侧定位销,一名检修工操作卷扬机,孙某在旋转架左侧固定架旁边站着,放至一多半时,旋转架向左侧滑去,孙某躲闪不及,被撞在炉门固定架边框上,将胸部

撞成重伤,经医院抢救后,没有出现生命危险。

事故原因:维修工严重违反操作规程,违章操作,自我安全保护意识不强。

三、防范措施

1. 四大车安全措施

① 推焦车、拦焦车、熄焦车、装煤车,开车前必须发出音响信号;行车时严禁上、下车;除行走外,各单元宜能按程序自动操作。

② 推焦车、拦焦车和熄焦车之间,应有通话、信号联系和联锁。

③ 推焦车、装煤车和熄焦车,应设压缩空气压力超限时空压机自动停转的联锁。司机室内,应设风压表及风压极限声、光信号。

④ 推焦车推焦、平煤、取门、捣固时,拦焦车取门时以及装煤车落下套筒时,均应设有停车联锁。

⑤ 推焦车和拦焦车宜设机械化清扫炉门、炉框以及清理炉头尾焦的设备。

⑥ 应沿推焦车全长设能盖住与机侧操作台之间间隙的舌板,舌板和操作台之间不得有明显台阶。

⑦ 推焦杆应设行程极限信号、极限开关和尾端活牙或机械挡。带翘尾的推焦杆,其翘尾角度应大于 $90°$,且小于 $96°$。

⑧ 平煤杆和推焦杆应设手动装置,且应有手动时自动断电的联锁。

⑨ 推焦中途因故中断推焦时,熄焦车和拦焦车司机未经推焦组长许可,不得把车开离接焦位置。

⑩ 煤箱活动壁和前门未关好时,禁止捣固机进行捣固。

⑪ 拦焦车和焦炉焦侧炉柱上应分别设安全挡和导轨。

⑫ 熄焦车司机室应设有指示车门关严的信号装置。

⑬ 寒冷地区的熄焦车轨道应有防冻措施。

⑭ 装煤车与炉顶机、焦两侧建筑物的距离,不得小于 800mm。

2. 捣固装煤安全措施

① 装煤车煤槽活动壁、前挡板、锁壁的张开和关闭应设置信号显示。煤槽活动壁及前挡板未关好时,捣固机不应进行捣固。

② 装煤车活动接煤板的升起和落下应设置信号显示,当升起时应设置切断装煤车行走的闭锁装置。

③ 装煤车托煤板没有退回原位时,应设置切断装煤车行走的闭锁装置。

④ 捣固机捣固锤的落下和提起、安全挡的开和关应设置信号显示。

⑤ 捣固机应设置捣固锤落下后切断装煤车走行的闭锁装置。

⑥ 装煤车向炭化室装煤时,在煤饼到位后,应设置切断装煤电机继续前进的限位。托煤板抽出到位、锁壁退回到位,应设置限位控制。严禁没有限位设施的装煤车进行装煤操作。

3. 余煤提升机安全措施

① 单斗余煤提升机应有上升极限位置报警信号、限位开关及切断电源的超限保护装置。

② 单斗余煤提升机下部应设单斗悬吊装置。地坑的门开启时,提升机应自动断电。

③ 单斗余煤提升机的单斗停电时,应能自动锁住。

4. 炉门修理站安全措施

① 炉门修理站旋转架上部应有防止倒伏的锁紧装置或自动插销,下部应有防止自行旋

转的销钉。

② 炉门修理站卷扬机上的升、降开关应与旋转架的位置联锁，并能点动控制；旋转架的上升限位开关必须准确可靠。

第四节　坠落事故预防

一、煤塔坠落及窒息事故预防

配煤槽是用来储存配煤所需的各单种煤的容器，其位置一般是设在煤的配合设备之上。为防止坠落事故发生，煤槽上部的入孔应设金属盖板或围栏，为防止大块煤落入煤槽，煤流入口应设算子，受煤槽的算格不得大于 $0.2m \times 0.3m$，翻车机下煤槽算格不得大于 $0.4m \times 0.8m$，粉碎机后各煤槽算缝不得大于 $0.2m$。煤槽的斗嘴应为双曲线形，煤槽应设振煤装置，以加快漏煤。塔顶层除胶带通廊外，还应另设一个出口。

煤槽、煤塔要定期清扫，当溜槽堵塞、挂煤、棚料或改变煤种时也需清扫。由于煤槽煤塔深度较深，清扫时不仅有坠落陷没的危险，还有可能挂煤坍塌被埋没窒息死亡事故，所以对清扫煤塔工作安全应十分重视，清扫煤槽煤塔工作必须有组织有领导地进行。首先要履行危险工作申请手续，采取可靠的安全措施，经领导批准，在安全员的监督下进行。

在清扫过程中还必须遵守下列安全事项。

① 清扫工作应在白天进行，病弱者不准参加作业。

② 清扫中的煤塔煤槽必须停止送煤，并切断电源。

③ 设专人在塔上下与煤车联系，漏煤的排眼不准清扫，清扫的排眼不准漏煤。

④ 下塔槽作业的人员必须穿戴好防护用具。

⑤ 下煤槽煤塔者，必须带好安全带，安全带要有专人管理，活动范围不可超过 $1.5m$，以防煤层陷塌时被埋。

⑥ 上下塔煤，禁止随手携带工具材料，必须由绳索传递。

⑦ 清扫作业，必须从上而下进行，不准由下而上挖掏，以免挂煤坍落埋入危险。

⑧ 清扫所需临时照明，应用 $12V$ 的安全灯，作业中严禁烟火。

⑨ 清扫中应遵守高空作业的有关安全规定。

【坠落及窒息事故案例1】　储煤斗中窒息事故

某焦化厂备煤车间检修工石某在储煤斗中窒息死亡。

事故原因：煤斗中的氮气没有排干净，没置换就进行作业；进入煤斗内作业前，没有进行分析；没有采取任何防护措施；车间管理人员思想麻痹，安全意识不强，管理混乱。

【坠落及窒息事故案例2】　违章操作，煤塌人亡

某焦化厂皮带工邓某，在清扫煤塔时，违反安全操作规程，深入煤层底部，面向机侧，用耙头掏煤层根部，掏空后煤层受震倒塌，邓某被埋住，经抢救无效死亡。

【坠落及窒息事故案例3】　违章横跨斗槽斗眼，坠入槽内

某焦化厂看绳工谢某从B6槽回来经过B5槽时，听B7斗槽喊看绳工。因着急未走安全桥，违章跨越B5斗槽南头第二个斗眼时，煤被踩漏，坠入斗槽内。此时因B5槽放煤，将谢某抽入斗槽深处，9时25分下部停止运转，谢某被埋入煤内。当再次转车放煤发现埋入时，谢某已窒息死亡。

【坠落及窒息事故案例4】　进入煤塔捡手机窒息事故

2010年7月，某厂一员工在备煤车间斗槽上面负责皮带下煤时，不慎将手机掉入斗内，

因看斗内煤线较高，故用绳拴住下去捡手机，结果斗下面在配煤，煤线下落，以至于无法上来，最后陷于煤内，窒息死亡。

二、焦炉坠落事故预防

1. 焦炉作业特点与坠落事故

焦炉系多层布局，基本上形成地下室、走廊、平台、炉顶、走台五层作业，焦炉四大车体也是由多层结构组成，故楼梯分布多、高层作业多。焦炉炉体作业各部位至炉底均有一定高度，炉顶至炉底，小焦炉有 5～6m，大焦炉近 10m，大容积焦炉更高，机焦两侧平台离地面至少也在 2m 以上，均符合国家高处作业的规定。由于机侧有推焦车作业，焦侧有拦焦车运行，不可能设防护栏杆，而两侧平台场地狭窄，炉顶、炉台、炉底又是多层交叉作业，加上烟尘蒸气大，稍不留心就可能引起坠落伤亡事故。

焦炉坠落事故可分为人从高处坠落、煤车从炉顶坠落和物体坠落打击伤害等三种情况。装煤车坠落事故，轻者为轻、重伤，重者可死亡，而且造成设备严重损坏，影响生产。人员在装煤车以及平台上坠落以及落物砸伤人员甚至致人死亡的事故也屡见不鲜。造成坠落事故的原因主要是违章，其次是设备、设施有缺陷，还有就是安全措施不力或人员思想麻痹。

2. 焦炉坠落事故案例

【焦炉坠落事故案例 1】 栏杆上跨坐坠落事故

某焦化厂煤车司机连某，在煤车从 2 号炉返回煤塔途中，跨坐在车上西南角栏杆拐角处，当车行至煤塔下时被一绑在塔柱上的架杆当胸拦下煤车，坠落在炉顶上，造成头部内伤，住院休息一年之后痊愈。

事故原因：司机违反安全规定中不许在栏杆上跨坐的条例；安全意识淡薄，精力不集中。

【焦炉坠落事故案例 2】 装煤车坠落事故

1986 年 11 月 23 日某焦化厂 2 号煤车行驶时撞断安全挡和两根钢轨连接处，造成煤从炉顶坠落，两名司机摔死，经济损失 5 万余元。

事故原因：司机误操作；两根钢轨与安全挡连接孔用气割开口，组织改变，在低温下脆化，受冲击而断裂。

【焦炉坠落事故案例 3】 从炉顶跨上拦焦车未立稳，坠落死亡

某焦化厂焦车司机杜某，在消火过程中违章从拦焦车上炉顶开关上升管盖，又从炉顶往拦焦车上跨，由于脚未站稳，手又扶在拦焦车明电支架被火烤着的木板上，杜某连同木板一起从拦焦车顶部经熄焦车雨搭坠落到熄焦车轨道上，经抢救无效死亡。

事故原因：司机违章作业，安全意识淡薄。

3. 防范措施

(1) 防范装煤车坠落的措施

① 在炉端台与炉体的磨电轨道设分断开关隔开，平时炉端台磨电道不送电，煤车行至炉端台，因无电源，而自动停车，从而避免坠落事故。也便于煤车在炉端台停电检修，分断开关送电后，仍可返回炉顶。

② 设置行程限位装置。

③ 煤车抱刹制动装置要保持有效好使，无抱刹装置的煤车要调节好走行电机的电磁抱闸，保证停电后及时停车。

④ 安全挡一定要牢固可靠。

⑤ 提高煤车司机的素质。必须由经培训合格的司机驾驶；非司机严禁操作，严格执行

操作规程，不准超速行驶；司机离开煤车必须切断电源。

(2) 防止人、物坠落伤害事故的措施

① 焦炉炉顶表面应平整，纵拉条不得突出表面。

② 设置防护栏。单斗余煤提升机正面（面对单斗）的栏杆，不得低于 1.8m，栅距不得大于 0.2m，粉焦沉淀池周围应设防护栏杆，水沟应有盖板；敞开式的胶带通廊两侧，应设防止焦炭掉落的围挡。

③ 凡机焦两侧作业人员必须戴好安全帽，防止坠落物砸伤。

④ 禁止从炉顶、炉台往炉底抛扔东西。如有必要时，炉底应设专人监护，在扔物范围内禁止任何人停留或通行。

⑤ 焦炉机侧、焦侧消烟梯子或平台小车（带栏杆），应有安全钩。

⑥ 在机焦两侧进行扒焦、修炉等作业时，要采取适当安全措施，预防物体坠落。如焦炉机侧、焦侧操作平台不得有凹坑或凸台，在不妨碍车辆作业的条件下，机侧操作平台应设一定高度的挡脚板。

⑦ 由于焦炉平台，特别是焦侧平台，距熄焦塔和焦坑较近，特别在冬季熄焦、放焦时，蒸汽弥漫影响视线，给操作和行走带来不便，易于引起坠落，应特别注意防范。

⑧ 为防止炉门坠落，要加强炉门、炉门框焦油石墨的清扫，使炉门横铁下落到位，上好炉门、拧紧横铁螺丝后，必须上好安全插销，以防横铁移位脱钩而引起坠落。

⑨ 上升管、桥管、集气管和吸气管上的清扫孔盖和活动盖板等，均应用小链与其相邻构件固定。

⑩ 清扫上升管、桥管宜机械化，清扫集气管内的焦油渣宜自动化。

三、化工高处作业安全

1. 坠落事故原因

化工装置多数为多层布局，高处作业的机会比较多，如设备、管线拆装，阀门检修更换，仪表校对，电缆架空敷设等高处作业，事故发生率高，伤亡率也高。发生高处坠落事故的原因主要是：洞、坑无盖板或检修中移击盖板；平台、扶梯的栏杆不符合安全要求，临时拆除栏杆后没有防护措施，不设警告标志；高处作业不挂安全带、不戴安全帽、不挂安全网；梯子使用不当或梯子不符合安全要求；不采取任何安全措施，在石棉瓦之类不坚固的结构上作业；脚手架有缺陷；高处作业用力不当、重心失稳；工器具失灵，配合不好，危险物料坠落伤害；作业附近对电网设防不妥触电坠落等。

一名体重为 60kg 的工人，从 5m 高处滑下坠落地面，经计算可产生 300kg 冲击力，会致使人死亡。

2. 防坠落措施

① 作业人员。患有精神病等职业禁忌证的人员不准参加高处作业，检修人员饮酒、精神不振时禁止登高作业，作业人员必须持有作业证。

② 作业条件。高处作业必须戴安全帽、系安全带。作业高度 2m 以上应设置安全网，并根据位置的升高随时调整。高度超 15m 时，应在作业位置垂直下方 4m 处，架设一层安全网，但安全网数不得少于 3 层。

③ 现场管理。高处作业现场应设有围栏或其他明显的安全界标，除有关人员外，不准其他人在作业点的下面通行或逗留。

④ 防止工具材料坠落。高处作业应一律使用工具袋。较粗、重工具用绳拴牢在坚固的构件上，不准随便乱放；在格栅式平台上工作时，为防止物件坠落，应铺设木板，递送工

具、材料不准上下投掷，应用绳系牢后上下吊送，上下层同时进行作业时，中间必须搭设严密牢固的防护隔板、罩棚或其他隔离设施；工作过程中除指定的、已采取防护围栏处或落料管槽可以倾倒废料外，任何作业人员严禁向下抛掷物料。

⑤ 气象条件。六级以上大风、暴雨、打雷、大雾等恶劣天气，应停止露天高处作业。

⑥ 注意结构的牢固性和可靠性。在槽顶、罐顶、屋顶等设备或建筑物、构筑物上作业时，除了临空一面应装安全网或栏杆等防护措施外，事先应检查其牢固可靠程度，防止失稳或破裂等可能出现的危险，严禁直接站在油毛毡、石棉瓦等易碎裂材料的结构上作业。为防止误登，应在这类结构的醒目处挂上警告牌；登高作业人员不准穿塑料底等易滑的或硬性厚底的鞋子；冬季严寒作业应采取防冻防滑措施或轮流进行作业。

四、焦炉砌筑安全

① 所有参加施工的人员均须进行必要的安全教育。

② 禁止非工作人员在砌体上任意走动，操作人员进行操作时，不得蹬踩放置不稳的砖及已砌的悬空砖，以防摔伤。在砌体砌高以后，要注意杂物掩盖的地点，以防踩空而失足。

③ 人工加工耐火砖应戴手套、防护镜，不要两人对面加工砖，使用的手锤及其工具要经常检查，以防脱落伤人。

④ 走跳板时要小心，尤其在有坡度的地方，必须注意不要滑下摔伤。

⑤ 行走时应走在轨道外侧，注意推砖小车。

⑥ 不要在较高的砖垛下休息和通行，如因工作需要，在较高的砖垛下进行工作时，应注意检查，防止砖垛倒塌。

⑦ 在砌体下面作业与通行时，应事先与上面的工作人员联系好，并戴上安全帽。

⑧ 禁止坐在卷扬塔的铁架上，或向塔内伸头，在钢绳拉动时不要跨过。

⑨ 倾倒灰浆时应注意防止飞溅入眼。

⑩ 使用磨砖机切砖机时应注意：开车前要检查各部件及砂轮片是否坚固良好，电气绝缘是否良好，并应试行运转；操作人员应站在砂轮运转方向的侧面，同时要防止手被砂轮碰伤。

⑪ 在安装与砌砖同时逆行时，应注意下列事项：不准抓起重机等链条和松悬着的绳套为依靠，以防坠落；不准在起重机作业区内行走；禁止在高空构件安装作业区和高空焊接、切割金属作业区的下面行走或并行作业，必要时应与上面的工作人员联系好，并设有可靠的安全设施方能进行工作。

⑫ 工地所有电气设备应由电工负责维护，其他人不得乱动。

⑬ 在工作和行走时，应注意防止触及破露电线，更不准用金属和潮湿的物体去触击电灯和动力电线。禁止脚踏电焊箱的地线。

⑭ 筑炉工程的照明，必须使用12V的安全灯，灯头要有金属结构的防护罩。用安全灯检查隐蔽工程时，应事先进行电线的检查。

⑮ 夜晚工作时，操作人员如在较黑暗的地区工作，应通知周围人员并报告负责人员。

复 习 题

1. 运转机械伤害有哪五种？
2. 人的不安全行为有哪些？
3. 皮带输送机操作的注意事项有哪些？
4. 炼焦车间的危险源有哪些？易发的事故有哪五类？

5. 焦炉机械伤害事故有哪些？说明其主要原因。
6. 简述《焦化安全规程》对焦炉机械的一些规定。
7. 如何防范煤塔坠落事故？
8. 如何防范焦炉坠落事故？
9. 查找备煤机械伤害方面的事故案例，分析事故原因，指出应吸取的教训。
10. 查找焦炉机械伤害及坠落方面的事故案例，分析事故原因，指出应吸取的教训。

第六章 检修安全与事故案例分析

化工生产系统中，罐槽塔釜及管道等容器设备经过长期运行，由于设备内硫化氢、氨等介质及大气腐蚀，外力的影响和气温变化等原因，经常引起泄漏甚至穿孔，这些泄漏点不仅污染环境，也给生产安全带来隐患，需要进行定期检修或临时抢修。由于化工生产系统具有易燃、易爆、易中毒的危险特性，加之检修时常常需要动用明火，有时为了保证工厂生产不中断，常常还要带煤气进行作业，极易造成煤气中毒、着火和爆炸事故，甚至发生重大人员伤亡事故。因此，对检修作业必须强化安全管理，采取各种相应的防范事故的措施，确保检修作业安全。

第一节 化工检修安全管理

一、检修的分类

化工装置和设备检修可分为计划检修和非计划检修。

计划检修是指企业根据设备管理、使用的经验以及设备状况，制订设备检修计划，对煤气管道、设施进行有组织、有准备、有安排的定期检修。计划检修可分为大修、中修、小修。如煤气发生炉一般六个月停炉计划检修一次，检修时间一般 7~10 天；三年大修一次，大修时间 30~50 天。

非计划检修是指因突发性的故障或泄漏等事故而造成煤气管道、设施的临时性检修。

二、检修前的安全管理

1. 建立健全组织领导机构

针对检修作业的实际情况，首先建立由各相关部门、职能处（科）室参加的检修领导组，负责各专业的业务协调；其次是确定每项检修项目的安全负责人，并明确其职责。检修作业前一定要与相关岗位联系好、密切配合，防止事故发生。

2. 制订检修施工方案

设施检修作业，必须由设备所属单位事先制订作业计划，虽然各车间存有早已编制好的操作规程，但为了避免差错，还应当结合本次停车检修的特点和要求，制订出具体的停车方案。其主要内容应包括：停车时间、步骤、设备管线倒空及吹扫流程、抽堵盲板系统图，还要根据具体情况制订防堵、防冻措施。对每一步骤都要有时间要求、达到的指标，并有专人负责。

检修项目负责人须按检修方案的要求，组织检修人员到检修现场，交代清楚检修项目、任务、检修方案，并落实检修安全措施。

在下达检修任务时，必须同时下达检修项目的安全注意事项、安全技术措施，没有安全技术措施的检修项目一律不得施工。

3. 检修安全作业证制度

凡检修、拆装设备设施或施工作业，应办理《设备检修安全作业证》（简称《作业证》），《作业证》的管理内容和要求如下。

①《作业证》存放于设备运行的单位，检修施工作业前，由检修单位到运行单位填证。

② 检修现场负责人（检修单位负责人）负责现场安全检查监督，确认运行单位采取的安全措施正确齐全完备，正确安全地组织检修、施工作业。作业前对检修、施工人员交代安全事项，结合实际进行安全教育，督促检修、施工人员学习并遵守各项规程及安全措施。

③ 检修、施工人员认真执行现场安全措施和检修、施工安全规定，注意保证相互间作业安全，并注意和监督本规定及现场安全措施的落实情况。对《作业证》审批手续不全、安全措施不落实、作业环境不符合安全要求的，作业人员有权拒绝作业。

④ 检修、施工许可人（设备运行单位的负责人）负责审查《作业证》所列安全措施是否正确完备，为检修施工人员提供安全的作业环境。

⑤ 检修、施工许可人和检修、施工现场负责人共同落实安全措施，检查确认后，分别在证上签名。

⑥ 完成以上手续后，检修、施工作业方可开始。签字双方任何一方不得擅自变更安全措施，并应向各自的值班人员交代清楚。如有特殊情况需变更时，应与对方协商解决。

⑦ 全部检修、施工完毕后，检修、施工现场负责人在确认检修、施工工作全部结束后，向运行单位交回检修《作业证》，向许可人提出验收申请，验收合格后，在证上填明检修、施工终结时间，经双方签名后，《作业证》方告终结。

4. 检修前的安全教育

检修前必须对参加检修作业的人员进行安全教育，使检修人员明确在检修过程中可能出现的危险因素及控制措施。安全教育内容包括：

① 检修作业必须遵守的有关检修安全规章制度；

② 检修作业现场和检修过程中可能存在或出现的不安全因素及对策；

③ 检修作业过程中个体防护用具和用品的正确佩戴和使用；

④ 检修作业项目、任务、检修方案和检修安全措施。

5. 检修前的安全检查

煤气设施检修前，应由检修指挥部统一组织，进行一次全面细致的安全检查工作，组织相关人员对检修作业的全过程进行危险因素辨识，对各类危险因素制定相应的控制措施。

① 应对检修作业使用的脚手架、起重机械、电气焊用具、手持电动工具、扳手、管钳等各种工器具进行检查，凡不符合作业安全要求的工器具不得使用。

② 应采取可靠的断电措施，切断需检修设备上的电器电源，并经启动复查确认无电后，在电源开关处挂上"禁止启动"的安全标志并加锁。

③ 对检修作业使用的气体防护器材、消防器材、通信设备、照明设备等器材设备应经专人检查，保证完好可靠，并合理放置。

④ 应对检修现场的爬梯、栏杆、平台、盖板等进行检查，保证安全可靠。

⑤ 对检修用的盲板逐个检查。

⑥ 对检修所使用的移动式电气工器具，必须配有漏电保护装置。

⑦ 应将检修现场的易燃易爆物品、障碍物、油污等影响检修安全的杂物清理干净。

⑧ 检查、清理检修现场的消防通道、行车通道，保证畅通无阻。

第二节 装置安全停车

化工装置在停车过程中，要进行降温、降压、降低进料量，一直到切断原燃料的进料，然后进行设备清空、吹扫、置换等工作。

一、停车操作

按照停车方案确定的时间、步骤、工艺参数变化的幅度进行有秩序的停车。

1. 停车操作中应注意的事项

① 把握好降温、降低进料量的速度。在停车过程中，降温、降低进料量的速度不宜过快。

② 加热炉的停炉操作，应按工艺规程中规定的降温曲线逐渐减少火嘴，并考虑到各部位火嘴熄火对炉膛降温均匀性的影响。

③ 将所要检修的槽、罐、管道全部彻底放空排尽。为确保置换彻底，放散时间要充分，要创造设施内煤气的流动条件（如插米字盲板），增大煤气与空气的接触面（如打开人孔和手孔）。

④ 高温真空设备的停车，必须待设备内的介质温度降到自燃点以下，方可与大气相通，以防空气进入引起介质的燃爆。

⑤ 用蒸汽清扫可能积存有硫化物的塔器后，必须冷却到常温方可开启；打开塔底人孔之前，必须关闭塔顶油气管和放散管。

⑥ 装置停车时，设备及管道内的液体物料应尽可能倒空，送出装置。可燃、有毒气体应排至火炬烧掉。

2. 气化炉停炉热备作业

气化炉、生产炉、转热备炉的操作步骤如下：启动双竖管水封使其与网路断开，并及时拉开钟罩放散阀，关闭入炉空气阀和蒸汽阀，打开入炉自然通风阀以保持炉内微负压。

如停炉时间较长，应采用蒸汽保持炉出口压力的方法处理。但存在如下不安全因素：一方面因时间较长，蒸汽压力保持不住，容易发生意外；另一方面，在煤气炉转入生产时，不可能多台炉同步运行，而先投入运行的气化炉，其煤气压力控制较高，进入管网以后，有可能顺煤气总管倒流至压力较低且还处于热备炉系统的双竖管，并经由炉顶返入炉底，就有可能引起爆炸，或在该炉吹风时出现意外；另外，长时间通入蒸汽会使炉温降低，当煤气炉转入运行时，容易引起氧含量升高，对安全生产也是一个严重的威胁。

因此，气化炉较长时间热备，须有人管理，要适量加煤和调节自然通风量。

二、抽堵盲板

化工生产中，厂际之间、各装置之间、设备与设备之间都有管道相连通。停车检修的设备必须与运行系统或有物料系统进行隔离，而这种隔离只靠阀门是不够的，比较可靠的办法是采用插盲板、关眼镜阀或关闸阀加水封进行隔离。此外，一些与煤气管道相连的蒸汽阀要断开，不同种类煤气的串漏也要防止；检修由鼓风机负压系统保持负压的设备时，必须预先把通向鼓风机的管线堵上盲板；检修饱和器时，必须在进、出口煤气管道上堵盲板，堵好盲板之前，禁止使用器内母液。检修完毕，装置开车前再将盲板抽掉。抽堵盲板工作既有很大的危险性，又有较复杂的技术性，必须办理《盲板抽堵安全作业证》，按规定进行操作。

三、置换、吹扫和清洗

在插堵盲板切断各种可燃物来源并放空后，为了保证检修动火和设备内作业的安全，检修前要对设备内的易燃易爆、有毒气体通入蒸汽、氮气或烟气进行置换和清扫。同时打开塔、槽、罐、管的顶部放散管排气，随时排出残渣和冷凝液，并进行测定，确认清扫合格。

对积附在器壁上的易燃、有毒介质的残渣、油垢或沉积物要进行认真的清理，必要时要采用人工刮铲、热水煮洗等措施清除；盛放酸、碱等腐蚀性液体或经过酸洗或碱洗过的设备，应进行中和处理。

四、其他注意事项

按停车方案完成装置的停车、倒空物料、中和、置换、清洗和可靠的隔离等工作后，装置停车即告完成。在转入装置检修之前，还应采取以下措施：

① 对地面、明沟内的油垢、油渣等进行清理，没有条件清除的铺上砂子覆盖。封闭整套装置的下水井盖和地漏，既防止下水道系统有易燃易爆气体外逸，也防止检修中有火花落入下水道中。

② 动火并可灌水的设备容器都可采取注满水的办法，不仅杜绝可燃物与空气混合的条件，而且将油渣封在水底，还起着直接冷却降温的作用。有条件的还可以向设施内充填惰性气体，以降低含氧量。此外，焦炉煤气管内会有易燃沉积物，开口后可向内注入泡沫，这样既可阻燃，又可防止封口内留火种，为动火作业安全提供了可靠条件。

③ 有传动设备或其他有电源的设备，检修前必须切断一切电源，并在开关处挂上标志牌，以防有人将其启动，造成检修人员伤亡。

④ 对要实施检修的区域或重要部位，应设置安全界标或栅栏，并有专人负责监护。

⑤ 操作人员与检修人员要做好交接和配合。设备停车并经操作人员进行物料倒空、吹扫等处理，经分析合格后方可交检修人员进行检修。在检修过程中，检修人员进行动火、动土、罐内作业时，操作人员要积极配合。

第三节　置换作业安全

一、置换方法

置换又叫吹扫，就是气体调换。送煤气时是把原来煤气管道、设备内部的空气状态置换成煤气，赶煤气时是把内部的煤气状态置换成空气。由于煤气具有强烈的毒性和火灾爆炸性，因此煤气置换作业是煤气系统安全生产、检修工作中的一项重要内容。

置换方式可分为一步置换法和两步置换法。一步置换法就是停炉时，采用冷空气直接置换煤气，完成赶煤气过程，高炉煤气的燃点高，成分较为简单，可采用空气置换法。但对热值较高的焦炉煤气，采用空气置换煤气，煤气与空气的混合气体容易处于爆炸极限范围，着火、爆炸的危险性很大，故对于焦炉煤气等危险性的气体一般不能用一步置换法，应采用两步置换法。

两步置换法就是间接置换，停气时，先用惰性气体置换可燃气体，然后用空气置换惰性气体；送煤气时，先用惰性气体置换空气，再用可燃气体置换惰性气体。置换采用的惰性气体有：蒸汽、氮气及烟气。

1. 蒸汽置换法

此方式是最常用的一种气体置换方式，比较安全，用压力为 $0.1 \sim 0.2 MPa$ 左右的蒸汽即可，一般每 $300 \sim 400 m$ 管道设计一个吹扫点。靠末端放散管放散气体颜色和管道壁温变化来判断置换合格与否，一般冒白色烟气 $5 \sim 10 min$ 或者管道壁温升高明显，就可认为已到系统置换终点，可转入正常检修或送煤气状态。因蒸汽是惰性气体，就算在置换过程中因机械、静电、操作等原因产生火花，也不会酿成事故。

不足之处：一是蒸汽置换要连续完成，不允许间断。若中途停下，关闭吹扫阀而放散阀未开，会由于煤气管内蒸汽冷凝，蒸汽冷凝后冷凝水的体积仅为气态时的千分之一，形成负压，使设备、管道变形损坏和扩大漏点。因故必须停止置换作业时，不能关闭放散阀。二是用于长距离管道和大系统、地下管道置换时热损失大，置换时间长，尤其是雨季和冬季气温低时，蒸汽热量基本等于管道散热，全天都不会冒汽。三是由于蒸汽置换温度高，会由于内部应力、推力等原因对管道、设备及支架造成损坏。四是置换成本高，耗能大，不经济，吹扫蒸汽耗量为管道容积的3倍，其蒸汽耗量计算式如下：

$$m = \frac{3}{4}\pi D^2 L r$$

式中　m——每次吹扫煤气管道、煤气设备用的蒸汽量，kg；
　　　D——煤气管道直径，m；
　　　L——煤气管道长度，m；
　　　r——蒸汽密度，kg/m³。

2. 氮气置换法

这是一种最可靠的间接置换方式，具有蒸汽置换的优点，由于置换过程中体积、温度变化小，而且氮气既不是可燃气体也不是助燃气体，可缩小混合气体爆炸极限范围，更加安全。不足之处是由于一般工厂没有制氮站，氮气供应难以保证。若设备、管线置换容积大，使用瓶装氮气置换时换瓶工作量大，但是比用蒸汽经济。氮气置换工作完成后，若要进入设备、管道系统检修，要采取自然通风或强制通风措施，确保其中有足够的 O_2 含量，否则会造成窒息中毒事故。

3. 烟气置换法

煤气在控制空气比例下完全燃烧会产生烟气，烟气经冷却后导入煤气设备或管道内，作为惰性介质排除空气或赶掉煤气。在无充足氮气气源，或地处寒冷区域且使用蒸汽吹扫的一些工厂往往采用这一方法。

烟气中虽含有1%的CO，但低于它的爆炸下限，且烟气中含有大量氮气和二氧化碳，对可燃气体有抑爆作用，因此这种置换方法是安全的。它多用于煤气发生炉等煤气设备及其管道设施，直接用煤气发生炉点火后生成的不合格废气置换煤气。此方式经济，不需要增加其他设施。

该法的不足之处是由于煤气发生炉所产废气的煤气成分是逐渐变化的，用于管线长的系统置换时不易确认置换终点，当系统要进入检修时仍然要用空气置换，对CO、O_2 含量检测要求严格。据某工厂的实际经验，用所使用的燃烧设备产生的合格烟气作为气体置换介质，其合格标准为烟气的含氧量在1%以下、CO含量在2%以下，其余为 N_2 或 CO_2 气体，才是安全可靠的。

二、置换方案及安全条件

1. 置换方案

煤气设备、设施置换方案视煤气设备、设施的情况不同而异。

（1）全蒸汽置换

按规定逐个开启煤气加压站内、外沿线蒸汽吹扫阀，置换煤气或空气，连续作业，直至检测合格，然后转入检修或送煤气状态。此方法适用于煤气站内部和短距离厂区管道的煤气置换。

例如，煤气净化回收利用系统，使用蒸汽吹扫回收煤气管道和用户煤气管道，一般分段和顺序为：

① 大水封——煤气柜进口水封；
② 煤气柜进口水封——煤气柜出口水封；
③ 煤气柜出口水封——加压机进口水封；
④ 加压机进口水封——防爆阻火水封；

⑤ 防爆阻火水封——用户。

上述吹扫置换的作业程序如下：

停煤气时，堵各段两端盲板或关闭水封及闸阀——打开管道上所有放散阀——接通蒸汽（或氮气）进行吹扫——取样化验直到含氧小于2%（或1%）。

如为送煤气，打开管道阀门用煤气置换蒸汽或氮气（如为蒸汽，则应在开阀门后才关闭蒸汽）——在管道末端放散管放散——取样做燃烧试验，直至合格后关闭放散管。

(2) 分级置换

分级置换是根据不同的置换标准进行的一种置换。先用蒸汽或氮气吹扫，使局部吹扫合格，具备动火条件，然后动火拆开管道、设备上的有关部件及人孔，进行检修。若检修时间长或需进入管道内部检修，则需采取自然通风或机械通风来达到安全作业的呼吸标准。此方法适用于支管网的煤气置换，可减少置换成本，便于合理选择停送煤气时间，进一步保证置换、检修的安全进行。

(3) 分支管网直接置换

对容积大的分支管道，如煤气管道安全设施完善，在采取有效的隔断措施后，可进行直接置换。具体做法是：停煤气时，根据管道大小通过吹扫阀先向煤气管道内充2~3瓶氮气，之后改用0.1~0.2MPa的压缩空气进行直接置换，至放散合格；送煤气时，也先向煤气管道内充2~3瓶氮气，之后稍开煤气阀门，控制煤气流速在5m/s以内，待放散合格，方可全面恢复送气。

2. 置换的安全条件

① 置换过程中，严禁在煤气设施上拴、拉电焊线，煤气设施40m以内严禁火源。

② 煤气设施必须有可靠的接地装置，站内接地电阻不大于5Ω，站外接地电阻不大于10Ω。

③ 用户末端具备完善的煤气放散设施，保证取样阀及放散阀安装正确与完好。

④ 完善的吹扫装置。

⑤ 支管系统用压缩空气置换、试压时，一定要根据压力选用有足够强度的煤气盲板。

⑥ 必须有两台合格的煤气报警器及对讲机。

三、停送煤气作业

1. 停气置换步骤

停气作业不但要停止设备及管道输气，而且要清除内部积存的煤气，使其与气源切断并与大气连通，为检修或改造创造正常作业和施工的安全条件。其步骤如下：

① 通知煤气调度，具备停气条件后关闭阀门。

② 有效地切断煤气来源，采用插盲板、关眼镜阀或关闸阀加水封的方法进行可靠隔离，要注意单靠一般闸阀隔断气源是不可靠的。

③ 开末端放散管并监护放散，为确保置换彻底，放散时间要充分，要创造设施内煤气的流动条件（如插米字盲板），增大煤气与空气的接触面（如打开人孔和手孔）。需要指出的是，焦炉煤气在冷态下也会产生抽力，而一般密度与空气差不多的冷煤气（如高炉煤气）是不会产生抽力的。还要注意防止自然放散后期混合煤气及焦炉煤气设施硫化物自燃的问题。

④ 通蒸汽或氮气。

⑤ 接通鼓风机鼓风至末端放散管附近，以吹出气含氧20.5%为合格。

⑥ 排水器由远至近逐个放水驱除内部残余气体。

⑦ 停止鼓风。

⑧ 通知煤气调度停气作业结束。

2. 送气置换步骤

① 检查确认所有检修计划项目已完成，安全设施已恢复，设备内有无杂物。全面检查煤气设备及管网，确认不漏、不堵、不冻、不窜、不冒、不靠近火源放散，不存在吹扫死角和不影响后续工程进行。

② 打开末端放散管，监视四周环境变化。

③ 抽盲板。

④ 从煤气管道始端通入氮气（或蒸汽）以置换内部空气，在末端放散管附近取样试验，直至含氧量低于2%，关闭末端放散管后停通氮气。如通蒸汽置换空气，通煤气前切忌停气，以免重吸入空气，更不能关闭放散管停气，以免管道出现真空抽瘪事故。

⑤ 打开管道阀门，以煤气置换氮气，在管道末端放散并取样做燃烧试验至合格后关闭放散管。

⑥ 全线检查安全及工作状况，确认符合要求后，通知煤气调度正式投产供气。

四、气柜置换作业

1. 置换空气

气柜建成投入运行前，均需对气柜内气体进行置换，用所要储存的煤气替换气柜内原有空气，这种置换称为正置换。

（1）两步置换法

两步法正置换时，应将排气口打开，浮塔（湿式）或活塞（干式）处于最低安全位置。通过进口或出口放进惰性气体，应注意吹扫的对象还应包括煤气柜的进口管路和出口管路。在关掉惰性气体前，应将顶部浮塔或活塞浮起，对可能出现的气体体积的收缩应考虑适当修正量。关掉惰性气体，换接煤气管道，使用排气口向气柜送煤气，以便尽可能地置换惰性气体。换气需持续到气柜残存的惰性气体不致影响煤气特性为止。在整个置换过程中，应始终保持柜内正压，一般为150mmH_2O左右，最少不低于50mmH_2O，随后关闭排气孔，此时柜内已装满煤气，可投入正常使用。

为减少置换时的稀释或混合作用，应尽量设法缩短在气柜内惰性气体与空气或煤气表面之间的接触时间，因此要求送入惰性气体的速度越快越好，但同时也要使送入的惰性气体尽可能少搅动气柜内原有的气体，一般送入气柜的惰性气体的流速以0.6~0.9m/s为宜。另外，还要选择适当的送入惰性气体用的管径，如管径过小，流速过大，则将使惰性气体流速贯通气柜内整个空间，而使气柜内空气或煤气充分混合，这对置换是不利的。

当选用惰性气体时，需要注意气体相对密度对置换的影响，因为气柜内空气或煤气与惰性气体的相对密度，对置换时管道的连接位置有密切关系。例如二氧化碳相对密度为1.5，比人工煤气的相对密度0.4~0.7大得多，在置换过程中，惰性气体处在气柜的底部。因此，当选用二氧化碳置换煤气时，最好在钟罩顶部装排气管以排出气柜内的煤气。相反，如果用相对密度较小的煤气置换气柜内相对密度较大的惰性气体，则宜将煤气进气管放在气柜顶部，而将惰性气体排气管放在气柜底部。

惰性气体的温度对置换效果也有影响。为了减少形成热流，送入气柜内的惰性气体的温度越低越好，但是也应当注意到气体的体积由于温度降低而收缩的影响，必须使气柜内的气体在任何情况下保持正压，否则将造成由于气柜内产生负压而压毁钟罩顶板的事故。

（2）一步置换法

煤气柜用煤气一步直接置换的方法，危险性较大。因为在用煤气直接置换的过程中，煤气与空气的混合气体必定经过从达到爆炸下限至超过爆炸上限的过程,存在着火、爆炸的危险。此外,用煤气直接置换必将向大气中放散大量煤气,对周围环境造成污染,所以一般禁止使用此方法。

如果限于条件或其他原因采用煤气直接置换时,应采取如下严格的安全防范措施。

① 储气柜置换时柜顶压力应保持一定的正压力;
② 气柜置换时煤气进气流速应小于1.0m/s,以防摩擦产生静电;
③ 置换用煤气应进行化验,置换前三天煤气全分析结果应与置换送气方案设计时气体组分基本相符;
④ 置换气柜时气温不得低于0℃,风力不得大于4级;
⑤ 气柜和其他设备及煤气管道接地电阻不得大于4Ω。

2. 置换煤气

当气柜因需要停产检修或停止使用时,气柜内原有的煤气需要用空气替换,这种置换称为逆置换。

逆置换时,气柜应同样排空到最低的安全点,关闭进口与出口阀门,使气柜安全隔离,应保持气柜适当的正压力。所选用的惰性气体介质,不应含有大于1%的氧或大于1%的CO,使用氮气作吹扫介质时,所使用氮气量必须为气柜容积的2.5倍。惰性气体源应连接到能使煤气低速流动的气柜最低点或最远点位置上,正常情况下应连接在气柜进口或出口管路上。顶部排气口打开,以使吹扫期间气柜保持一定压力。吹扫要持续到排出气体成为非易燃气体,使人员和设备不会受到着火、爆炸和中毒的危害,可用气体测爆仪和易燃或有害气体检测仪对气柜内的气体进行检测。

用惰性气体吹扫完毕,应将惰性气体源从气柜断开,然后向气柜鼓入空气,用空气吹扫应持续到气柜逸出气体中CO含量小于0.01%,氧的浓度不小于18%,还应测试规定的苯和烃类等含量,符合卫生标准,以达到动火作业和设备内作业要求。

第四节 动火作业安全

一、动火作业管理

1. 动火作业的分类

凡是动用明火或存在可能产生火种作业的区域都属于动火范围,例如存在焊接、切割砂轮作业、金属器具的撞击等作业的区域。

根据动火作业的危险程度,动火作业可分为以下三种方式。

① 特殊危险动火作业。在生产运行状态下的易燃易爆物品生产装置、输送管道、储罐、容器等部位上及其他特殊危险场所的动火作业,如煤气带压动火作业。
② 一级动火作业。在易燃易爆场所进行的动火作业。
③ 二级动火作业。除特殊危险动火作业和一级动火作业以外的动火作业。

凡全部停车,装置经清洗置换、取样分析合格,并采取安全隔离措施后,可根据其火灾、爆炸危险性大小,经厂安全防火部门批准,动火作业可按二级动火作业管理。遇节日、假日或其他特殊情况时,动火作业应升级管理。

2. 动火许可证制度

凡在禁火区内进行生产检修动火,必须实行"动火许可证"制度,履行办理动火手续,落实齐全可靠的安全防火措施。

《动火安全作业证》为两联，特殊危险动火、一级动火、二级动火安全作业证分别以三道、两道、一道斜红杠加以区分。《动火安全作业证》的审批如下。

① 特殊危险动火作业的《动火安全作业证》由动火地点所在单位主管领导初审签字，经主管安全防火部门复检签字后，报主管厂长或总工程师终审批准。

② 一级动火作业的《动火安全作业证》由动火地点所在单位主管领导初审签字后，报主管安全防火部门终审批准。

③ 二级动火作业的《动火安全作业证》由动火地点所在单位的主管领导终审批准。

二、置换动火安全

（1）审证

在禁火区内动火应办理动火证的申请、审核和批准手续，明确动火地点、时间、动火方案、安全措施、看火人等。要做到"三不动火"，即没有动火证不动火，防火措施不落实不动火，监护人不在现场不动火。

（2）加强联系

动火前要和生产车间、工段联系，明确动火的设备、位置。事先由专人负责做好动火设备的置换、清洗、吹扫等解除危险因素的工作，并落实其他安全措施。

（3）拆迁

凡是能拆卸转移到安全地区动火的，均不应在防火防爆区域现场而应在安全地区动火，动火作业完毕再运到现场安装。要注意，在防火防爆现场拆卸的管道和设备移到安全地区，也应冲洗置换合格才能动火，否则也有危险。

（4）隔断、置换、充氮保护等安全措施

（5）灭火措施

动火期间动火地点附近的水源要保证充分，不能中断；动火场所准备好足够数量的灭火器具；在危险性大的重要地段动火，消防车和消防人员要到现场，做好充分准备，发现火情立即扑灭。

（6）检查与监护

上述工作准备就绪后，根据动火制度的规定，厂、车间或安全、保卫部门的负责人应到现场检查，对照动火方案中提出的安全措施检查是否落实，并再次明确和落实现场监护人和动火现场指挥，交代安全注意事项。

（7）动火分析

动火分析不宜过早，一般不要早于动火前的半小时。如果动火中断半小时以上，应重做动火分析。取样要有代表性，即在动火容器内上、中、下各取一个样，再做综合分析。分析试样要保留到动火之后，分析数据应做记录，分析人员应在分析化验报告单上签字。用测爆仪测试时，不能少于 2 台同时测试，以防测爆仪失灵造成误测而导致动火危险。若当天动火未完，则第二天动火前也必须经动火分析合格，方可继续动火。

动火分析合格判定标准如下：

① 如使用测爆仪或其他类似手段时，被测的气体浓度应小于或等于爆炸下限的 20%；

② 使用其他分析手段时，爆炸下限大于 4% 的易燃易爆气体含量应小于 0.5%，爆炸下限小于或等于 4% 的易燃易爆气体含量应小于 0.2%，方可动火。

（8）动火

动火应由经安全考核合格的人员担任，无合格证者不得独自从事焊接工作。动火作业出现异常时，监护人员或动火指挥应果断命令停止动火，待恢复正常、重新分析合格并经批准部门同意后,方可重新动火。高处动火作业应戴安全帽、系安全带,遵守高处作业的安全规定。氧气瓶和移动式乙炔发生器不得有泄漏,应距明火 10m 以上,氧气瓶和乙炔发生器的间距不得小于 5m,有五级以上大风时不宜高处动火。电焊机应放在指定的地方,火线和接地线应完整无损、牢靠,禁止用铁棒等物代替接地线和固定接地点。电焊机的接地线应接在待焊设备上,接地点应靠近焊接处,不准采用远距离接地回路。

(9) 施工收尾

动火完毕,施工部位要及时降温,清除残余火种,切断动火作业所用电源,还要验收、检漏,确保工程质量。

三、带压不置换动火安全

带压不置换动火可以不影响或少影响生产,但工艺条件要求较高。带压不置换动火与置换动火的共同点是使混合气体控制在爆炸极限范围之外。其不同点在于置换动火是把设施内的可燃气体置换干净,使其浓度远低于爆炸下限;而带压不置换动火,可燃气体内未混入空气,使设施内的可燃气体浓度远高于爆炸上限。

1. 正压动火法

(1) 安全原理

正压动火法是比较普遍和常用的动火方法,它的理论依据如下。

① 处于密闭管道、设备内的正压状况下可燃气体一旦泄漏,只会是可燃气体冒出而空气不能由此进入。因此,在正常生产条件下,管道、设备内的可燃气体不可能与空气形成爆炸性混合气。

② 由补焊处泄漏出来的可燃气体,在动火检修补焊时,只能在动火处形成稳定式的扩散燃烧。由于管道、设备内的可燃气体处于其着火爆炸极限含氧值以下,失去了火焰传播条件,火焰不会向内传播。

③ 由于管道、设备内可燃气体处在不断流动状态,在外壁补焊时产生的热量传导给内部可燃气体时随即被带走,而外壁的热量便散失于空气之中,不会引起内部可燃气体受热膨胀而发生危险。

(2) 安全对策

① 保持管道、设备内可燃气体处于压力稳定的流动状态,如果压力较大,在生产条件允许的情况下可适当降低,以控制在 1500~5000Pa 为宜。煤气压力表应派专人看守,设备压力低于 200Pa 时,严禁动火。

② 从需动火补焊的管道、设备内取可燃气体做含氧量分析,一般规定易燃易爆气体中含氧量<1%为合格;周围的空气中易燃易爆气体一般不得超过 0.5%为合格。

③ 在有条件和生产允许的情况下,应在动火处上侧加适量蒸汽或氮气,以稀释可燃气体的含氧量。

④ 补漏工程应先堵漏再补焊。以打卡子的方法事先将补焊用的铁板块在泄漏处紧固好,使可燃气体外漏量尽量减少。这样做,一方面避免在焊接处着大火将焊工烧伤,另一方面便于补焊。无法堵漏的可站在上风侧,先点着火以形成稳定的燃烧系统防止中毒,再慢慢收口。还有个办法是在漏气部分加罩,上面有带阀的管子,以便将煤气从管子引出燃烧,这样,动火补焊罩内的火就很小,而且封口后关上管阀,即可完成补漏。

⑤ 动火处周围要保持空气流通,必要时应设临时通风机,避免外漏可燃气体积聚与空气形成爆炸性混合物,在动火时遇火源发生爆炸。

⑥ 只准电焊,不准用气焊,防止烧穿管道。采用电焊焊接时要控制电流不宜太大,以

防烧穿煤气设施。

2. 负压动火法

负压动火法现比较少见，一般都认为它是一种冒险的动火法，如在鼓风机前的负压煤气管道及其设备，更被视为不可逾越的"禁火区"，但从原理上分析是可以实现安全作业的。

(1) 安全原理

① 负压管道、设备系统内可燃气体含氧量只要在其着火、爆炸极限含氧量以下，就失去了火焰传播条件，即使遇有火源，也不会着火爆炸。

② 根据减压对爆炸极限的影响，减压时爆炸极限范围缩小，即下限值增大，上限值变小。当压力减低100mmHg，下限值与上限值便迅速接近，压力继续降至某一数值时，下限值与上限值便重合在一起，此系统便成为不着火、不爆炸系统。因此，在可燃气体处于负压不断流动状态下的密闭管道、设备外壁补焊动火是安全的。

(2) 安全对策

① 首先用树脂和玻璃纤维将负压管道、设备的泄漏处粘严，防止空气由此吸入管道、设备内，再在其上面铺盖大小适宜的钢板进行动火补焊。

② 在动火补焊前，必须取样作可燃气体含氧量分析。含氧量合格同样为小于1％。

③ 用测厚仪测定管道、设备泄漏处钢板的现有厚度，以保证动火补焊时不致烧穿。

④ 根据可燃气体中加入惰性气体可使爆炸极限降低或消失的原理，在生产条件具备和允许的情况下，可在动火补焊时加入适量的蒸汽或氮气，以提高安全动火的可靠性。

⑤ 在动火补焊过程中，每半小时做一次可燃气体含氧量分析（如有固定式氧气监测仪连续监测可燃气体含氧量则更为理想）。

⑥ 统一指挥，加强操作，保持负压稳定，如生产条件允许可适当地降低吸力。

第五节　设备内作业安全

一、设备内作业的管理

1. 设备内作业的定义

凡在设备、容器、管道内及低于地面的各种设施（井、池、沟、坑、下水道、水封室等）内，以及平时与大气不相通的密闭设备或易积聚有毒有害气体和易形成缺氧条件的场所内，进行检查、修理、动火、清理、掏挖等作业的，均为设备内检修作业，该作业也称为受限空间作业。

为了避免作业人员进入各类容器作业而可能引发的窒息或火灾事故的发生，应采取相应的安全防范措施。

2. 设备内作业证制度

进入设备作业前，必须办理进入设备作业证。进入设备作业证由生产单位签发，由该单位的主要负责人签署。

生产单位在对设备进行置换、清洗并进行可靠的隔离后，事先应进行设备内可燃气体分析和氧含量分析。

检修人员凭有负责人签字的"进入设备作业证"及"分析合格单"，才能进入设备内作业。在进入设备内作业期间，生产单位和施工单位应有专人进行监护和救护，并在该设备外明显部位挂上"设备内有人作业"的牌子。

二、设备内作业安全要求

1. 安全隔绝

设备上所有与外界连通的管道、孔洞均应与外界有效隔离,可靠地切断气源、水源。管道安全隔绝可采用插入盲板或拆除一段管道进行隔绝,不能用水封或阀门等代替盲板或拆除管道。

设备上与外界连接的电源有效切断。电源有效切断可采用取下电源保险熔丝或将电源开关拉下后上锁等措施,并悬挂"设备检修禁止合闸"的安全警示牌。

2. 清洗和置换

进入设备内作业前,必须对设备内进行清洗和置换,并要求氧含量达到18%～21%,作业场所一氧化碳的工业卫生标准为$30mg/m^3$,在设备内的操作时间要根据一氧化碳含量与可在设备内的操作时间(见表4-4)而确定。

3. 通风

要采取措施,保持设备内空气良好流通。打开所有人孔、手孔、料孔、风门、烟门进行自然通风,必要时,可采取机械通风。采用管道空气送风时,通风前必须对管道内介质和风源进行分析确认。不准向设备内充氧气或富氧空气,以防氧中毒。

4. 定时监测

作业前30min内,必须对设备内气体采样分析,分析合格后办理《设备内安全作业证》,方可进入设备。

对测定的要求是:进入容器前必须连续两次分析容器内氧含量,间隔不能低于10～15min,两次分析结果均在含氧18%～21%之间,可以进行工作。取样时间应在进入之前半小时以内,每半小时测定一次;工作中断后,恢复工作之前半小时应重新测定;取样应有代表性,防止死角,密度小于空气的在中、上部各取一个样,密度大于空气的在中、下部各取一个样。

注意动火分析不能代替安全分析,如一氧化碳含量不超过0.5%可允许动火,但这一含量相当于$6250mg/m^3$,超过工业卫生标准($30mg/m^3$)的200倍,这一浓度足以引起严重中毒甚至死亡。

作业中要加强定时监测,含氧量分析超出18%～23%之外,要及时采取措施并撤离人员。作业现场经处理后,取样分析合格方可继续作业。

5. 防护和照明措施

应根据工作需要穿戴合适的劳保用品,不准穿戴化纤织物;佩戴隔离式防毒面具;佩戴安全带等。

设备内照明电压应小于等于36V;在潮湿容器、狭小容器内作业照明电压应小于等于12V,使用超过安全电压的手持电动工具,必须按规定配备漏电保护器。临时用电线路装置应按规定架设和拆除,线路绝缘保证良好。

6. 监护

进入容器工作时,容器外必须设专人进行监护,负责容器内工作人员的安全,不得擅自离开。监护人员与设备内作业人员加强联系,时刻注意被监护人员的工作及身体状况,视情况轮换作业。不得随便找人监护。

进入设备前,监护人应会同作业人员检查安全措施,统一联系信号。设备内事故抢救,救护人员必须做好自身防护,方能进入设备内实施抢救。

第六节　检修后安全开车

一、现场检查清理

经过检修的设备均应逐台进行全面系统的安全检查，确认无误后方可交接进行试车。检查的重点是：

① 所有计划检修项目是否完成、有无漏项；
② 抽堵盲板是否处理好，有无该堵的没堵，该拆的没拆；
③ 设备的安全设施是否恢复，检修质量是否达到要求；
④ 设备内外有无杂物、工器具；
⑤ 各种管线、阀门是否处于正常运行的位置；
⑥ 电机的接线是否正确；
⑦ 各种临时电源是否清除；
⑧ 机、电、仪是否具备运行条件；
⑨ 检修单位会同设备所在单位和有关部门对设备等进行试压、试漏。

二、试车

试车就是对检修过的设备装置进行验证，必须经验收合格后才能进行。首先要制订试车方案，明确试车负责人和指挥者。试车中发现异常现象，应及时停车，查明原因妥善处理后再继续试车。试车的规模有单机试车、分段试车和联动试车，内容有试温、试压、试速、试漏、试安全装置及仪表灵敏度等。

(1) 试温

试温指高温设备按工艺要求升温至最高温度，验证其放热、耐火、保温的功能是否符合要求。

(2) 试压

试压包括水压试验、气压试验、气密性试验和耐压试验。目的是检验压力容器是否符合生产和安全要求。试压非常重要，必须严格按规定进行。

(3) 试速

试速指对转动设备的验证，以规定的速度运转，观察其摩擦、振动情况，是否有松动。

(4) 试漏

试漏指检验常压设备、管道的连接部位是否紧密，是否有跑、冒、滴、漏现象。

(5) 安全装置和安全附件的校验

安全阀按规定进行检验、定压、铅封；爆破片进行更换；压力表按规定校验、铅封。

(6) 试仪表灵敏度

各种仪表进行检验、调试，达到灵敏可靠。

(7) 化工联动试车

三、开车前的安全检验

试车合格后，按规定办理验收、移交手续，正式移交生产。在设备正式投产前，检验单位拆去临时电、临时防火墙、安全标界、栅栏及各种检修用的临时设施。移交后方可解除检修时采取的安全措施。生产车间要全面检查工艺管线和设备，拆除检修时立、挂的警告牌，并开启切断的物料管线阀门，检查各坑道的排水和清扫状况。应特别注意是否有妨碍运转的情况，临近高温处是否有易燃物的情况。在确认试车完全符合工艺要求的情况下，打扫好卫生，做开车投料准备，绝不可盲目开车。

开车前，还要对操作人员进行必要的安全教育，使他们清楚设备、管线、阀门、开关等在检修中作了变动的情况，以确保开车后的正常生产。

设备投料开车，是整个设备检修的最后一项，必须精心组织，统筹安排，严格按开车方案进行。开车成功后检修人员才能撤离，有关部门要组织全面验收，并整理资料归档备查，至此，检修安全管理全部结束。

四、开车安全

检修后生产装置的开车过程，是保证装置正常运行非常关键的一环，为保证开车成功，开车操作时必须遵循以下安全制度。

① 生产辅助部门和公用工程部门在开车前必须符合开车要求，在进投料前要严格检查各种原材料及公用工程的供应是否齐全、合格。

② 开车前要严格检查阀门开闭情况、盲板抽加情况，要保证装置流程通畅。

③ 开车前要严格检查各种机电设备及电器仪表等，保证处于完好状态。

④ 开车前要检查落实安全、消防措施完好，要保证开车过程中的通信联络畅通，危险性较大的生产装置及过程开车，应通知安全、消防等相关部门到现场。

⑤ 开车过程中应停止一切不相关作业和检修作业，禁止一切无关人员进入现场。

⑥ 开车过程中各岗位要严格按开车方案的步骤进行操作，要严格遵守升降温、升降压、投料等速度与幅度的要求。

⑦ 开车过程中要严密注意工艺条件的变化和设备运行情况，发现异常要及时处理，情况紧急时应终止开车，严禁强行开车。

第七节　焦炉烘炉、开工安全

一、烘炉安全措施

烘炉操作是炼焦炉开工生产的一项较为复杂的热工技术，在烘炉过程中，除了应该按照技术操作执行外，还应该有严格的安全技术操作要求。

1. **固体燃料烘炉**

① 烘炉期间，非有关工作人员不得随意进入炉台及烟道走廊。

② 烘炉棚内，在一般情况下不准动火和吸烟。

③ 机焦两侧风雨棚不能距小炉灶过近或过低。

④ 在焦炉炉顶和机焦两侧操作台的工作人员禁止随意往下扔东西。

⑤ 当炉顶有施工作业时，不准在下面行走。

⑥ 参加施工及烘炉的所有人员必须佩带好劳动保护用品。

⑦ 在炉顶行走时，不准踩踏装煤孔盖及看火眼盖。

⑧ 煤场和灰场应相隔一定的安全距离，禁止混杂在一起。

⑨ 煤场和灰场均应有足够的照明设施。

⑩ 煤场和灰场的排水设施要良好，运输道路平坦而畅通。

⑪ 由炉台运输至灰场的热灰渣应及时进行消火。

⑫ 不许任何人靠近皮带运输机，并严禁乘坐皮带运输机。

⑬ 不能用工具或其他器具碰坏封墙和火床。

⑭ 烧火工在向小炉灶内添装煤时，注意不能碰坏挡砖。
⑮ 掏出的灰渣不能堆放在炉柱附近，也不能扔到操作台下面，而应运到指定地点。
⑯ 测温拔管时要戴好石棉手套，防止高温铁管烫伤手脚。
⑰ 测温时要防止雨、雪溅在温度计上。
⑱ 打开看火眼盖时，应站在上风侧，防止热气流烧伤面部。
⑲ 测温打开看火眼盖应使用安全火钩，不得使用其他不安全的工具，防止金属杂物掉入火道内。
⑳ 用热电偶测温时，要经常检查套管丝的松紧，防止其掉入立火道内。
㉑ 热修瓦工在各部位工作时，要注意防止耐火泥浆溅入眼睛。
㉒ 在炭化室封墙或蓄热室封墙刷浆时，应使用安全梯子进行操作，禁止踏在烘炉小灶或废气阀上。
㉓ 各个工种的各种操作工具应放置整齐，操作时禁止碰到明电线上。

2. 气体燃料烘炉

① 煤气管道及其配件，应按照焦炉加热用管道及配件的安装、试压的技术条件进行验收和检查，保证其管路系统的严密性。
② 烘炉点火之前，煤气应做爆发试验，爆发试验合格后，方能往炉内送煤气点火。
③ 烘炉开始后，当分烟道吸力小于30～50Pa时，应立即进行调节。
④ 机焦两侧煤气管道压力小于500Pa时，应关小各炉灶的小支管旋塞。当采取这一措施后，煤气压力继续下降时，可以停止加热。
⑤ 烘炉期间，更换煤气大小孔板之后，应做火把试验，检查其严密性。
⑥ 每次点火之前应先准备好火把，预先将火把点燃，放在煤气出口处，然后再开煤气旋塞。
⑦ 发现烘炉小灶火焰外喷时，要及时查找原因，必要时应停止加热。
⑧ 计器人员发现计器仪表导管及胶管脱落时，应立即关闭煤气开闭器进行修理。
⑨ 在接通煤气之前，应先排放冷凝液，正常操作时，应先定期排放冷凝液。
⑩ 应该准备一定数量的防毒面具，各级烘炉人员应懂得防毒面具的使用方法并能熟练地进行操作。
⑪ 若发现操作人员有头痛、恶心等中毒现象时，应立即将其送往医务所进行救护。
⑫ 处理煤气设备的故障或更换部件时，如更换孔板、旋塞、火把试验操作均需有两名以上人员在场。
⑬ 全炉停火和点火时，在炉灶或煤气管道附近的所有修建和安装工作，一律停止作业。
⑭ 清扫加热煤气管道时，应先用蒸汽进行吹扫，将剩余煤气从放散管处吹出，其余杂物可从冷凝液排放管处排除。送煤气时，也必须先通入蒸汽，在放散管处放散，然后用煤气赶蒸汽。

3. 液体燃料烘炉

① 油槽在安装完毕后，一般要进行充水、充气试压、试漏合格，充压试验应按设计要求进行，水压试验一般是充水后20min无渗漏即为合格。
② 临时油泵试运转合格，泄漏率合格，压力表、接地线齐全好使。
③ 输油管线的试压，一般试验压力为工作压力的1.25～1.5倍。
④ 燃油管线要和高压电线、易燃易爆的管线、高温地点保持一定的距离。
⑤ 油泵正常运转时，要防止油槽抽空。
⑥ 要严格要求燃烧用油的质量，特别是水分和杂质，含水多易汽化使燃烧火焰中断，

有时甚至发生爆炸，杂质易堵塞喷嘴。

⑦ 预热油的温度不能过高，一般不超过 90℃，要严防沸腾现象的发生。

⑧ 要选择合理而适当的风油比，保证完全燃烧。

⑨ 燃油设备出现事故时，如油槽冒顶跑油、管线和法兰处漏油等要及时进行处理。

⑩ 油槽储油量不能太满，一般应留有一定的空间高度。储油槽接地良好，一般要求接地电阻不大于 5~10Ω。

⑪ 冬季要注意管线、阀门的防冻防凝工作，当发生冻凝现象时，禁止用明火处理，只能用蒸汽或其他安全措施处理。

⑫ 在燃油设备上和管线上进行明火作业时，要严格执行动火手续，并同时采取相应的安全措施，如用蒸汽吹扫、冷水冲洗、通风处理、防火物的覆盖等措施。在确认无燃烧爆炸的危险后方可动火，动火时必须有专人看护。

二、焦炉开工安全措施

1. 扒封墙和拆除内部火床及装煤操作的安全措施

① 对参加开工的所有人员要进行技术培训，制定严格的操作规程。从开工工艺操作上保证安全是头等重要的一环。

② 认真组织好开工人员的合理分工，既有明确分工又要相互协作，听从统一指挥。由于场地较窄，与拆除封墙和内部炉灶无关的人员一律不得进入炉台作业区。要特别注意防止操作人员掉至炉台下造成人身伤害事故。

③ 参加开工的人员必须穿戴好劳保用品，防止烫伤和碰伤。

④ 拆除封墙所用的工具要特别注意，不能触到推焦车和拦焦车的磨滑触线上，严防触电。

⑤ 堵干燥孔时，操作人员应站在上风侧，拆除封墙时应注意防止封墙倒塌。

⑥ 在焦侧操作的人员，禁止从拦焦车导焦槽后面穿过。

2. 联通集气管、吸气管及启动鼓风机操作的安全措施

① 着火的炭化室严禁接通集气管。

② 无论采用何种燃料烘炉，爆发试验不合格的，严禁与已生产的焦炉联通或启动鼓风机。

③ 在联通集气管、吸气管及启动鼓风机时，应停止拆除封墙和内部火床的工作。

④ 鼓风机启动后，应特别注意进行吸力调节，防止集气管负压操作。

⑤ 在煤气管道内通煤气的工作程序就是要坚持用蒸汽赶空气、用煤气赶蒸汽的安全操作。待蒸汽全部赶完、爆发试验合格后，煤气才能与冷却设备、输送设备及用户设备联通。

3. 改为正常加热操作的安全措施

① 往焦炉内送煤气加热，首先严格检查交换旋塞的位置与废气瓣所处的状态应完全符合焦炉气体流向的规定要求，其动作程序为：先关门，再提砣，后开门。

② 在地下室煤气管道末道取样做爆发试验，完全合格后方可往炉内送煤气。

③ 送煤气操作一定要先调吸力到规定值，确认操作无误后，才能往炉内送煤气。

④ 地下室送煤气后，一定要用火把试验进行试漏，发现泄漏处应及时处理。

⑤ 送到焦炉内的煤气，在立火道内应即刻燃烧，当不燃烧时要立即停止送煤气并迅速查找原因，根据不同情况，迅速处理。

⑥ 煤气支管压力不能低于 500Pa，低于这个下限压力时，应采取有效措施。

⑦ 认真做好煤气救护工作，一旦发生事故，煤气救护人员要果断采取措施，防止事故扩大。

第八节 煤气带压作业安全

一、煤气带压作业

由于带气抽堵盲板、开孔接管劳动条件差，泄漏煤气严重，煤气中毒、着火和爆炸事故时有发生，属危险作业。因此，一般不宜推荐或提倡带煤气抽堵盲板、开孔接管作业。限于条件，目前工厂仍有较多抽堵盲板、开孔接管作业，但在生产条件许可的情况下，应尽可能减少这种作业，而且应尽可能缩短抽堵盲板、开孔接管作业时间，作业前必须制订周密、严格的作业方案，作业前应进行相关安全检查。

1. 带气抽堵盲板作业

盲板选材要适宜、平整、光滑，经检查无裂纹和孔洞，盲板应有一个或两个手柄，便于辨识、抽堵。盲板的直径应依据管道法兰密封面直径制作。盲板直径可按下式确定：

$$D = 0.318S + 2H - 10$$

式中 D——盲板直径，mm；
　　S——法兰附近管道外圆周长，mm；
　　H——法兰螺丝孔至管道外壁的距离，mm。

盲板厚度可按表 6-1 的经验选取。

表 6-1　不同直径盲板厚度的选择

盲板直径/mm	≤500	600~1000	1100~1500	1600~1800	1900~2400	≥2500
盲板厚度/mm	6~8	6~10	10~12	12~14	16~18	≥20

垫圈是盲板抽出后垫进两法兰之间的石棉绳垫料，其外径与盲板相同，内径与管道内径相同；当垫圈直径小于1000mm时，其厚度为3mm，直径大于1000mm时厚度为4~5mm；垫圈材质选用 A_3 或 A_3F，两侧用 10~13mm 耐压石棉绳铺满铺平并缠紧。

2. 带气开孔接管作业

带气开孔接管作业是在正常生产运行的煤气管网上接出另一条管道，以满足生产的需要。煤气管道需要临时带气开孔接管作业较多，例如抽堵盲板处的前后搬眼通蒸汽；管道低洼处存水搬眼放水，吹扫无放散管或取样管管端的需要；临时通蒸汽或氮气灭火，或通气解冻；增加放水或排水排污点；测定管内沉积物厚度；安装测温、测压、测流量等仪表或导管的需要等。

带气开孔接管操作步骤：先将搬眼机用锥端紧固螺钉和铁链固定，机底与管壁间垫以胶垫防滑动；安好钻头、搬把及拉绳，摇动搬把钻进，煤气冒出后继续搬钻至套扣完成为止；然后，卸下搬眼机架，退出钻头，用脚踏堵钻孔，带煤气旋上带内接头的阀门，将管头四周焊接加固及管道的连接。带煤气开孔接管如图 6-1 所示。

二、带压作业安全措施

① 必须经申请批准并经煤气防护和工程双方全面检查确认安全条件后，方可施工。

② 在抽堵盲板场所上风侧10m、下风侧40m的扇形范围内必须设立专人警戒，严禁一切火源和火种，应移走或用石棉被覆盖易爆物。检查作业点40m以内严禁火源或高温，否则必须砌防火墙与之可靠隔离。

③ 确认设备（管道）通氮气或蒸汽的扫气点，扫气管接到位并试验完好。

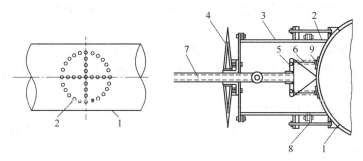

图 6-1 带煤气开孔接管示意图
1—煤气管道；2—接管的位置（马鞍）；3—短管；4—手轮；
5—圈锥；6—铁链；7—丝杠；8—法兰；9—加固片

④ 确认管道接地电阻小于 4Ω。消除带电裸露电线、接头和接触不良。

⑤ 确认作业区通风良好，若较闭塞，需拆除建筑墙体通风，并准备 CO 测试报警仪、氧气呼吸器、防爆风扇。

⑥ 煤气压力应保持稳定，并不低于 100mmH$_2$O，在焦炉煤气管道上作业，压力不超过 350mmH$_2$O。

⑦ 尽量避免在室内进行抽堵盲板，如实在必需，则应撤除室内一切火源和高温物体，不能撤除的，必须在盲板处的周围用帆布幕遮严；顶部装吸气罩和防爆通风机，煤气泄出时，必须通入蒸汽，一并抽出。

⑧ 距火源较近或焦炉地下室等地点的盲板作业，禁止带煤气进行，必须停煤气，通蒸汽或氮气，保持正压。

⑨ 使用铜制工具或工作面涂黄油的铁制工具；对焦炉煤气等气体管道，抽堵盲板时应在法兰两侧管道上刷石灰浆 1.5～2m，以防止管道及法兰上氧化铁皮被气冲击而飞截撞击产生火花。

⑩ 安排安全、消防和医务措施。准备足够、适用的消防器材、设施，现场准备临时水源及适量灭火用耐火泥。

第九节 泄漏处置对策

一、管道及设备泄漏处理

1. 漏眼冒气处理

用锥形木楔堵漏，适用于洞；用木楔和石棉绳堵漏，适用于破口。作业时应戴好呼吸器。

采用上述两种方法堵漏快速简便、有效，但不能长期使用，应用铁板包好后及时补焊。对腐蚀严重的泄漏慎用，以防打木楔时孔洞扩大，加大泄漏面积。

有时可使用铜制工具应急堵漏，此时应严禁一切可能产生火花的活动，并佩戴呼吸器。

2. 焊口裂缝漏气处理

对于小裂缝，戴好呼吸器，可顶着管道正压力直接焊补。

对于管道裂缝、腐蚀较重的部位，应戴好呼吸器，打卡子后再进行焊补。打卡子堵漏方法：制作紧贴管道的环形钢板覆盖管道裂口，内衬橡胶软垫，外面用带钢卡子固定或用环形钢板本身作卡子固定。

对于有条件切断煤气的泄漏事故,应尽量在灭完火后切断可燃气体,充蒸汽扫气后再进行处理。

当管径超过200mm,或者可燃气体管道和设备泄漏后立即堵漏有困难,又无备用设备时,应派专人监护,严格控制其周围火源,备用蒸汽,防止着火,同时组织制订方案进行带压焊补。

3. 用环氧树脂不动火带压堵漏

不动火带压堵漏是采用瞬间堵漏剂和低温快速固化高强度玻璃钢复合堵漏。

(1) 堵漏剂使用方法

堵漏剂有堵漏胶棒、堵漏铁胶泥等。瞬间堵漏剂应在常温条件下快速固化,把漏口牢牢粘死,带水及油污表面亦可粘接,粘接强度高,调节引发剂用量还应在低温下固化。堵漏时,如管道漏处太大,先应采取措施尽量缩小,然后先在漏点周边涂一层堵漏剂,其余陈放几分钟,当发现堵漏剂发热并出现凝聚现象时,及时将堵漏剂对准漏点手工加压堵漏2~3min后即可止漏。

由于漏点管壁周边均已腐蚀严重,管壁厚度有的仅剩1~2mm,因此,堵漏点用不了多长时间还要扩大再漏。为加大增强面积,通常要在漏点部位粘接一块4~6mm厚400×500弧形钢板,然后将涂有堵漏剂的钢板覆盖在漏点处,并用手葫芦拉紧,2h后即可卸下手葫芦,进行下一步环氧玻璃钢增强加固。

(2) 增强玻璃钢加固

增强玻璃钢由环氧树脂基体材料和玻璃纤维增强材料组成。为了改善树脂的某些性能,如提高强度等,往往在树脂中加入一些Al_2O_3、SiO_2等填料。

为使玻璃钢与管道牢牢结合,防止从堵漏材料与锈层中渗出或冒气,煤气管道的表面除锈也是个关键。金属表面除锈,通常可采用喷砂、喷丸、酸洗、砂轮机除锈,对于腐蚀相当严重,薄如牛皮纸一般的老管道,这些方法均不适用。只能根据修复部位的不同,采用钢丝轮、刨刀、钢刷、砂布等将锈除净。

施工时首先在已除锈的管道上刮涂一层环氧树脂红胶,打底的红胶一定要刮涂均匀,不可漏刮,然后贴一层玻璃布,并要将红胶刮透玻璃布,再刮一层红胶,并缠绕一层纤维布,刮透红胶并排除气泡,这样反复缠绕8层。最后一道完成后再刮一层红胶,经0.5~1h自然固化。

4. 高空管道泄漏处理

一些直径达1.0~1.5m的管道,距地面也达40余米,这些设备发生泄漏要及时将其堵住是难以做到的,为此应将这些设备的进出口阀门关上,堵上盲板,用蒸汽保持正压,停止该设备的运行,如有备用设备,可将备用设备投入生产,然后再制订详细的堵漏方案。

5. 负压管道断裂处理

鼓风机前的负压煤气管道出现腐蚀、裂缝,煤气不会向外泄漏,但吸入空气后,使煤气管网危险性提高。

(1) 煤气管道损坏较小的处置对策

停电捕焦油器,在运行中加卡箍,内衬橡胶板制止泄漏,在运动稳定时,煤气含氧量≤1%的条件下补焊。

(2) 煤气管道损坏较大的处置对策

① 立即停鼓风机,停电捕焦油器。焦炉侧管道靠焦炉保持正压,焦炉停止出炉,打开远端放散管、上升管放散降压。

② 鼓风机侧管道及鼓风机内通入蒸汽保持正压。
③ 在管道损坏处用卡箍或两个半圆管道内衬橡胶板包上，用卡子固定。
④ 在煤气含氧量≤1%的条件下补焊。

二、管件泄漏处理

法兰间泄漏时，应戴好呼吸器，先用铜制工具将法兰螺丝拧紧，如仍泄漏则加塞石棉绳止漏。

开闭器芯子漏煤气时，应戴好呼吸器，将开闭器压盖螺丝卸开，重新塞上石棉绳后再将螺丝拧紧。

膨胀圈损坏漏煤气时，可顶正压用电焊补焊，如不能直接焊，可用保护套将膨胀圈包上后再焊补，但保护套上部应设放气头。

三、水封及排水器漏气处理

1. 泄漏原因
① 煤气管网压力波动值超过水封高度要求，将水封击穿。
② 水封亏水，使水封有效高度不够，又没有及时补水而冒煤气。
③ 冬季由于伴热蒸汽不足，造成排水器内部结冰。
④ 下水管插入水封部分腐蚀穿孔，或者排水器筒体、隔板等处腐蚀穿孔，形成煤气走近路。
⑤ 水封及排水器下部放水门被人为卸掉，或冬季截门冻裂，将内部水放空。

2. 水封及排水器泄漏煤气的处理

按上面提到的原因，当发生第①、②、⑤条情况时，首先将水封及排水器上部截门关闭，控制住跑气，待空气中的 CO 含量符合要求时，进行水封及排水器补水。如果加水仍不能制止窜漏，则表明是由于第③、④条情况造成的，应立即关闭排液管阀门并堵盲板，然后卸下排液管，更换新管。

处理水封及排水器冒煤气故障时，联系工作要畅通，人员到位要及时，要采取必要的安全措施。以上工作不能少于两人，戴好呼吸器，周围严禁行人及火源，以免造成中毒和着火、爆炸事故。对于新投产的项目，设备处于调试过程中，易发生压力波动，应将排水器排水截门关闭，进行定时排水，待压力稳定后投入正常运行。

3. 检查排水器是否亏水
① 将排水器上部泄水截门关闭，将排水器上部高压侧丝堵打开，探测高压侧是否满水。
② 管网运行压力在 $1500mmH_2O$ 以下时，高压侧应处于水面高度不变，说明排水器基本不亏水；反之则说明亏水，应及时补水。
③ 低压侧探测排水器有水，易给人造成假象，不能说明排水器整体不亏水。
④ 将高压丝堵上好后，恢复正常运行。

第十节 检修事故案例分析

【检修事故案例1】 隔离水封密封不严爆炸事故

2001年9月10日早8时，某厂煤气站负责人安排检修二班补焊电捕焦油器出口管上的几处煤气泄漏点，并安排当班值班长注意煤气压力，不得负压。9时左右，检修班长和两名组员开始工作，班长（焊工）施焊，两名组员在旁边监护，他们先补焊了电捕焦油器出口管上的两个泄漏点。9时45分左右，当焊工继续补焊电捕焦油器出口管道上的第3个泄漏点

(直径为 2～3mm) 时，突然发生剧烈爆炸。

事故原因：

① 隔离水封密封不严，导致由电捕焦油器内进入煤气，并形成爆炸性气体，是本次事故的直接原因；

② 工段领导违章指挥，在煤气设备状况不明确的情况下就安排动火检修，这是导致本次事故的主要原因；

③ 负责施工的有关人员违章操作，动火作业不办理动火证，在设备状况不明的情况下盲目动火，是造成本次事故的重要原因。

吸取教训：

① 严格执行煤气区域动火许可证制度，加大检查和考核力度，对于不办理许可证就动火的行为视为严重违章，一经发现，严肃处理。

② 制定煤气区域动火作业标准，由有关部门批准后执行。

③ 凡在煤气设备和管道内或外壳表面动火，必须确认煤气设备和管道内介质处于何种状态，是合格煤气，是空气或蒸汽，还是混合爆炸性气体，在不确认的情况下严禁动火。

④ 严禁单靠隔离水封切断煤气，必须在其进出口管处堵好盲板，用蒸汽吹扫合格后，打开人孔，保持通风状态，方可检修。

⑤ 改造隔离水封结构，将原单管中隔型改为双竖管型，可避免因中间隔板腐蚀而导致煤气封闭不严的情况出现，增加隔离水封切断煤气的可靠性。

【检修事故案例2】 未用 N_2 吹扫爆炸事故

2000 年 3 月 24 日上午，某厂 7 号锅炉焦炉煤气 DN600 总阀门后水封放散阀需检修，9 时 40 分，副司炉将 7 号炉 4 个燃用焦炉煤气火嘴的电动、手动阀关闭。10 时 10 分，班长关 DN600 总阀。10 时 15 分，副司炉开炉前放散阀进行放散。10 时 20 分，班长对 DN600 阀检查确认。10 时 40 分，班长正准备去打开 N_2 时，突然听到一声巨响，7 号锅炉燃用焦炉煤气支管靠近 4 号火嘴处被炸开约 1.5m 长一段。

事故原因：

① 关 7 号炉焦炉煤气总阀，煤气管道未用 N_2 吹扫，管道内含有残余煤气；

② 炉前两侧放散阀开，炉前放散管与水封危急放散管之间高度相差 14m，加上煤气和空气密度不一样，在两放散管之间形成自然抽力，有空气进入煤气管道与残余的煤气混合；

③ 在整个操作过程中 7 号炉处于运行状态，炉内的燃烧火焰提供了火源，则发生回火爆炸事故。

【检修事故案例3】 停工未用蒸汽吹扫煤气爆炸事故

2003 年 1 月 11 日 8 时，某发电分厂锅炉因故停烧高炉煤气，没有用蒸汽吹赶，仅打开了煤气管道上的放散管放散剩余煤气。1 月 13 日凌晨 5:05，通往某发电分厂的 2 号电动闸阀与 4 号闸阀之间的煤气管道，在停用的状态下，发生了猛烈的爆炸，直径 600mm 的近 30m 煤气管道全部炸飞。

事故原因：

① 煤气操作人员麻痹大意，没有用蒸汽吹赶，仅打开了煤气管道上的放散管放散剩余煤气；

② 上述停用煤气管道扩散的 5 号闸阀关闭不严，使焦炉煤气渗漏到 2 号电动闸阀与 4 号闸阀之间的煤气管道内；

③ 锅炉煤气烧嘴前的煤气管道上，未设置切断水封；

④ 2号电动闸阀已被焦油等污物黏结卡住，关闭后闸门离阀底尚有150mm的空隙，使混合煤气通过2号电动闸阀的空隙流向锅炉煤气嘴处。

【检修事故案例4】 煤气置换不彻底爆炸事故

某厂气柜在使用中，钟罩侧柱部分有一砂眼漏煤气，决定停车补焊。补焊筋钟罩内的半水煤气用空气进行了置换，但不符合动火要求，未经分析就动火，发生了剧烈爆炸。气柜3根导轨断落，5根导轨变形，钟罩变形，钟罩顶部穿孔。

事故原因：煤气置换不彻底，未经分析就动火。

吸取教训：动火设备的置换，设备内取样必须有代表性，置换半水煤气设备，分析标准要求一氧化碳和氢气总含量小于0.5%。

【检修事故案例5】 未加盲板动火爆炸事故

某厂检修脱硫塔，事先决定将塔内筛板全部取出，分布锥只留50mm。气焊工为割掉分布锥进入塔，站稳后招呼塔外同事把焊嘴点燃（塔内有风），该工接过焊枪面向南准备切割，"轰"一声起火，火苗冲出塔顶，10s后又爆炸一声，塔顶呈现一股蓝色火苗。气焊工被救出后已大面积烧伤，经抢救无效死亡。

事故原因：塔内的变换气入口管没加盲板，而动火前又未分析，塔内有变换气造成起火爆炸。

【检修事故案例6】 进料管动火气割引起氨水槽爆炸

某焦化厂回收车间副主任带领钳工班前往氨水库检修进料管。离氨水槽（250m³）约3m处气割第二个弯头未发现异常情况，在离大槽1m处气割时，听到管内发出"隆隆"的燃烧声，随即大槽φ20cm人孔盖飞上天，人员迅速撤离现场后，大槽炸开，碎石飞出80m远。

事故原因：

① 对动火危险认识不足，当天气温12℃，槽内2/5的17%浓氨水，形成的混合气体可能达到爆炸下限；

② 进料管在采用铸铁管后，设计中未在进料口装法兰，这样更换时可避免动火。

【检修事故案例7】 动火更换加酸管道引起煤气爆炸

某焦化厂回收车间硫酸铵班副班长发现连通饱和器的加酸管道有漏点。在检修切割加酸管道时，引起爆炸。1号除酸器顶部被炸坏，掀翻相连的φ900mm煤气出口阀门，造成大量煤气外逸着火，经消防人员抢救，2h后将火扑灭。

事故原因：不办动火签证，又无有效措施，在禁火区动火，动火时未将管内残余煤气吹扫干净。

【检修事故案例8】 甲醇未排空，焊接引起爆炸

2008年11月7日下午3时20分，某化肥有限公司甲醇车间发生爆炸，造成2死1伤。

事故原因：维修工人焊接一个漏气的甲醇输送管道闸门，没有事先将输气管道内的甲醇排空，残留的甲醇造成了爆炸。

【检修事故案例9】 违规动火作业引起甲醇罐爆炸

某化工公司因进行甲醇罐惰性气体保护设施建设，委托某锅炉设备安装有限公司（据调查该施工单位施工资质已过期）进行储罐的二氧化碳管道安装工作。2008年8月2日上午10时2分，该安装公司严重违章作业引发甲醇储罐区一精甲醇储罐发生爆炸燃烧，罐底部被冲开，大量甲醇外泄、燃烧，使附近地势较低处储罐先后被烈火加热，罐内甲醇剧烈汽化，又使5个储罐（4个精甲醇储罐，1个杂醇油储罐）相继发生爆炸燃烧。

事故原因：

① 在处于生产状况下的甲醇罐区违规将精甲醇储罐顶部备用短接打开，与二氧化碳管道进行连接配管，管道另一端则延伸至罐外下部，造成罐体内部通过管道与大气直接连通，致使空气进入罐内，与甲醇蒸气形成爆炸性混合气体。

② 因气温较高，罐内爆炸性混合气体通过配管外泄，使罐内、管道及管口区域充斥爆炸性混合气体。

③ 由于在精甲醇罐旁边违规进行电焊等动火作业（据初步调查，动火作业未办理动火证），引起管口区域爆炸性混合气体燃烧，并通过连通管道引发罐内爆炸性混合气体爆炸。

【检修事故案例10】 盲板不合格气割引发甲醇爆炸

2002年3月18日上午，某氮肥厂组织维修工对合成车间精甲醇岗位1号甲醇中间计量槽进行抢修。10时许，在对计量槽做了排空水洗置换处理后，1名电焊工用气割切割其上方连通2号空计量槽的放空管道时，2号空计量槽突然发生爆炸。

事故原因：

① 2号空甲醇计量槽内还有残余的甲醇气体；

② 用于切断甲醇槽与放空管的盲板不合格，被气割时加热的气体冲破，致使槽内残余的甲醇气体受热膨胀，当即发生爆炸。

【检修事故案例11】 石棉板代替盲板引发甲醇爆炸事故

1982年7月8日，某氮肥厂的甲醇车间进行粗甲醇槽上部进料管改造，而粗甲醇槽内尚有约2t粗甲醇未排净。该车间主任想当然地认为："槽底剩料不多，加上盲板就问题不大，不要浪费甲醇。"车间主任将工作安排给了车间兼职安全员。该安全员不了解安全动火工作的要领，为了隔离粗甲醇槽与动火管线，需在两者之间的法兰处插入盲板。该安全员找来一块石棉板从法兰上方插入。由于尺寸不对，石棉板遇螺栓架后就插不下去，管口留下5mm宽的缝隙。动火前未进行置换和分析，也未按一类动火要求请车间主任签字，该安全员擅自代替签发了动火证。粗甲醇槽的可爆性气体从未盖住的缝隙窜入需动火管段，动火时，立即发生了爆炸，造成死亡1人，重伤1人。

事故原因：

① 盲板不合格；

② 动火前未进行置换和分析。

【检修事故案例12】 关阀门代替加盲板引发甲醇爆炸

2002年5月下旬，某化工企业停车大检修过程中，在易燃品罐区发生一起甲醇着火事故，对其他危险化学品的安全储存构成极大威胁，所幸扑救及时，才未酿成大祸。

事故原因：

① 从图6-2中可以看到，甲醇输出泵的出口有一段垂直管道，其上部为数百米长的平管，一直通往合成氨系统。停泵后，管道内必然留有一定量的甲醇液体，虽然两道阀门均已关闭，但未加装盲板，没有进行有效隔绝，仍无法保证甲醇液体不渗入动火管线。动焊点左侧的低点排污阀，在动焊前冲洗管道时已被拆除，渗入管道的甲醇积聚于此，

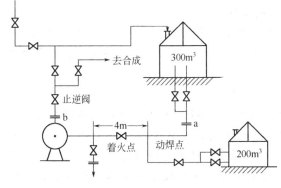

图6-2　甲醇输送管线示意图

并流淌至地面，其周围弥漫甲醇蒸气，遇明火即被引燃。

② 火源的判定。易燃品罐区当天除此处有动火作业外，无任何其他动火作业。系统停车，溶液不流动，不可能产生静电；管道上无检修作业，无碰撞和敲击产生火花的可能；当天为艳阳天，排除雷击的可能。经调查，检修工在焊接作业时未进行有效遮挡，焊花四溅，可以断定为火源。

【检修事故案例 13】 检修操作失误中毒事故

2003 年 6 月 26 日下午，某炼钢厂对煤气管道风机进行检修，原检修计划把该风机及管道处于排空状态，由于操作人员失误使该煤气柜处于工作状态，又由于煤气管道水封处排污阀泄漏，使煤气管道水封处水位下降，致使煤气从煤气柜倒灌泄漏使 2 人昏倒，由于盲目施救最终造成 3 人死亡、29 人煤气中毒的重大事故。其煤气装置及流向示意如图 6-3 所示。

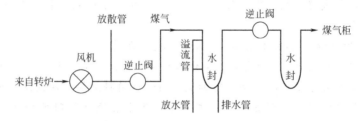

图 6-3 煤气装置及流向示意图

事故原因：
① 操作人员失误使该煤气柜处于工作状态；
② 煤气管道水封处排污阀泄漏，使煤气管道水封处水位下降，致使煤气泄漏；
③ 盲目施救，事故扩大。

【检修事故案例 14】 检修前未进行安全处理中毒事故

1990 年 12 月 10 日，某钢铁厂发电分厂在检修作业时，由于未用蒸汽吹扫停用的煤气管道，也未在煤气管道末端堵盲板，进入现场前，未采样分析空气成分，以致造成 8 人中毒，4 人死亡的事故。

事故原因：
① 未用蒸汽吹扫停用的煤气管道；
② 未在煤气管道末端堵盲板；
③ 进入现场前，未采样分析空气成分。

【检修事故案例 15】 未出化验结果盲目操作中毒事故

1990 年 12 月 30 日 17 时 45 分，某铝厂煤气站检修工人刘某接受安排，开了检修工作票去压缩机房检修压缩机。依据工作票上的安全措施，运行工作人员切断设备与系统连接的阀门后开放空阀，把设备内部的煤气排走，然后由化验室工人在系统取样口取样去检测煤气含量是不是符合安全标准。正当化验工人在化验室检测煤气含量时，刘某动手拆卸压缩机。当他打开压缩机汽缸大盖几分钟后，他就倒在地上，发生煤气中毒。

事故原因：
① 刘某安全意识淡薄，当化验室工人测量、检测煤气含量的工序还没有出结果时，就动手拆卸压缩机，煤气溢出导致刘某中毒；
② 单位安全生产管理力度不够，没有形成浓厚的安全文化氛围，安全教育针对性差，对本单位的危险点没有重点强调，导致工人敢于盲目操作。

【检修事故案例 16】 检修洗萘塔中毒事故

2009 年 9 月 10 日上午 10 时 30 分许,某煤化实业集团有限公司在对洗萘塔进行检修时发生工作人员中毒事故,造成 7 人不同程度中毒,其中 1 人经抢救无效死亡。

检修前该公司召开了检修工作会议,并制订了检修方案。9 月 9 日 16 时停止该设备的运行,关闭该设备进出口管道阀门,并通入蒸汽吹扫置换,在 10 日零时吹扫置换完毕。9 月 10 日 8 时 30 分,设备开始检修。张某到现场负责指挥,由其他两名工人先上塔拆卸"法兰人孔处盲板",检查分布器。在洗萘塔二层法兰人孔外部观察后,发现分布器上无脏物,随后安排清理法兰口准备上盲板。上午 10 时 30 分许,塔上一名维修人员突然晕倒在二层平台,监护人王某发现后,立即喊人前来救护。施救者上塔救人也被毒气伤害晕倒。事故中,先后有 7 名工人在二层平台上因不同程度吸入有害气体晕倒。

事故原因:设备残留毒气膨胀,而后设备维修人员处置措施不利,造成有害毒气挥发,导致作业人员中毒。

【检修事故案例 17】 更换加氨阀门填料引发液氨泄漏事故

2004 年 6 月 15 日 11 时 40 分左右,某化工厂合成车间加氨阀填料压盖破裂,有少量的液氨滴漏。维修工徐某遵照车间指令,对加氨阀门进行填料更换。徐某没敢大意,首先找来操作工,关闭了加氨阀门前后两道阀门;并牵来一根水管浇在阀门填料上,稀释和吸收氨味,消除氨液释放出的氨雾;又从厂安全室借来一套防化服和一套过滤式防毒面具,佩戴整齐后即投入阀门检修。当他卸掉阀门压盖时,阀门填料跟着冲了出来,瞬间一股液氨猛然喷出,并释放出大片氨雾,包围了整个检修作业点,临近的甲醇岗位和铜洗岗位也笼罩在浓烈的氨味中,情况十分紧急危险。临近岗位的操作人员和安全环保部的安全员发现险情后,纷纷从各处提消防、防护器材赶来。有的接通了消防水带打开了消火栓,大量喷水压制和稀释氨雾;有的穿上防化服,戴好防毒面具,冲进氨雾中协助处理。生产调度抓紧指挥操作人员减量调整生产负荷,关闭远距离的相关阀门,停止系统加氨,事故得到有效控制和妥善处理。

事故原因:

① 合成车间在检修处理加氨阀填料漏点过程中,未制订周密完整的检修方案,未制订和认真落实必要的安全措施,维修工盲目地接受任务,不加思考就投入检修。

② 合成车间领导在获知加氨阀门填料泄漏后,没有引起足够重视,没有向生产、设备、安全环保部门按程序汇报,自作主张,草率行事,擅自处理。

③ 当加氨阀门填料冲出有大量氨液泄漏时,合成车间组织不力,指挥不统一,手忙脚乱,延误了事故处置的最佳有效时间。

④ 加氨阀门前后废热备用阀关不死,合成车间对危险化学品事故处置思想上麻痹、重视不够,安全意识严重不足;人员组织不力,只指派一名维修工去处理;物质准备不充分,现场现找、现领阀门;检修作业未做到"7 个对待"中的"无压当有压、无液当有液、无险当有险"对待。

复 习 题

1. 检修安全管理有哪些措施?
2. 停车操作中应注意的事项有哪些?
3. 检修作业前有效隔断有哪些?
4. 惰性气体置换的方法有哪些?哪种最好?

5. 简述置换动火与不置换动火的相同点和不同点。
6. 简述动火分析合格的判定标准。
7. 简述负压动火法的原理。
8. 简述设备内作业的安全要求。
9. 设备内的操作时间随一氧化碳含量如何变化？简述设备内作业对含氧量的要求。
10. 简述煤气带压作业的安全措施。
11. 如何用环氧树脂不动火带压堵漏？
12. 查找化工检修方面的事故案例，分析事故原因，指出应吸取的教训。

第七章 职业危害与防护

职业卫生，也称工业卫生或劳动卫生，是识别和评价生产中的有害因素对劳动者健康的影响，提出改善劳动条件，预防、控制和消除职业病危害措施，以达到防治职业病的目的。在煤化工生产中，存在着毒物、粉尘、噪声、高温等许多威胁职工健康、使劳动者发生慢性病或职业中毒的因素。

根据卫生部、劳动保障部文件，卫法监发〔2002〕108号《职业病目录》规定的十大类115种职业病中，煤化工生产涉及的职业病主要包括：

① 尘肺病。包括煤工尘肺、石墨尘肺、炭黑尘肺等。

② 职业中毒。包括一氧化碳中毒、氨中毒、硫化氢中毒、苯中毒、甲苯中毒、二甲苯中毒、酚中毒、甲醇中毒、甲醛中毒、二硫化碳中毒、氮氧化物中毒等。

③ 物理因素。包括中暑、手臂振动病。

④ 职业性皮肤病。包括接触性皮炎、化学性皮肤灼伤、痤疮、溃疡等。

⑤ 职业性耳、鼻、喉疾病。包括噪声聋等。

⑥ 职业性肿瘤。包括苯所致白血病、焦炉工人肺癌。

因此，在煤化工生产过程中必须加强防护措施，改善职工的操作环境，保证安全生产。企业职工应掌握相关的职业卫生基本知识，自觉地避免或减少在生产环境中受到伤害。

第一节 尘毒防护

一、多环芳烃的毒害作用

煤及其他含碳燃料在一定温度条件下，经热解、环化、聚合作用而生成的一种稠环芳烃，焦炉烟尘排放入大气的多环芳烃有苯并（a）芘、7,12-二甲基苯并（a）蒽、3-甲基胆蒽、二苯并（a,h 或 a,i）蒽、苯并（i）萤蒽、二苯并（a,h）芘、二苯并（a,i）芘等100多种。其中已被证实的致癌物有22种，尤其是3,4-苯并（a）芘（BaP）污染最广、致癌性最强。

1. 苯并（a）芘的性质

苯并（a）芘（BaP）的分子式为$C_{20}H_{12}$，相对分子质量为252.32，为无色至淡黄色针状晶体（纯品），熔点为179℃，沸点为310～320℃，溶于水，微溶于乙醇、甲醇，溶于苯、甲苯、二甲苯、氯仿等，相对密度为1.35，稳定。BaP在工业上无生产和使用价值，一般只作为生产过程中形成的副产物随废气排放。

BaP不仅在环境中广泛存在，也较稳定，而且与其他多环芳烃的含量有一定的相关性，所以，一般都把BaP作为大气致癌物的代表。BaP是苯与芘在苯的3,4-位置结合而得名的。

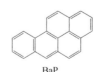

BaP

2. 容许浓度

排入大气中的苯并芘,一般附着于小颗粒粉尘之上,污染大气;散落在植物表面造成直接污染外,也可通过水源和土壤的污染,被植物的根系吸收。某地调查,工业区生产的菜籽含苯并芘为 15.55μg/kg,而农业区的同类作物仅含有 2.69μg/kg,高出约 6 倍。但也可通过生物降解作用和其他因素而降低其浓度。

前苏联规定车间空气中苯并芘的最高容许浓度为 0.00015mg/m³,我国《工作场所有害因素职业接触限值》(GBZ 2—2007)未专门规定苯并(a)芘的车间容许浓度,只规定了焦炉逸散物(按苯溶物计)的车间容许浓度。苯并芘的排放浓度限值,多是针对环境方面的,可见表 7-1。

表 7-1 苯并芘的排放浓度限值

标准号	标准名称	排放浓度限值
GB 3092—1996	环境空气质量标准	0.01μg/m³(日平均)
		无组织排放监控浓度限值:0.008μg/m³(表 2);0.01μg/m³(表 1)
	生活饮用水水质卫生规范(2001)	0.01μg/L
GB 3097—1997	海水水质标准	0.0025μg/L
GB 3838—2002	地表水环境质量标准	2.8×10^{-3}μg/L
GB 4284—1984	农用污泥污染物控制标准	3mg/kg 干污泥(酸性土壤、中性和碱性土壤)
GB 2762—2005	食品中污染物限量	10μg/kg;5μg/kg(肉制品、粮食)

3. 健康危害

急性毒性:LD_{50} 值为 500mg/kg(小鼠腹腔)和 50mg/kg(大鼠皮下)。

慢性毒性:长期生活在含 BaP 的空气环境中,会造成慢性中毒,空气中的 BaP 是导致肺癌的最重要的因素之一。

毒性:苯并(a)芘被认为是高活性致癌剂,有诱变作用、畸胎形成作用。BaP 并非直接致癌物,必须经细胞微粒体中的混合功能氧化酶激活才具有致癌性,潜伏期可长达 10~15 年,此滞后现象易淡化病情而导致严重后果。通过人群调查和流行病学的研究得出的结论,BaP 主要引起肺癌、胃癌、皮肤癌。

(1) 肺癌

美国有人认为,大气中苯并芘的浓度每增加 1%,将使该居民点的肺癌死亡率上升 5%。德国有报道大气中苯并芘浓度为 10~12.5μg/100m³ 时,居民肺癌死亡率为 25 人/10 万人,达到 17~19μg/100m³,居民肺癌死亡率为 35~38 人/10 万人。

(2) 胃癌

胃癌死亡率居世界前 3 位的国家是智利、日本、冰岛,其发病原因与大量食用熏制食品有关。据报道,冰岛胃癌发生率居世界第三位,原因主要是居民喜欢吃烟熏羊肉,羊肉中 1,2-苯并芘含量高达 23μg/kg。研究发现,海边居民因食用大量咸鱼及熏鱼,其胃肠道的癌症发病率较内陆居民高三倍。

据估计,如 40 年内进食苯并芘总量达 80000μg,就有可能致癌,因此,人体每日进食苯并芘的量不能超过 10μg。

(3) 皮肤癌

有实验人员用0.25%的3,4-苯并芘溶液涂抹小白鼠皮肤进行致癌试验,3个月后,实验者本人左臂下方也长了一个肿瘤,18个月后,切下诊断为鳞状上皮癌。1954年有人调查了3753例工业性皮肤癌中,有2229人是接触沥青与煤焦油的,潜伏期为20~25年,发病年龄在40~45岁。

4. 焦化行业排放情况及危害

BaP主要产生于煤的高温干馏过程,其他来源为含碳燃料(煤焦油、各类炭黑和煤、石油等)燃烧产生的烟气中、香烟烟雾、汽车尾气中,以及焦化、炼油、沥青等工业污水中。据报道,每克燃料燃烧时产生的苯并芘为:煤 67~136μg,木柴 62~125μg,汽油 12~50.4μg。

焦炉装煤操作中,排出较多的多环芳烃化合物,其中苯并(a)芘排放总量为0.908g/t煤,表7-2~表7-4为两个企业焦炉烟尘未除尘前排放的BaP浓度,超标环境排放浓度限值几十倍。焦炉逸散物可引起呼吸系统、皮肤表面病变,焦化生产排放的特征污染物BaP和BSO是强致癌物,SO_2是促癌物已成定论。部分炼焦企业流行病学调查结果表明:炼焦工人肺癌发生率比居民高11.29倍,重污染区工人则高出13.9倍。以前据对土焦生产集中的山西省临汾地区的调查,该地区致癌物质苯并芘超标24倍,调查区儿童生育缺陷检出率为9.6%(常规地区为2.6%),慢性咽喉炎前期萎化检出率几乎为100%,循环系统、恶性肿瘤、呼吸系统的死因居前三位。

表7-2 某企业焦炉炉顶飘尘中苯并芘浓度 单位:μg/m³

采样地点	样品数	浓度范围		平均浓度	
		1997年	1999年	1997年	1999年
1号炉	18	0.42~1.53	0.02~1.03	0.78	0.49
2号炉	18	0.35~1.40	0.02~1.15	0.85	0.53
3号炉	18	0.47~1.60	0.02~1.20	0.93	0.60

表7-3 某企业焦炉炉底飘尘中苯并芘浓度 单位:μg/m³

采样地点	样品数	浓度范围		平均浓度	
		1997年	1999年	1997年	1999年
1号炉	12	0.54~0.86	0.51~0.67	0.45	0.40
2号炉	12	0.09~0.67	0.10~0.72	0.32	0.42
3号炉	12	0.50~0.93	0.44~0.83	0.65	0.52

表7-4 某企业焦化生产过程大气污染物浓度

监测点	可吸入尘			苯并(a)芘		
	n	浓度范围/(mg/m³)	超标率/%	n	浓度范围/(μg/100m³)	超标率/%
污染区点	12	0.27~1.59	100	12	0.018~0.027	100
居民区点	12	0.21~0.31	100	12	0.018~0.095	100
居民区对照点	12	0.10~0.14		12	0.002~0.005	0

二、粉尘危害

1. 粉尘的种类

工业废气中的颗粒物即粉尘,其粒径范围为0.001~500μm,按粒径大小分为两类。直径大于 10μm 者，易于沉降，称为降尘；直径小于等于 10μm 者，可以气溶胶的形式长期漂浮于空气中，称为飘尘。其中直径在 0.5~5μm 者，对人体危害最大。因为大于 5μm 者由于惯力作用，易被鼻毛和呼吸道黏液阻挡；而小于 0.5μm 者由于扩散作用，又易被上呼吸道表面所黏附，随痰排出。只有 0.5~5μm 的飘尘可直入人体，沉积于肺泡内，并有可能进入血液，扩散至全身。由于飘尘表面积很大，能够吸附多种有毒物质，且在空气中滞留时间较长，分布较广，故危害也最严重。尤其是粉尘表面尚有催化作用以及附着的有害物之间的协同作用，由此而形成新的危害物，其毒性远胜于各个单体危害性的总和。由于其吸附的有害物不同，可以形成多种疾病。

2. 煤化工粉尘的排放源

煤化工生产中，备煤、炼焦及筛焦工段为粉尘的主要排放源，粉尘主要是煤尘和焦尘。备煤车间生产线采取露天作业，在翻车机房中翻车机将煤炭卸至运输皮带，再转送到露天煤场，堆煤机完成堆煤作业，取煤机从煤堆取煤再输送到皮带上，然后通过配煤、粉碎等过程送往炼焦、气化等车间，这些生产过程都逸散出大量逸散性煤尘，造成煤尘污染，危害职工健康。

以某厂备煤车间破碎过程为例，粉尘污染源分布在 5 处 9 个点，其中煤料斗下落处 1 个点，粉碎机处 2 个点，可逆皮带机处 4 个点，地下皮带 2 个点。扬尘浓度分布为：可逆皮带机高达 325.6mg/m³，地下皮带通廊为 172.9mg/m³，岗位粉尘为 29mg/m³，三楼为 14.2mg/m³，粉尘浓度严重超标。

3. 粉尘的危害及容许浓度

① 人吸进呼吸系统的粉尘量达到一定数值时，能引起鼻炎。长期接触煤尘，可致使大量的煤尘进入支气管和肺泡，造成慢性呼吸系统损伤以及肺功能、免疫力的下降，导致煤肺病，还可以引起皮肤黏膜抵抗力下降，皮肤和眼部疾患的多发等。

② 粉尘与空气中的 SO_2 协同作用会加剧对人体的危害。当 SO_2 的浓度为 0.4mg/m³ 时，人体并未受到严重危害；但同时存在 0.3mg/m³ 飘尘时，呼吸道疾病显著增加。

③ 人吸进含有重金属元素或苯并芘的粉尘危害性更大。

④ 由于粉尘能吸收大量紫外线短波部分，当空气中粉尘浓度达 0.1mg/m³ 时，紫外线减少 42.7%；浓度为 1mg/m³ 时，减少 71.4%；达到 2mg/m³ 以上时，则令人难以忍受。

⑤ 烟尘使光照度和能见度减弱，严重影响动植物的生长，也将在一定程度上影响城市交通秩序，造成交通事故多发。

《工作场所有害因素职业接触限值》(GBZ 2—2007) 规定煤尘的时间加权平均容许浓度为 4mg/m³，短时间接触容许浓度为 6mg/m³。另外，煤焦油沥青挥发物（按苯溶物计）、活性炭粉尘、石墨粉尘、碳纤维粉尘、炭黑粉尘等在煤化工生产中排放量也较大，这类粉尘职业接触限值在《工作场所有害因素职业接触限值》(GBZ 2—2007) 中有规定，见附录 4。

三、尘毒的防护

① 采取除尘措施，减少尘毒的排放。焦炉的装煤、推焦过程必须采取除尘措施，可采用布袋除尘器进行除尘，粉碎机室、干熄焦炉、筛焦楼、储焦槽、运焦系统的转运站以及熄焦塔等散发粉尘处应设除尘装置。

② 密闭尘源。煤的露天堆放是备煤车间煤炭存取的基本方式，应辅以围挡等密闭化办法减少扬尘。粉碎机室、筛焦楼、储焦槽、运焦系统的转运站以及熄焦塔应用密闭皮带，采取全密闭方式转运，封闭设施的进出口处设橡皮防尘帘，防止煤尘外逸。

③ 通风除尘。通过通风除尘措施尽量减少煤尘在空气中的含量，同时防止在有煤尘污

染的地区使用明火，以防止粉尘爆炸。

④ 湿式作业。在皮带运输的尾部、取料机的头部和转运点、堆料机的落料点，设喷水幕或洒水抑尘装置，以控制煤尘逸散。在翻车机侧上方和受料斗口两侧设置喷水装置，喷水系统的开闭与翻车机联锁自动控制，翻车过程中同时从不同部位喷水抑尘。螺旋卸车机部位设置注水及喷淋装置，以控制机房内的煤尘浓度。

⑤ 个人防护。加强工人自身劳动保护意识的教育，要使工人懂得焦炉烟气的危害。因生产条件暂时得不到改善的场所，可以采取个人防护。为预防、治疗色素沉着、皮肤黑变病，应给工人发放外用防护霜剂，并教育工人自觉佩戴防护面罩，煤场的煤尘要强调戴防尘口罩，穿防护服，避免皮肤直接接触焦炉逸散物，避免阳光下直接曝晒。

⑥ 测定粉尘浓度和分散度。测定粉尘中的游离二氧化硅、粉尘浓度和分散度，特别是对粉尘浓度的日常测定，对制定防尘措施是十分重要的依据。

⑦ 定期体检。对焦化作业人员，每1～2年应进行一次职业危险体检，体检结果记入"职业健康监护档案"。建立健全工种轮换制度，以降低职业病的发病率。对身患职业病、职业禁忌或过敏症，符合调离规定者，应及时调离岗位，并妥善安置。发现有严重鼻炎、咽炎、气管炎、哮喘者，应脱离粉尘作业。

⑧ 注重膳食结构，合理搭配食物，有报道白菜、萝卜等十字花科类蔬菜能有效降解3,4-苯并芘。

第二节 高温辐射的危害与防护

在煤化工的焦炉炉顶、气化炉的炉顶等岗位还存在高温辐射的职业危害，高温辐射严重时可导致人体中暑，应加强高温辐射的防护。

一、高温辐射的危害

高温作业是指工作地点具有生产性热源，其气温高于本地区夏季室外通风设计计算温度2℃或2℃以上的作业。在高温作业环境下，作用于人体的热源传递一般有对流、辐射两种方式。当工作场所的高温辐射强度大于 $4.2J/(cm^2 \cdot min)$ 时，可使人体过热，产生一系列生理功能变化。

(1) 体温调节失去平衡

在高温作业条件下，人体受热多而散热不畅，就会使人体内蓄热，体温升高（>38.5℃），会引起人体体温调节紊乱。

(2) 水盐代谢出现紊乱

出汗多，人体水分损失也多，汗液中除水分外，还有 NaCl 及水溶性维生素，也随之丧失，如果不能及时补充，则会引起水盐代谢紊乱，酸碱平衡失调。轻者恶心、无力；重者血液浓缩，心肾衰竭，直至发生休克。

(3) 消化及神经系统受到影响

高温时，唾液分泌减少，淀粉酶活性降低，从而食欲不振、消化不良。另外，中枢神经系统受到抑制，表现为注意力不能集中，动作协调性、准确性差，极易发生事故。

以上这些情况就是中暑。高温中暑可表现为三种症状。

① 热射病。高温环境引起的急性病症，表现为体温调节发生障碍，体内热量蓄积。轻者有虚弱表现，重者高温虚脱，严重者会出现意识不清、狂躁不安、昏睡或昏迷，并有癫痫性痉挛，大量出汗，尿量减少。体温可高达41℃以上。

② 热痉挛。在高温环境下作业，由于大量出汗，盐分流失，体内组织与血液中氯离子减少，造成水盐代谢紊乱，引起肌肉疼痛及痉挛。患者体温上升或轻微上升，属于重症中暑。

③ 日射病。在烈日和高热辐射环境下露天作业，人体头部发生脑炎或脑病变。严重者会出现惊厥、昏迷及呼吸系统、循环系统衰竭。

二、防止高温辐射的措施

1. 隔热措施

利用热绝缘性能良好或反射热辐射能力强的材料，设置在热源表面、热源周围或人体表面（如隔热工作服），阻挡和削弱热辐射对人体的作用，采取隔热措施还可以降低热对流。在焦炉的上升管，必须设防热挡板或采取其他隔热措施。受高温烘烤的焦炉机械的司机室、电气室和机械式的顶棚、侧壁和底板应镶有不燃烧的隔热材料。管式炉及废热锅炉等设备均采取相应的隔热保温措施。

常用的隔热材料有：石棉制品（如石棉水泥板、锯末石棉板）、沥青制品（如沥青纤维板、沥青稻草板）、石膏制品（如填充石板、泡沫石膏板）、填充料（如硅藻土、陶土、多孔黏土）、玻璃制品（如玻璃板、玻璃丝、泡沫玻璃）、矿物制品（如油制毛毡、矿渣）等。

2. 个人防护

在温度较高的工作场所，操作人员应采取必要的个体防护与保健措施。人体隔热的有效措施是穿戴专门的隔热工作服。在非操作时间尽量远离高温工作场所，在焦炉炉顶、机侧、焦侧应设工人休息室，调火工应有调火工室，以减少人员受高温辐射的机会。

3. 通风降温措施

采用通风降温的方法，以保持适宜的环境温度。需通风降温的岗位：气化炉的相关岗位，焦炉炉顶、机侧、焦侧工人和热修工人休息室，交换机工、焦台放焦工和筛焦工等的操作室，推焦机、装煤机、拦焦机和电机车的司机室。

4. 绿化和清凉饮料

（1）绿化

在建筑物周围绿化，可以降低周围空气温度，减弱地面热反射强度，遮蔽太阳直射，形成阴凉环境，达到防暑降温的目的。

（2）清凉饮料

对于炼焦岗位等高温作业的人员，必须供给足够的含盐清凉饮料。现在的各种饮料很多，在选用时要注意饮料的盐含量，或自行配制加入一定的食盐，以保证体内盐平衡，避免水盐代谢失衡，发生中暑。

第三节　噪声的危害与防护

一、声音的物理量

人耳感受声音的大小，主要与声压及声频有关。噪声是声波的一种，它具有声波的一切特性，从物理学的观点来讲，噪声就是各种不同频率声音的杂乱组合。

1. 声压及声压级

由声波引起的大气压强的变化量为声压，正常人刚刚能听到的最低声压为听阈声压。对于频率为 1kHz 的声音，听阈声压为 2×10^{-5} Pa；当声压增大至 20Pa 时，使人感到震耳欲聋，称为痛阈声压。从听阈声压到痛阈声压的绝对值相差一百万倍，因此用声压绝对值来衡量声音的强弱很不方便。为此，通常采用按对数方式分等级的办法作为计量声音大小的单位，这就是通常用的声压级，单位为分贝（dB），其数学表达式为：

$$L_p = 20\lg\frac{p}{p_0} \tag{7-1}$$

式中　L_p——声压级，dB；

　　　p——声压值，Pa；

　　　p_0——基准声压，即听阈声压，2×10^{-5}Pa。

用声压级代替声压可把相差一百万倍的声压变化，简化为 0～120dB 的变化，这给测量和计算都带来了极大的方便。

2. 声频

声频指声源振动的频率，人耳能听到的声频范围一般在 20～20000Hz 之间，低于 20Hz 的声音为次声，超过 20000Hz 的声音为超声，次声和超声人的听觉都感觉不到。声频不同，人耳的感受也不一样，中高频（500～600Hz）声音比低频（低于 500Hz）声音响些。

二、噪声的来源及分类

噪声按来源分为：交通运输噪声、建筑施工噪声、日常生活噪声、工厂噪声等。

如果把噪声随时间的变化来划分，可分成稳态噪声和非稳态噪声两大类。

按噪声产生的方式来划分，可将噪声分为机械噪声、气体动力噪声、电磁噪声三大类。

(1) 机械噪声

机械噪声由机械撞击、摩擦、转动而产生。如破碎机、球磨机、电锯、机床等。

(2) 气体动力噪声

当气体中存在涡流，或发生压力突变时引起的气体扰动称为气体动力噪声。如通风机、鼓风机、空压机、高压气体放空时产生的噪声。

(3) 电磁噪声

由于磁场脉动、电源频率脉动引起电器部件振动而产生电磁噪声。如发电机、变压器、继电器产生的噪声。

煤化工企业的噪声主要来自各种风机产生的气体动力噪声及粉碎机、振动筛、泵、电机的机械噪声等。某焦化厂主要操作工序的噪声特性见表 7-5。

表 7-5　某焦化厂各工序的噪声特性

噪声源	频率特性	噪声级/dB(A)
配煤室	低频	81～83
粉碎机室	低频	88～97
转运站	低中频	90～100
煤塔		97
筛焦楼	中频	92～99
鼓风机室	中高频	91～96
硫酸铵干燥		97
氨水泵房	中频	88～92
粗苯泵房	中频	91～96
焦油泵房	中频	92～95
酚水站	低中频	95～112
操作室		70～80

三、噪声的危害及接触限值

(1) 干扰人们的睡眠和工作

人们休息时,要求环境噪声小于45dB,若大于63.8dB,就很难入睡。噪声分散人的注意力,使人容易疲劳、反应迟钝、神经衰弱、影响工作效率,还会使工作出差错。

(2) 对听觉器官的损伤

人听觉器官的适应性是有一定限度的,在强噪声下工作一天,只要噪声不要过强(120dB以上),事后只产生暂时性的听力损失,经过休息可以恢复。但如果长期在强噪声下工作,每天虽可恢复,经过一段时间后,耳器官会发生器质性病变,出现噪声性耳聋,俗称噪声聋。

(3) 噪声对心血管系统的影响

噪声可使人的交感神经紧张,从而出现心跳加快,心律不齐,心电图T波升高或缺血型改变,传导阻滞,血管痉挛,血压变化等症状。

(4) 噪声对视力的影响

噪声可造成眼疼、视力减退、眼花等症状。

(5) 噪声对胃功能的影响

噪声会使人出现食欲不振、恶心、肌无力、消瘦、体质减弱等症状。

(6) 噪声对内分泌系统的影响

噪声会使人体血液中油脂及胆固醇升高,甲状腺活动增强并轻度肿大,人尿中17-酮固醇减少等。

(7) 噪声影响胎儿的发育成长

基于上述危害,我国《噪声作业分级》(LD 80—1995)规定了工作地点噪声声级的卫生限值。每天连续接触噪声8h时,噪声声级卫生限值为85dB(A)。接触噪声不足8h的场所,可根据实际接触噪声的时间,按接触时间减半,噪声声级卫生限值增加3dB(A)的原则,确定其噪声声级限值,但最高限值不应超过115dB(A)。工作地点噪声声级的卫生限值应遵守表7-6的要求。

表7-6 工作地点噪声声级的卫生限值

日接触噪声时间/h	卫生限值/dB(A)	日接触噪声时间/h	卫生限值/dB(A)
8	85	1/2	97
4	88	1/4	100
2	91	1/8	103
1	94		

注:最高不应超过115dB(A)。

四、噪声控制

1. 从声源上降低噪声

降低噪声源的噪声是治本的方法。如能既方便又经济地实现,应首先采用,主要是通过减少噪声源和合理布局来实现。

(1) 减少噪声源

用无声的或低噪声的工艺和设备代替高噪声的工艺和设备,提高设备的加工精度和安装技术,使发声体变为不发声体,这是控制噪声的根本途径。无声钢板敲打起来无声无息,如果机械设备部件采用无声钢板制造,将会大大降低声源强度。在选用设备时,应优先选用低噪声的设备。如电机可采用低噪声电机，采用胶带机代替高噪声的振动运输机，采用沸腾干燥法代替振动干燥法干燥硫酸铵，选用噪声级低的风机等。

(2) 合理布局

在总图布置时考虑地形、厂房、声源方向性和车间噪声强弱、绿化植物吸收噪声的作用等因素进行合理布局，以起到降低工厂边界噪声的作用。如把高噪声的设备和低噪声的设备分开，把操作室、休息间、办公室与嘈杂的生产环境分开，把生活区与厂区分开，使噪声随着距离的增加自然衰减。城市绿化对控制噪声也有一定作用，40m 宽的树林就可以降低噪声 10~15dB。

但是，在许多情况下，由于技术上或经济上的原因，直接从声源上控制噪声往往是不可能的。因此，还需要采用吸声、隔声、消声等技术措施来配合。

2. 控制噪声的传播途径

控制噪声的传播途径就是降低已经发出来的噪声的方法，主要有以下几种。

(1) 吸声处理

主要利用吸声材料或吸声结构来吸收声能而降低噪声。选择吸声材料的首要条件，是它的吸声系数。吸声系数在 0~1 之间，吸声系数越大，吸声效果越显著。光滑水泥面的吸声系数为 0.02，吸声材料和吸声结构的吸声系数一般在 0.2~0.7 之间。

多孔吸声材料的特点是在材料中有许多微小间隙和连续气泡，因而具有适当的通气性。当声波入射到多孔材料时，首先引起小孔或间隙的空气运动，但紧靠孔壁或纤维表面的空气受孔壁影响不易动起来，由于空气的这种黏性，一部分声能就转变为热能，从而使声波衰减。多孔吸声材料的厚度、容重及使用条件都对吸声性能有影响。常用的吸声材料有玻璃棉、毛毡、泡沫塑料和吸声砖等。

采用吸声结构降低噪声的主要途径有薄板振动吸声结构和穿孔板结构。

薄板吸声结构在声波作用下将发生振动，板振动时由于板内部和木龙骨间出现摩擦损耗，使声能转变为机械振动，最终转变为热能而起吸声作用。由于低频声波比高频声波容易激起薄板产生振动，所以它具有低频吸声特性。当入射声波的频率与薄板振动的固有频率一致时，将发生共振。在共振频率附近，吸声系数最大，为 0.2~0.5。影响吸声性能的主要因素有薄板的质量、背后空气层厚度以及木龙骨构造和安装方法等。

穿孔板结构是在石棉水泥板、石膏板、硬质板、胶合板以及铝板、钢板等金属板上穿孔，并在其背后设置空气层，其吸声特性取决于板厚、孔径、背后空气层厚度及底层材料。

经过吸声处理的房间，降低噪声的量根据处理面积的多少而定，一般可降低 7~15dB。由于吸声处理技术效果有限，一般是与隔声处理技术综合应用。

(2) 隔声处理

隔声处理是将噪声源和人们的工作环境隔开，以降低环境噪声。典型的隔声设备有隔声罩、隔声间和隔声屏。

隔声罩是由隔声材料、阻尼材料和吸声材料构成的，主要用于控制机器噪声。隔声材料多用钢板，将钢板做成罩子并涂上阻尼材料，以防罩子的共振。罩内加吸声材料，做成吸声层，以降低罩内的混响，提高隔声效果。如用 2mm 厚的钢板加 5cm 厚的吸声材料，可以降低噪声 10~30dB。

隔声间分固定隔声间与活动隔声间两种。固定隔声间是砖墙结构，活动隔声间是装配式的。隔声间不仅需要有一个理想的隔声墙，而且还要考虑门窗的隔声以及是否有空隙漏声。门应制成双层中间充填吸声材料的隔声门。隔声窗最好做成双层不平行不等厚结构。门窗要用橡皮、毛毡等弹性材料进行密封。较好的隔声间减噪量可达 25～30dB。

隔声屏主要用在大车间内以直达声为主的地方,将强噪声源与周围环境适当隔开。隔声屏对减低电机、电锯的高频噪声是很有效的,可减噪声 5～15dB。煤化工企业各工序的操作室或工人休息室应采取隔声措施以减少噪声的危害。将噪声较大的机械设备尽可能置于室内,防止噪声的扩散与传播,同时对煤塔、煤粉碎机室、煤焦转运站的操作室、除尘地面站操作室、热电站主厂房、压缩空气站、氮气站操作室、汽轮机操作室等处设置隔声门窗;粉碎机室、焦炭筛分系统等噪声较大的设备置于室内隔声;透平机本体配带消声隔声罩,发电机励磁机本体配带消声隔声罩;各除尘风机及前后管道隔声。

例如某厂鼓风机室的屋顶和墙面采用了超细玻璃棉吸声板,厚度为 80mm,外层为高穿孔率纤维护面层,穿孔率为 25.6%;隔声窗为双层 5mm 玻璃,连空气层厚度为 10mm;隔声门由 2mm 厚钢板和 100mm 厚超细玻璃棉及穿孔率为 20% 的穿孔薄钢板构成;煤气管道用阻尼浆和玻璃纤维布包扎。采取上述措施后,机房内噪声降低了 20dB(A)。

(3) 消声处理

消声处理的主要器件是消声器,消声器是降低空气动力性噪声的主要技术措施,主要应用在风机进、出口和排气管口。目前采用的消声器有阻性消声器、抗性消声器、抗阻复合式消声器和微孔板消声器四种类型。

① 阻性消声器。这种消声器是借助镶饰在管内壁上的吸声材料或吸声结构的吸声作用,使沿管道传播的噪声能量转化为热能而衰减,从而达到消声目的。其作用类似于电路中的电阻,故称之为阻性消声器。阻性消声器的优点是对处理高中频率噪声有显著的消声效果,制作简单,性能稳定。其缺点是在高温、水蒸气以及对吸声材料有腐蚀作用的气体中使用寿命短,对低频噪声效果差。

② 抗性消声器。这种消声器是利用管道内声学特性突变的界面把部分声波向声源反射回去,从而达到消声的目的。扩张室消声器、共振消声器、干涉消声器以及穿孔消声器,都是常见的抗性消声器。该形式消声器对处理低、中频噪声有效;若同时采用吸声材料,对高频也有明显效果。抗性消声器的优点是具有良好的低、中频消声性能,结构简单,耐高温、耐气体腐蚀。其缺点是消声频带窄,对高频消声效果差。

③ 阻抗复合式消声器。这种消声器是将阻性和抗性消声器结合起来,使其在较宽的频带上具有较好的消声效果。某罗茨鼓风机上用的阻抗复合式消声器由两节不同长度的扩张室串联而成。第一扩张室 1100mm,扩张比 6.25;第二扩张室长 400mm,扩张比 6.25。每个扩张室内,从两端分别插入等于它的各自长度的 1/2 和 1/4 的插入管,以改善其消声性能。为了减少气动阻力,将插入管用穿孔管(穿孔率为 30%)连接。该消声器在低、中频范围内平均消声值在 10dB 以上。

④ 微孔板消声器。这种消声器的结构是将金属薄板按 2.5%～3.0% 的穿孔率进行钻孔,孔径 0.5～1mm,作为消声器的贴衬材料。并根据噪声源的强度、频率范围及空气动力性能的要求,选择适当的单层或双层微孔板构件作为消声器的吸声材料。微孔板消声器适用于各种场合消音,压力降比较小,如高压风机、空调机、轴流式与离心式风机、柴油机以及含有水蒸气和腐蚀性气体的场所。其优点是重量轻、体积小、不怕水和油的污染。

3. 采取个人保护措施

由于技术和经济的原因,在用以上方法难以解决的高噪声场合,佩戴个人防护用品,则是保护工人听觉器官不受损害的重要措施。理想的防噪声用品应具有高隔声值,佩戴舒适,对皮肤没有损害作用,此外,最好不影响语言交谈。常用的防噪声用品有耳塞、耳罩和头盔等,这些措施可以降低噪声级 20~30dB。

第四节 振动的危害与防护

一、振动及其类型

振动是指在力的作用下,物体沿直线经过一个中心(平衡位置)往返重复运动。按振动作用到人体的方式,振动分为局部振动和全身振动两种类型。局部振动是指局部作用到手、足或局部,传送的范围较局限;全身振动是指通过身体的某一支撑部位传送到全身,并作用到全身大部分器官。

煤破碎机、粉碎机、煤气鼓风机、各除尘风机、各种泵、电动机、空压站等都能产生振动,尤其是筛焦楼的振动筛振动最为强烈。

二、振动的危害

1. 局部振动

长期接触局部振动的人,可有头昏、失眠、心悸、乏力等不适,还有手麻、手痛、手凉、手掌多汗、遇冷后手指发白等症状,甚至出现工具拿不稳、吃饭掉筷子的现象。

2. 全身振动

长期全身振动,可出现脸色苍白、出汗、唾液多、恶心、呕吐、头痛、头晕、食欲不振等不适,还可有体温、血压降低等症状。

振动可以使妇女的生殖器官受到影响,使子宫或附件的炎症恶化,导致子宫下垂、痛经、自然流产和异常分娩的百分率增加。

三、振动控制

1. 控制振动源

控制振动源的主要方法是减小和消除振源本身的不平衡力引起的对设备的激励,从改进振动设备的设计和提高制造加工和装配的精度方面,使其振动幅值达到最小。

采用各种平衡方法来改善机器的平衡性能。必要时甚至可以更换机型,修改或重新设计机械的结构,如重新设计凸轮轮廓线,缩短曲柄行程,减小摆动质量,改变磁通间隙等以减小振动幅度,或改变机器结构的尺寸,采取局部加强的办法,改变机器结构的固有频率,或从改变机器的转速,采用不同叶数的叶片,改变振动系统的扰动频率,以改变干扰力的频谱结构,防止共振。改进和提高制造质量,提高加工精度和降低表面粗糙度,提高静、动平衡,精细修整轮齿的啮合表面,减小制造误差,提高安装时的对中质量等。

另外,改变扰动力的作用方向,增加机组的质量,在机组上装设有动力吸振器等均可减小振源底座处的振动。

2. 控制共振

共振是振动的一种特殊状态,当振动机械的扰动激励力的振动频率与设备的固有频率一致时,就会使设备振动得更厉害,甚至起到放大作用,这个现象称为共振。

共振不仅是一种能量的传递,而且具有放大传递、长距离传递的特性。共振就像一个放大器,小的位移作用可以得到大的振幅值。共振又像一个储能器,它以特有的势能与弹性位能的同步转换与吸收,能量越来越大。

工程上常应用共振原则制成各种机械设备,使微小的动力可以得到较大的振动力,这是共振积极的一面。但它不利的一面是共振放大作用带来的破坏与灾害,这时需要防止共振发生。防止共振出现的方法主要如下。

① 改变机械结构的固有频率，从改变物体、设备、建筑物等的结构和总的尺寸，或采取加筋、多加支撑点的局部加强法来改变其固有频率。

② 改变各种动力机械振源的扰动频率，如改变机器的转速或更换机型等办法。

③ 振动源安装在非刚性基础上。管道及传动轴等必须正确安装，可采用隔离固定，这对减小墙、板、车船体壁的共振影响十分有效。

④ 对于一些薄壳体、仪表柜或隔声罩等宜采用黏弹性高阻尼材料，增加其阻尼，以加强振动的逸散，降低其振幅。阻尼材料主要由填料和黏合剂组成。填料是一些内阻较大的材料，如蛭石粉和石棉绒等。黏合剂有各种漆、沥青、环氧树脂、丙烯酸树脂及有机硅树脂等。此外，还配有发泡剂和防火剂等。目前常用的阻尼材料有 J70-1 防振隔热阻尼浆、沥青石棉绒阻尼浆、软木防隔热隔振阻尼浆等。

3. 隔振技术

振动影响，特别是针对环境来讲，主要是通过振动传递来达到的，减少或隔离振动就可使振动得到控制。隔振有三种形式。

(1) 采用大型基础

这是最常用和最原始的办法，根据工程振动学的原则，合理地设计机器的基础，可以尽量减少基础的振动和振动向周围传递。在带有冲击作用时，为保护基座和减少振动冲击的传递，采用大的基础质量块更为理想。根据常规经验，一般的切削机床的基础为自身质量的 1~2 倍，特殊的振动机械往往达到自身设备质量的 2~5 倍，更甚可达到 10 倍以上。对于煤粉碎机、煤气鼓风机、各除尘风机、煤气吸气机等振动较大的设备，设置单独基础。

(2) 开防振沟

在机械振动基础四周开有一定宽度和深度的沟槽，里面充填以松软物质（如木屑等），亦可不填，用来隔离振动的传递。其不足之处是防振沟对高频隔振效果好，对低频振动隔振效果较差，时间长久，沟内难免堆有杂物，一旦填实，效果会更差。

(3) 采用隔振元件

在振动设备下方安装隔振器，如橡胶、弹簧或空气减振器等，它是目前工程上应用最为广泛的控制振动的有效措施，能起到减少力的传递作用，如果选择和安装隔振元件得当，可有 85%~90% 的隔振效果。

4. 加强个人防护

① 配备减振手套和防寒服；

② 休息时用 40~60℃ 热水浸泡手，每次 10min 左右；

③ 供给高蛋白、高维生素和高热量饮食。

第五节　电磁辐射危害与防护

一、电离辐射的危害与防护

1. 电离辐射的危害

电离辐射能引起原子或分子电离，如 α 粒子、β 射线、γ 射线、X 射线、中子射线等能引起电离辐射。

电离辐射也称为放射性辐射，对人体的危害是由超过允许剂量的放射线作用于机体的结果。放射性危害分为体外危害和体内危害。体外危害是放射线由体外穿入人体而造成的危害，X射线、γ射线、β粒子和中子都能造成体外危害。体内危害是由于吞食、吸入、接触放射性物质，或通过受伤的皮肤直接侵入人体内造成的。

放射性辐射对人体细胞组织的伤害作用，主要是阻碍和伤害细胞的活动机能及导致细胞死亡。人体长期或反复受到允许放射剂量的照射能使人体细胞改变机能，出现白细胞过多、眼球晶体混浊、皮肤干燥、毛发脱落和内分泌失调。较高剂量能造成贫血、出血、白细胞减少、肠胃道溃疡、皮肤溃疡或坏死。在极高剂量放射线作用下，造成的放射性伤害有以下三种类型。

(1) 中枢神经和大脑伤害

主要表现为虚弱、倦怠、嗜睡、昏迷、痉挛等症状，可在两周内死亡。

(2) 胃肠伤害

主要表现为恶心、呕吐、腹泻、虚弱或虚脱等症状，症状消失后可出现急性昏迷，通常可在两周内死亡。

(3) 造血系统伤害

主要表现为恶心、呕吐、腹泻等症状，但很快好转，2～3周无病症后，出现脱发、经常性流鼻血，再度腹泻，造成极度憔悴，2～6周后死亡。

2. 放射源

在煤化工企业备煤车间配煤室，煤的计量大多采用核子秤，其工作原理为放射源（铯-137）的γ射线（电子）穿透物料层后，被γ射线探测器接收，γ射线接收量的不同再转化为电信号，检测配煤量。铯-137是金属铯的同位素之一，由于有放射性，平时储存在铅容器内。在放射源角度左右42°、前后8°区域内作业有被辐射的危险，若是操作人员长时间在放射角度内停留，或是防护设施失去保护作用，导致放射源泄漏，都有很大的危险，因此对铯-137应采取必要的防护措施。

3. 防护措施

① 有确保放射源不致丢失的措施；可能受到射线危害的有关人员应佩带检测仪表，其最大允许接受剂量当量为每年50mSv（5雷姆）。

注：Sv（西弗，又译希沃特），用来衡量辐射对生物组织的伤害的剂量当量。$1Sv=1J$（辐射能量）$/kg$。旧时还用雷姆（rem，又称伦琴当量）衡量，$1Sv=1000mSv=100rem$。

② 接近最大允许接受剂量的工作人员每年至少体检一次。特殊情况要及时检查。

③ 射线源处必须设有明确的标志、警告牌和禁区范围。

④ 安全操作。

• 操作岗位人员认真巡检放射源防护装置，发现异常，立即报告车间、厂调度室（应急救援指挥部）。

• 操作、检修人员认真执行核子秤放射源安全规定。

• 进入配煤室外来人员必须进行登记，严禁闲杂人员进入。

• 维修人员在检修核子秤时，须将铅罐小车推至放射孔处，待检修完毕，再将其推至一边。

• 禁止在核子秤探测器附近长时间停留。

• 备好核子秤放射源防护衣及防护帽、眼镜、手套。

• 严禁岗位人员用水冲刷放射源及相关设施。如果发生放射源大剂量非正常工作区泄漏，岗位人员立即撤离到安全地带，并立即报告车间、厂调度室（应急救援指挥部）。

二、非电离辐射的危害与防护

1. 射频电磁波

任何交流电路都能向周围空间放射电磁波,形成一定强度的电磁场,当交变电磁场的变化频率达到100kHz以上时,称为射频电磁场,射频电磁辐射的频带为 $1.0\times10^2 \sim 3.0\times10^7$ kHz。射频电磁波按其频率大小分为中频、高频、甚高频、特高频、超高频、极高频六个频段,人们在以下情况中具有接触机会。

高频感应加热:高频热处理、焊接、电炉冶炼、半导体材料加工等。

高温介质加热:塑料热合、橡胶硫化、木材及棉纱烘干等。

(1) 对人体的影响

引起中枢神经的机能障碍和以迷走神经占优势的植物神经紊乱,临床症状为神经衰弱症候群,如头痛、头晕、乏力、记忆力减退、心悸等。

(2) 预防措施

采用屏蔽罩或小室的形式屏蔽场源,可选用铜、铝和铁为屏蔽材料。对一时难以屏蔽的场源,可采取自动或半自动的远距离操作。进行合理的车间布局,高频车间要比一般车间宽敞,高频机之间需要有一定距离,并且要尽可能远离操作岗位和休息地点。一时难以采取其他有效防护措施,短时间作业时可穿戴防微波专用的防护衣、帽和防护眼镜。每1~2年进行一次体检,重点观察眼晶体变化,其次是心血管系统、外周血象及男性生殖功能。

2. 紫外线辐射

紫外线在电磁波谱中是界于X射线和可见光之间的频带,波长范围 $10^{-8} \sim 10^{-7}$ m。凡物体温度达到1200℃以上时,辐射光谱中即可出现紫外线,物体温度越高,紫外线波长越短,强度越大。比如焦炉的燃烧室温度可达到1400℃,气流床气化炉的温度可达2000℃,都会产生紫外线辐射。

(1) 对机体的影响

眼睛暴露于短波紫外线时,能引起结膜炎和角膜溃疡,即电光性眼炎。强紫外线短时间照射眼睛即可致病,潜伏期一般在0.5~24h,多数在受照后4~24h发病。首先出现两眼怕光、流泪、刺痛、异物感,并带有头痛、视觉模糊、眼睑充血、水肿。长期暴露于小剂量的紫外线,可发生慢性结膜炎。

不同波长的紫外线,可被皮肤的不同组织层吸收。波长 2.20×10^{-7} m 以下的短波紫外线几乎全部被角化层吸收。波长 $(2.20\sim3.30)\times10^{-7}$ m 的中短波紫外线可被真皮和深层组织吸收,数小时或数天后形成红斑。若紫外线与沥青同时作用于皮肤,可引起严重的光感性皮炎,出现红斑及水肿。

(2) 预防措施

在有紫外线照射的场所,如焦炉作业、气化炉作业时,应佩戴能吸收或反射紫外线的防护面罩及眼镜。此外,在紫外线发生源附近可设立屏障,或在室内和屏障上涂以黑色,可以吸收部分紫外线,减少反射作用。

3. 红外线辐射

红外辐射即红外线,也称热射线,波长范围 $10^{-6} \sim 10^{-4}$ m。凡是温度-273℃以上的物体,都能发射红外线,物体的温度愈高,辐射强度愈大,其红外成分愈多。如某物体的温度为1000℃,则波长短于 $1.5\mu m$ 的红外线为5%,当温度升至1500℃和2000℃时,波长短于 $1.5\mu m$ 的红外线成分分别上升到20%和40%。

(1) 对机体的影响

较大强度的红外线短时间照射,皮肤局部温度升高、血管扩张,出现红斑反应,停止接触后红斑消失。反复照射局部可出现色素沉着。过量照射,除发生皮肤急性灼伤外,短波红外线还能透入皮下组织,使血液及深部组织加热。如照射面积较大、时间过久,可出现全身症状,重则发生中暑。

过度接触波长为 $3\mu m \sim 1mm$ 的红外线,能完全破坏角膜表皮细胞,蛋白质变性不透明。红外线可引起白内障,多发生在接触红外线工龄长的工人,患者视力明显减退,仅能分辨明暗。波长小于 $1\mu m$ 的红外线可达视网膜,造成视网膜灼伤,损伤的程度决定于照射部分的强度,主要伤害黄斑区,发生于使用弧光灯、电焊、氧炔焊等作业。

(2) 预防措施

严禁裸眼观看强光源。司炉工、电气焊工可佩戴绿色玻璃片防护镜,镜片中需含氧化亚铁或其他有效的防护成分(如钴等)。必要时穿戴防护手套和面罩,以防止皮肤灼伤。

第六节 个人防护用品

个人防护用品指劳动者为防止一种或多种有害因素对自身的直接危害所穿用或佩戴的器具的总称。包括工业安全帽、呼吸器官防护器具、眼面防护器具、护耳器、防护手套、防护鞋、防护服、安全带、安全绳、安全网、护肤用品、洗消剂等。为了保证劳动者在劳动中的安全和健康,应当用好个人防护用品,改善劳动条件,消除各种不安全、不卫生的因素。有关呼吸器官、眼部防护等方面的器具可见第四章内容。

一、头部、面部的防护

1. 安全帽

安全帽是用于保护劳动者头部,以消除或减缓坠落物、硬质物件的撞击、挤压伤害的护具,是生产中广泛使用的个人安全用品。安全帽主要由帽壳和帽衬组成,帽壳为圆弧形,帽与衬之间有 $25 \sim 50mm$ 间隙,当物件接触帽壳时,载荷传递分布在帽壳的整个面积上,由头和帽顶之间的系统吸收能量,减轻冲击力对头部的作用,从而达到保护效果。安全帽的帽衬与帽顶的垂直间距,塑料帽衬必须大于 $25mm$,棉织(化纤)衬必须在 $30 \sim 50mm$ 之间;衬与帽壳内侧面的水平间距应在 $5 \sim 20mm$ 之间;安全帽的质量应小于 $460g$,特殊的(防寒)小于 $690g$。

按结构对安全帽进行分类,分为大沿、中沿、小沿和卷沿或无沿帽,帽顶有加强筋;按材料分有玻璃钢、聚碳酸酯、ABS塑料、聚乙烯塑料、金属、聚丙烯塑料、橡胶布等品种。

根据用途,安全帽分为普通型安全帽、矿工安全帽、电工安全帽、驾驶安全帽等类型。普通型塑料安全帽,能承受 $3m$ 高度 $3kg$ 钢球自由坠落的冲击力,并具有耐酸、耐碱、耐油及各种化学试剂的功能,适用温度范围在 $-20 \sim 80℃$ 之间。安全帽必须选择符合国家标准要求的产品,根据不同的防护目的选用适宜的品种,并应根据头型选用。

2. 面罩

防护面罩有有机玻璃面罩、防酸面罩、大框送风面罩几种类型。有机玻璃面罩能屏蔽放射性的 α 射线、低能量的 β 射线,防护酸碱、油类、化学液体、金属溶液、铁屑、玻璃碎片等飞溅而引起的对面部的损伤和辐射热引起的灼伤。防酸面罩是接触酸、碱、油类物质等作业用的防护用品。

二、听觉器官的防护

防噪声用品即护耳器,是用于保护人的听觉,使其避免噪声危害的护具,有耳塞、耳罩和帽盔三类。如长期在 90dB（A）以上或短期在 115dB（A）的噪声环境中工作时，都应使用防护用品，以减轻对人的危害。

耳塞是用软橡胶或软塑料制成，将其塞入外耳道内，可以防止外来声波的侵入。这种耳塞的优点是体积小、隔声量大，但应注意佩戴合适，否则会引起不适。耳塞对高频隔声量很大，适于在一些以高频声为主的工作场所使用。硅橡胶耳塞，其形状与使用者的外耳道完全吻合，具有较高的隔声量和良好的舒适度。材料无毒、表面光滑、能耐高温，隔声值为 32～34dB，对于强噪声环境中工作的人员有显著的听力保护效果。

防噪声耳罩是把整个耳廓全部密封起来的护耳器，由耳罩外壳、密封衬圈、内衬吸声材料和弓架四部分组成。耳罩外壳由硬质材料制成，以隔绝外来声波的侵入。内衬吸声材料可以吸收罩内的混响声。在罩壳与颅面接触的一圈，用软质材料，如泡沫塑料、海绵橡胶等做成垫圈。耳罩平均隔声值在 20dB 以上，有的 A 级隔声值达 30dB 以上。对于高噪声和 A 声级在 100dB 的高频噪声，应佩戴耳罩。

帽盔是保护听觉和头部不受损伤的防噪声用品，有软式和硬式之分。软式防噪声帽由人造革帽和耳罩组成，耳罩固定在帽的两边，其优点是可以减少噪声通过颅骨传导引起的内耳损伤，对头部有防震和保护作用，隔声性与耳罩相同。硬式防噪声帽盔由玻璃钢壳和内衬吸声材料组成，用泡沫橡胶垫使耳边密封。只有在高噪声条件下，才将帽盔和耳塞连用。

三、足部的防护

足部防护用品主要是指防护鞋，防护鞋是用于防止生产过程中有害物质和能量损伤劳动者足部、小腿部的鞋。我国防护鞋主要有高温防护鞋、防静电鞋和导电鞋、绝缘鞋、防酸碱鞋、防油鞋、防水鞋、防寒鞋、防刺穿鞋、防砸鞋等专用鞋。

高温防护鞋适用于焦炉各操作岗位，主要功能是防烧烫、刺割、不易燃，应能承受一定静压力和耐一定温度（300℃）。鞋面料采用耐高温的如牛或猪浸油革，结构上要求中底为隔热材料，外底为耐高温材料，工艺上需用模压方法制成鞋，质量应符合《高温防护鞋》（LD 32—1992）标准的规定。高温防护鞋分为靴式（A 型）和高腰鞋式（B 型）。靴式帮高不低于 200mm，不超过 2.5kg；高腰鞋式帮高不低于 100～130mm，不超过 1.5kg。

防静电鞋和导电鞋用于防止因人体带静电而可能引起事故的场所。防静电鞋的电阻为 $10^5 \sim 10^9 \Omega$，将人体间接接地，同时对 250V 以下的电气设备能预防触电。导电鞋，电阻小于 $10^5 \Omega$，只能用于电击危险性不大的场所，防静电功能好，但防触电功能差，不适于用在有触电危险的场所。

防酸碱鞋用于地面有酸碱及其他腐蚀液，或有酸碱液飞溅的作业场所。防酸碱鞋的底和皮应有良好的耐酸碱性能和抗渗透性能。

绝缘鞋用于电气作业人员的保护，防止在一定电压范围内的触电事故。绝缘鞋只能作为辅助安全防护用品，要求其力学性能良好。

防刺穿鞋用于足底保护，防止被各种尖硬物件刺伤。

防砸鞋的主要功能是防坠落物砸伤脚部。鞋的前包头有抗冲击材料。

四、躯体的防护

防护服是对躯体进行防护的措施，使劳动者体部免受尘、毒和物理因素的伤害。防护服应能有效地保护作业人员，并不给工作场所、操作对象产生不良影响。防护服主要包括防尘服、防毒服、防放射性服、防微波服、高温工作服、防火服、阻燃防护服、防水服、防静电服、带电作业服、防机械外伤和脏污工作服等。

1. 防尘服

防尘服分为工业防尘服和无尘服。工业防尘服主要在粉尘污染的劳动场所中穿用；防止各类粉尘接触危害体肤。无尘服主要在无尘工艺作业中穿用，以保证产品质量。这类服装通常选用织密度高、表面平滑、防静电性能优良的纤维织物缝制，具有透气性好、阻尘率高、尘附着率小的特点。防尘服的款式结构，应采用头部有遮盖帽或风帽、有连接至肩部的头巾、紧袖口、紧裤口、紧下摆的形式。

2. 防毒服

防毒服是用于防止酸、碱、矿植物油类、化学物质等毒物污染或伤害皮肤的防护服。分密闭型和透气型两类。前者用抗浸透性材料如涂刷特殊橡胶、树脂的织物或用橡胶、塑料膜等制作，一般在污染危害较严重的场所中穿用；后者用透气性材料如特殊处理的纤维织物等制作，一般在轻、中度污染场所中穿用。常见的防毒服有送气型防护服、胶布防毒衣、透气型防毒衣、防酸碱工作服、防油工作服等。

3. 高温工作服、防火服、阻燃防护服

高温工作服用于高温、高热或辐射热场所作业的个人防护。材料必须具备隔挡辐射热效率高，热导率小，防熔融物飞溅、沾黏，不易燃和离火自灭以及外表反射率高等性能。结构式样一般为上下分身装。主要有石棉布工作服、白帆布工作服、铝膜布工作服、克纶布工作服等。

防火服用于消防、火灾场所的防护。选用耐高温、不易燃、隔热、遮挡辐射热效率高的材料制作。常用的有 T 防火布、H 防火布、P 防火布、C 防火布、石棉布、铝箔玻璃纤维布、铝箔石棉布、碳素纤维布等。

阻燃防护服用阻燃织物缝制。适用于工业炉窑、金属热加工、焊接、化工、石油等场所，从事有明火或散发火花时在熔融金属附近处操作，以及易燃物质有着火危险的地方工作穿用。

4. 防静电服、带电作业服

防静电服用于产生静电聚积、易燃易爆操作场所，可以消除服装本身及人体带电。防静电服分导电纤维交织防护服、抗静电剂浸渍织物防护服两类。导电纤维布防静电服，其作用是与带电体接触时，能在导电纤维周围形成较强的电场，发生电晕放电，使静电中和。导电纤维越细，电晕放电电压越低，防静电效果越好。常用的导电纤维有铜丝、铝丝、不锈钢丝、渗碳纤维、有机导电纤维等。抗静电剂浸渍织物防护服，主要通过中和、增湿等以降低纤维的电阻率，消除静电。两者相比较，后者耐久性差，防静电性能不稳定。

下列场所工作必须穿防静电工作衣、工作鞋：

① 处理泄漏的可燃气体、开敞式或溢出的易燃液体。

② 带煤气抽堵盲板、换阀门等。

③ 处理由于静电能形成生产故障的电子部件和薄膜的工作。

带电作业服包括等电位均压服和绝缘工作服。等电位均压服是等电位带电检修必备的安全用品，其作用是屏蔽高压电流和分流电容电流。均压服用金属丝布缝制。绝缘工作服是采用绝缘胶布织物缝制，只适于一般低电压情况下使用。在国内常用的是绝缘鞋和手套，服装极少用到。

5. 防机械外伤和脏污工作服

防机械外伤和脏污工作服宜于预防机械设备运转及使用材料工具时可能发生的机械伤害，或防止脏物污染。服料要求耐磨及具有一定强度。服式有分身式、连体式及背带裤等，服装应采用紧袖口、紧下摆、紧领口结构。

五、防坠落用具

1. 安全带

安全带是高处作业人员用以防止坠落的护具，由带、绳、金属配件三部分组成。人从高处往低处坠落，冲击距离越大，冲击力越大，冲击力为体重的 5 倍左右时不会危及生命；如在体重的 10 倍以上，可能使人致死。安全带就是以此为基本依据设计制造，起到防止队落冲击伤害的。我国规定在高处（2m 以上）作业时，为预防人或物坠落造成伤亡，除作业面的防护外，作业人员必须佩戴安全带。

2. 安全网

安全网是用于防止人、物坠落，或用于避免、减轻坠落物打击的网具，是一种用途较广的防坠落伤害的用品。一般由网体、边绳、系绳、试验绳等组成，网体的网目为菱形或方形。安全网分安全平网、安全立网和密目式安全立网三类。安全网由具有足够强度和耐候性良好的纤维织带编织而成。我国对安全网的使用材料要求有良好的强度和耐老化性，一般采用尼龙和维纶，其他纤维材料未经试验不宜采用。选用时要注意选用符合标准或具有专业技术部门检测认可的产品。

复 习 题

1. 煤化工生产涉及的职业危害主要有哪些？
2. 苯并芘主要产生于煤化工的哪些生产过程？有什么危害？如何防护？
3. 简述煤尘、沥青烟、炭黑、石墨等粉尘的产生部位、危害及防护措施。
4. 简述噪声的危害。煤化工企业的噪声源有哪些？
5. 简述消除噪声源的方法、控制噪声传播途径的方法、噪声的个人防护措施。
6. 简述振动的防护措施。
7. 简述核子秤的工作原理以及对核子秤放射源的防护措施。
8. 高温作业岗位如何防紫外线辐射？
9. 简述煤化工生产相关的个人防护用品的作用。

第八章　安全管理与事故应急救援

　　安全管理主要是为贯彻执行国家和上级部门有关安全生产的法律、法规、规范、规程、条例、标准和命令，确保生产安全而确定的一系列组织措施，如建立和健全安全组织机构，制定和完善安全管理制度，编制和实施安全措施计划，进行安全宣传教育，组织安全检查，开展安全竞赛以及评比总结，奖励处分等。从而保护职工的安全和健康，防止工伤事故的发生，减少职业性危害，防止火灾爆炸等事故的发生，确保生产装置的连续、正常运转，保护企业财产不受损失。

第一节　煤化工生产安全管理

一、安全生产管理的基本原则

1. 生产必须安全

从一个国家到一个企业都必须保护人民的利益，企业生产的最终目的，就是造福于人民。因此，实现安全生产，保护职工在生产劳动过程中的安全和健康，便成了企业管理的一项基本原则。

人类要生存和发展必须进行生产劳动，生产劳动中必然存在着各种不安全、不卫生的因素，如果不予以重视，随时可能发生各种事故和职业病。实现安全生产，保护劳动者的安全、健康，是我国现代化建设的客观要求，同时也是关心和爱护群众的具体体现。实现安全生产，更有利于调动职工积极性，充分发挥他们的才智，促进生产力发展。

2. 安全生产、人人有责

安全生产是一项综合性工作，必须贯彻专业管理和群众管理相结合的原则，在充分发挥专职安全技术人员和安全管理人员的骨干作用的同时，充分调动和发挥全体职工的安全生产积极性，实现"全员、全过程、全方位、全天候"的安全管理和监督。同时还要建立健全各种安全生产责任制、岗位安全技术操作规程等安全规章制度，加强政治思想工作和经常性的监督检查。

3. 安全生产、重在预防

"安全第一，预防为主"，这是我国安全生产的方针。以往由于人们对客观事物的认识不够深刻，往往是发生事故之后，再调查原因，采取措施，始终处于被动地位。现代化的化工生产及高度发达的科学技术，要求而且也能够做到防患于未然，这就要加强对职工的安全教育和技术培训，提高职工的技术素质，组织各种安全检查，完善各种检测手段，及时掌握生产装置及环境的变化，及时发现隐患，防止事故的发生。

二、安全生产管理措施

1. 贯彻执行安全生产的法律法规

严格贯彻执行国家和行业安全监察部门颁布的如《中华人民共和国安全生产法》、《中华人民共和国消防法》、《中华人民共和国劳动法》、《中华人民共和国职业病防治法》、《工业企业煤气安全规程》（GB 6222—2005）、《焦化安全规程》（GB 12710—2008）、《建筑设计防火规范》（GB 50016—2006）、《石油化工企业设计防火规范》（GB 50160—2008）等安全生产的法律法规。

2. 建立和健全各项规章制度

企业应根据有关的安全法律法规，结合本单位的生产特点，建立和健全各项规章制度，使安全工作有制度、有措施、有布置、有检查，各有职守，责任分明。安全管理制度、安全操作规程、安全生产责任制等规章制度是指导、监督企业进行安全生产工作的依据，一些规章制度应上墙，并汇集成册下发至班组进行学习执行，做到有章可循，消除"无人负责、职责不清"现象。各种制度应随着管理状态的变化而不断变化，不断删减过时的内容，增设新的条款，使各项制度基本达到完善。在3年一认定，5年一修订的基础上，年年都要对变化了的内容作出明确的反映。

在抓好建章健制工作的同时，应加强基础管理工作，大到统计报表、档案资料，小到班组的巡线记录、测压记录、学习记录，都应规范、真实、完整、有效，并按时装订成册，一般资料保存3年，重要资料要归档管理。

3. 搞好安全文明检修

机械设备检修时必须严格执行各项检修安全技术规程，办理检修任务书、许可证、动火证、工作票等手续。做到器具齐全、安全可靠，文明检修。车间、班组安全员，在生产、检修过程中，应认真检查《安全生产四十一条禁令》的执行情况，杜绝一切事故的发生。

4. 加强防火防爆管理

对所有易燃易爆物品及易引起爆炸危险的过程和设备，都必须严格管理，积极采取先进的防火、灭火技术，大力开展安全防火教育和灭火技术训练，加强防火检查和灭火器材的管理，防止发生火灾爆炸事故。

5. 加强防毒防尘管理

配置相应的劳动保护和安全卫生设施，认真做好防毒、防尘工作。要做到全面规划，因地制宜，采取综合治理措施，消除尘毒危害，不断改善劳动条件，保护职工的安全健康，实现安全、文明生产。要限制有毒有害物质的生产和使用，杜绝跑、冒、滴、漏，防止粉尘、毒物的泄漏和扩散，保持作业场所符合国家规定的卫生标准；采取有效的卫生和防护措施，定期进行监测和人员体检。

6. 加强危险物品的管理

对于易燃易爆、腐蚀、有毒害的危险物品的管理，应严格执行《危险化学品安全管理条例》（国务院令第344号）、《常用化学危险物品贮存通则》（GB 15630—1995）、《危险化学品登记管理办法》等规定。危险品生产或使用中的废气、废水、废渣的排放，必须符合国家《工业企业设计卫生标准》（GBZ 1—2010）和有关"三废"排放标准的规定。

7. 配置安全装置和加强防护器具的管理

煤化工生产有高温、易燃、易爆、有毒有害物质、生产连续和生产方法多样等特点，为了保证安全生产，必须配备安全装置和加强防护器具的管理。

在现代化工业生产中的安全装置有：温度、压力、液面超限的报警装置；安全联锁装置；事故停车装置；高压设备的防爆泄压装置；低压真空的密闭装置；防止火焰传播的隔绝装置；事故照明安全疏散装置；静电和避雷防护装置；电气设备的过载保护装置以及机械运转部分的防护装置等。对于上述安全装置必须加强维护，保证灵敏好用。

对于个人防护器具，如安全帽、安全带、安全网、防护面罩、过滤式防毒面具、呼吸器、防护眼镜、耳塞、防毒防尘口罩、特种手套、防护工作服、防护手套、绝缘手套和绝缘胶靴等，也需要妥善保管并正确使用。

8. 安全标志和安全色管理

(1) 警告标志

《安全标志及其使用导则》(GB 2894—2008) 规定：安全标志是传播安全信息的标志，是为了促使人们对威胁安全和健康的物体和环境尽快作出反应，以减少或避免发生事故。安全标志警告牌由安全色（可见 GB 2893—2008《安全色》）、边框、以图像为主要特征的图形符号或文字构成，用以表达特定的安全信息。煤气区域的安全标志警告牌应设"当心中毒"、"禁止烟火"和"必须戴防毒面具"等。

(2) 煤气管道标志

管道标志是为了引起人们对不安全状态的注意，促使人们提防可能发生的危险，预防事故的发生。《工业管道的基本识别色、识别符号和安全标识》(GB 7231—2003) 中，对工业管道的基本识别色、识别符号和安全标识作出了规定。

危险标识表示工业管道内的物质为危险化学品，其表示方法为：在管道上涂 150mm 宽黄色，在黄色两侧各涂 25mm 宽黑色的色环或色带，安全色范围应符合 GB 2893—2008 的规定。

工业管路的基本识别色规定为：气体为黄褐色，水为绿色，蒸汽为大红色，氧气为浅蓝色。基本识别色可涂刷在管路的全长上，也可以在管路上涂刷宽 150mm 的色环或缠绕色带。

识别符号用于标识管内流体的性质、名称和流向。流体的性质应通过识别符号体现，识别符号可采用在基本识别色上涂刷宽 100mm 的安全色色环的方法。流体名称（或化学式）标识在色环附近。流体流向应用对比明显的白色或黑色在基本识别色上或基本识别色色环附近的管路上涂刷指向箭头。

9. 标准化班组建设

确保安全生产，防范事故的发生，关键在于强化班组管理，这是整个安全工作的最终落脚点。开展创建安全合格班组活动，并认真抓好班组长及班组成员的思想教育、技术培训工作，每年均组织学习培训，班组内部建立台账，每周均要进行安全学习，每天都要进行安全检查，以提高其思想水平和业务技能。凡是上级及公司的安全会议，都应传达到班组每个成员。对上级开展的"安全月"、"百日安全竞赛"等活动，班组都应积极参加。深入开展班组互保活动，加强现场监督，做到警钟长鸣，常抓不懈，提高班组安全水平。

10. 安全文化建设

经常举办不同形式的培训班，使广大职工的业务素质和安全意识得到提高。另外，安全宣传教育形式也趋于多样化，除日常的一些活动外，还可采取安全演讲、安全知识竞赛、安全宣传板报和橱窗、张贴安全宣传标语、悬挂安全横幅等形式，以提高职工的安全素质。

开展消防演习、防毒演习、安全知识竞赛及管道安装、抢修等各种形式的技术比武，以激励机制调动广大职工对安全工作的热情与投入，促进安全工作开展。

第二节　安全生产管理制度

一、安全生产责任制

为贯彻"管生产必须管安全"的原则，加强对安全管理工作的组织领导，应成立以厂长为主任的安全生产委员会，管生产的副厂长为副主任，成员由部门负责人及有关科室负责人组成。各部门应配备专职安全员或兼职安全员，专职安全员数不低于职工总数的 3%。

企业的每一个职工都必须在自己的岗位上认真履行各自的安全职责，根据"安全生产，人人有责"的原则,有岗必有责。设施、设备、管道应明确划分管理区域,并建立严格的安全生产责任制,涉及企业以外的单位要订合同明确,内部的各单位间要订协议书标明。

1. 企业领导的安全职责

厂长是本单位安全生产的第一责任人,对本单位的安全生产负全面领导责任。厂长的安全生产职责包括:

① 组织贯彻安全生产责任制,建立健全安全生产规章制度和操作规程,保证安全生产投入和有效实施;

② 贯彻"五同时"原则(即在计划、布置、检查、总结、评比生产的同时,计划、布置、检查、总结、评比安全工作),每月组织专题会议研究安全生产工作;

③ 组织并参加本单位安全检查工作,对存在的管理问题和事故隐患及时整改治理;

④ 组织制订并实施伤亡事故应急救援预案,及时、如实上报事故情况,按照"四不放过"原则对事故进行严肃处理。

按照"管生产必须管安全"的原则,主管生产的副厂长负责安全生产的具体管理工作。副厂长的安全生产职责包括:

① 协助厂长在分管的职权范围内全面抓好安全生产工作,对安全生产负具体领导责任并对厂长负责。

② 组织并参加厂级安全生产大检查和专业检查,对查出的事故隐患负责落实解决。

③ 负责审批劳保用品的发放标准,并检查执行情况。

④ 对新建、改建、扩建项目,按"三同时"的原则,做好施工与验收工作。

⑤ 负责督促有关部门对特种作业人员进行安全技术教育、培训和定期复审。

⑥ 负责组织全厂设备大、中修计划的审批,对安全措施不完善的不予审批,并负责组织安全措施的落实。对因检修中安全措施不完善或不落实造成的伤亡事故负领导责任。

⑦ 对在生产现场出现的人的不安全行为及其他安全问题要及时制止和解决,并根据有关规定提出处理意见。

⑧ 主持和参加伤亡事故的调查、分析和处理。

总工程师在技术上对本企业的安全生产工作全面负责。其他副职领导,按着"谁主管谁负责"的原则,在分管的业务范围内对本系统的安全工作负责。

各级行政领导在各自工作范围和管理权限内,负责组织贯彻执行国家和上级部门有关安全生产的政策、法令、法规和规定。在计划、布置、检查、总结、评比生产工作时,同时计划、布置、检查、总结、评比安全工作。凡是由于职工没有经过安全教育和安全技术培训就上岗操作;缺乏安全技术操作规程或规程不健全;安全设施、安全信息、安全标志、安全用具不齐、不全、不清;设备严重失修、蛮干、超负荷;对事故熟视无睹,不采取措施,重复发生同类事故;违章指挥、冒险作业等造成伤亡事故的,首先要追究各级领导的责任。

2. 职能处(科)室的安全职责

企业各职能处(科)室都要根据业务管理范围,搞好所管辖单位及具体业务中的安全工作,制定具体的安全生产责任制。

3. 工会的安全监督职责

工会组织应依法对企业的安全生产进行监督,维护职工合法权益,保护职工的安全与健康。企业负责人应定期向职工代表大会报告企业安全生产情况,接受工会及职工的监督。工会组织应参加企业的安全检查和事故调查、处理及善后工作;关心职工劳动条件的改善;要把职业安全卫生工作列入工作议题;协助安全部门搞好安全劳动竞赛、合理化建议活动和安全教育培训；支持厂长关于安全生产的奖惩，开展安全生产的宣传工作。

4. 车间干部与安全技术员的安全职责

根据"安全生产，人人有责"的原则，车间主任对本车间的安全生产全面负责。保证国家和企业安全生产法令、规定、指示和有关规章制度在本车间的贯彻执行；把职业安全卫生工作列入议事日程，做到"五同时"；组织制定并实施车间的安全管理规定、安全技术操作规程和安全技术措施计划；开展安全教育、培训和考核；坚持安全检查；开展班组安全活动；发挥车间安全管理网的安全人员的作用；负责组织制订施工安全技术措施方案；发生伤亡事故时要紧急抢救，保护现场，立即上报并查明原因，接受教训，采取防范措施，避免事故扩大和重复发生。

车间及班组安全技术员，在车间主任或班长的领导下负责车间或班组的安全技术工作，在业务上接受厂安全监督部门的指导，有权向上级安全监督部门汇报工作；负责或参与制定、修改有关安全生产管理制度和安全技术规程；负责车间或班组一级的安全教育，组织安全活动；负责对消防器材和设施的管理；深入现场检查，发现隐患及时整改；制止违章作业，在紧急情况下对不听劝阻者，可停止其工作，并立即报请领导处理；检查落实动火措施，确保动火安全；参加车间（班组）各类事故的调查处理，负责统计分析，及时上报；健全安全管理基础资料。

5. 班组长的安全职责

班组长应认真执行上级有关安全生产的指示，带领班组工人严格执行安全规程、作业标准和遵守劳动纪律，对本班组工人的安全与健康负责；熟知本班组各岗位安全规程，带头遵守并组织工人学习和执行，发现问题，及时提出修改补充意见；指导班组工人正确使用所分管的机器、设备，保持安全防护装置齐全、完好、可靠，消除作业环境中的危险因素；对班组工人进行安全教育和标准化作业方法训练，对新工人和换岗工人及时进行岗位安全教育；经常检查并保持工作地点的文明生产，保持成品、半成品、材料及废物合理放置；开好"三会"，即班前布置会、班后总结会、安全活动会；组织开展事故预知活动；遇有事故险情时，有权立即指挥工作人员撤离现场；组织"三查"，即交接班检查、班中检查和定期检查；发生伤亡事故要积极抢救伤员，保护现场，立即报告，并如实提供事故发生的情况。

6. 生产操作人员的安全职责

生产操作人员要认真学习和严格遵守各项规章制度，遵守劳动纪律，不违章作业，对本岗位的安全生产负直接责任；生产操作人员应精心操作，严格执行工艺规程和操作规程，做好记录；交接班必须交接安全情况，并为接班者创造良好的安全生产条件；认真进行巡回检查，发现异常情况，正确判断，及时处理，把事故消灭在萌芽状态；发生事故时要及时上报，妥善处理，保护现场，做好记录；维护设备及作业环境卫生，按规定着装及佩戴劳动保护用品，正确使用防护用具及灭火器材；有权拒绝违章作业的指令，对他人违章作业加以劝阻和制止。

二、安全教育培训制度

为了切实提高职工的安全意识、防范技能，增强职工的安全综合素质，避免各类事故的发生，企业必须经常对职工进行安全知识教育培训，积极宣传安全生产政策、法规、规章制度，教育职工自觉遵守安全操作规程，树立"安全第一、质量第一"的思想意识。企业安全教育由安全部门和人事部门实施，对象是全体职工，以及进入企业作业的外单位施工人员和实习人员。

1. 企业领导的安全教育

企业领导包括在职的正副厂长、经理都要参加由行业管理安全部门组织的安全教育培训班,并经考核合格取证。安全教育的内容有:
① 国家及行业管理部门有关职业安全卫生的方针、政策、法律、法规和规章制度;
② 工伤保险法律、法规;
③ 安全生产管理职责、企业职业安全卫生管理知识及安全环保知识;
④ 有关事故案例及事故应急处理措施等。

2. 安全处(科)长及安全技术管理人员的安全教育

企业的安全处(科)长,必须参加培训,持证上岗。企业安全技术管理人员,必须经过安全教育并经考核合格后方能任职。安全教育内容包括:
① 国家及行业管理部门的有关职业安全卫生的方针、政策、法律、法规,有关职业安全卫生标准和工伤保险的法律、法规;
② 企业安全生产管理、安全技术、职业卫生知识,环保知识;
③ 火灾、爆炸、中毒基本知识,压力容器安全管理知识,电气知识;
④ 有关事故案例及事故应急处理措施。

3. 其他管理部门和车间负责人的安全教育

企业各职能部门负责人、基层单位负责人、车间负责人、专业技术人员和班组长,按其管理权限逐级组织安全教育,经考核合格后方可任职。安全教育内容包括:
① 职业安全卫生法律、法规;
② 安全技术、职业卫生及环保知识;
③ 本企业、本岗位(班组)的危险危害因素、安全注意事项,本岗位的安全生产职责;
④ 典型事故案例及事故抢救与应急处理措施,消防和救护器材的使用等。

4. 生产岗位职工的安全教育

所有新入厂职工(包括学徒工、外单位调入职工、合同工、代培人员和大中专院校实习生)上岗前必须进行厂级、车间级和班组级的三级安全教育。

(1) 厂级安全教育

厂级安全教育由企业安全部门会同劳资、人事部门组织实施,教育内容为:国家有关安全生产法令、法规和职业安全卫生法律、法规;通用安全技术和职业卫生基本知识,包括一般机械、电气安全知识、消防知识和煤气防护常识等;本企业安全生产的一般状况、工厂性质、安全生产的特点和特殊危险部位介绍;本行业及本企业的安全生产规章制度和企业的劳动纪律、操作纪律、工艺纪律、施工纪律和工作纪律;典型事故案例及其教训,预防事故的基本知识。

(2) 车间级安全教育

车间级安全教育由车间负责人组织实施,教育内容为:本车间的生产概况、安全卫生状况;本车间主要危险危害因素及安全事项,安全技术操作规程和安全生产制度;安全设施、工具、个人防护用品、急救器材的性能和使用方法,预防事故和职业病的主要措施等;典型事故案例及事故应急处理措施。新职工经车间级安全教育并考核合格后,再分配到班组。

(3) 班组安全教育

班组安全教育由班组长组织实施,教育内容为:班组、岗位的安全生产概况,本岗位的生产流程及工作特点和注意事项;本岗位的职责范围和应知应会的内容;本岗位安全操作规程、岗位间衔接配合的安全卫生事项;本岗位预防事故及灾害的措施,安全防护设施的性能、作用、使用和操作方法,个人防护用品的保障及使用方法;典型事故案例。

企业新职工应按规定通过三级安全教育并经考核合格后方可上岗。职工厂际调动后必须重新进行入厂三级教育；厂内工作调动，干部顶岗劳动以及脱离岗位6个月以上者，应进行车间和班组两级安全教育，经考试合格后，方可从事新岗位工作。

5. 特殊安全教育

凡从事锅炉、受压容器、电工、金属焊接与气割、起重机械作业、建筑登高架设、机动车辆等特种作业人员，除进行三级安全教育外，还必须由厂级专业部门进行专业技术教育培训，并经国家资质单位考试合格后发给专业操作证，方准独立操作，并按规定期限组织训练、复审考试和签认操作证工作。

6. 其他人员及外来人员的安全教育

临时工、农民工的安全教育，由招收和使用部门负责实施，同级安全部门实行检查、监督，教育内容包括本企业生产特点、入厂须知、所从事工作的性质、注意事项、事故教训及有关的安全制度等；外来施工人员的安全教育，分别由委托单方和外包、外来人员主管部门负责组织，由用工单位进行教育；来厂参观人员的安全教育，由接待部门负责，内容为本厂有关安全规定和注意事项，参观人员要有专人陪同，在生产不正常时或危险性大的岗位一般不接待参观。

三、安全检查及隐患整改制度

各级安全管理部门和监督、监察机构，组织相关部门和人员对企业的安全工作进行安全检查，通过查领导、查思想、查制度、查管理、查隐患等"五查"，对企业安全生产状况作出正确评价，对存在的隐患及时消除，暂时不能消除的，实施有效的监控，采取严密的防范措施，把隐患和事故消灭在萌芽之中。

企业安全检查有以下几种形式。

（1）综合性安全大检查

综合性安全大检查的内容是岗位责任制大检查。一般每年进行一次，检查要有安排、有组织、有总结、有考核、有评比。既要检查管理制度，又要检查现场。

（2）专业性安全检查

专业性安全检查主要对关键生产装置、要害部位，以及按行业部门规定的锅炉、压力容器、电气设备、机械设备、安全装置、监测仪表、危险物品、消防器材、防护器具、运输车辆、防尘防毒、液化气系统等分别进行检查。这种检查应组织专业技术人员或委托有关专业检查单位来进行，这些单位应是有资质的，能开据有效检验证书的。

（3）季节性安全检查

季节性安全检查是根据季节特点和对企业安全生产工作的影响，由安全部门组织相关管理部门和专业技术人员来进行。如雨季防雷、防静电、防触电、防洪等，夏季以防暑降温为主要内容，冬季以防冻保温为主要内容的季节性安全检查。此外，节假日前也要针对安全、消防、危险物品、防护器具及重点装置和设备等进行安全检查。

（4）日常安全检查

日常安全检查是指各级领导者、各职能处室的安全技术人员经常深入现场进行岗位责任制、巡回检查制和交接班制度的执行情况的检查。

（5）特殊安全检查

特殊安全检查指的是生产装置在停工检修前、检修开工前及新建、改建、扩建装置试车前，必须组织有关部门参加的安全检查。

安全检查人员在检查中有权制止违章指挥、违章操作，批评违反劳动纪律者。对情节严重者,有权下令停止工作,对违章施工、检修者,有权下令停工。对检查出的安全隐患及安全管理中的漏洞,有权发出《隐患通知单》,要求定措施、定时间、定负责人的"三定"原则限期整改。对严重违反国家安全生产法规,随时可能造成严重人身伤亡的装置、设备、设施,可立即查封,并通知责任单位处理。

四、安全技术措施计划管理制度

为了有计划地改善劳动条件,保障职工在生产过程中的安全和健康,国家要求企业在编制生产、技术、财务计划的同时,必须编制安全技术措施计划。安全技术措施计划分长期计划和年度计划,它的编制与企业生产、技术、财务计划的编制同步。

(1) 安全技术措施项目的范围

防止火灾、爆炸、中毒、工伤等为目的的各项安全技术措施,如防护装置、监测报警信号等;改善生产环境和操作条件,防止职业病和职业中毒的职业卫生技术措施,如防尘、防毒、防暑降温、消除噪声、改善及治理环境污染的措施等;有关保证职业卫生所必需的辅助设施及措施,如淋浴室、更衣室、卫生间、消毒间等;编写安全技术教材,购置图书、仪器、音像设备、计算机,建立安全教育室,办安全展览,出版安全刊物等所需的材料和设备等安全宣传教育措施;为了安全生产、职业卫生所开展的试验、研究和技术开发所需的设备、仪器、仪表、器材等技术科研措施。

(2) 不能列入安全技术措施计划的项目

虽然符合上述 5 种项目,但其主要目的是为了合理安排和改进生产的项目;新建、改建、扩建工程项目中的职业安全卫生措施项目,这些项目应按"三同时"原则,在基建开支中解决;新购置设备的安全装置,它应该由设备采购单位向制造单位配套订货;采用新技术措施时的安全技术项目,它应该与实施新技术措施项目同时解决;日常开支的劳动保护费用和安全技术设备的运行维修费;使用年限在一年之内的非固定资产项目;福利性开支的项目。

(3) 安全技术措施经费来源

按照国家规定,企业安全技术措施经费每年由更新改造资金中提取,化工企业提取的比例不小于 20%;从税后留利或利润留成等自有资金中补充;申请银行贷款或上级拨款;在进行企业改造、扩建投资时,将原有设备、设施中应该解决的安全措施一并解决。

五、事故管理制度

事故是指引起人身伤害、导致生产中断或物资财产损失的事件。按性质的不同,事故可分为火灾事故、爆炸事故、中毒事故、生产事故、设备事故、伤亡事故等。事故管理的内容包括事故的调查分析及报告、事故处理、结案等一系列管理工作。

1. 伤亡事故的等级划分

按原劳动部劳办发 [1993] 140 号《企业职工伤亡事故报告统计问题解答》中的规定,伤亡事故分为以下几种情况。

(1) 轻伤及轻伤事故

轻伤是指造成职工肢体伤残,或某些器官功能性或器质性轻度损伤,表现为劳动能力轻度或暂时丧失的伤害。一般指受伤职工歇工在 1 个工作日以上,但够不上重伤者。轻伤事故是指 1 次事故中只发生轻伤的事故。

(2) 重伤及重伤事故

重伤是指造成职工肢体残缺或视觉、听觉等器官受到严重损伤,一般能引起人体长期存在功能障碍,或劳动能力有重大损失的伤害。重伤事故是指 1 次事故中发生重伤(包括伴有轻伤）、无死亡的事故。

（3）死亡事故和重特大死亡事故

按照 2007 年 6 月 1 日起施行的《生产安全事故报告和调查处理条例》，根据事故造成的人员伤亡或者直接经济损失，事故一般分为以下等级：①特别重大事故，是指造成 30 人以上死亡，或者 100 人以上重伤（包括急性工业中毒，下同），或者 1 亿元以上直接经济损失的事故；②重大事故，是指造成 10 人以上 30 人以下死亡，或者 50 人以上 100 人以下重伤，或者 5000 万元以上 1 亿元以下直接经济损失的事故；③较大事故，是指造成 3 人以上 10 人以下死亡，或者 10 人以上 50 人以下重伤，或者 1000 万元以上 5000 万元以下直接经济损失的事故；④一般事故，是指造成 3 人以下死亡，或者 10 人以下重伤，或者 1000 万元以下直接经济损失的事故。

2. 事故调查及调查报告

伤亡事故的调查是由伤亡事故调查组独立完成的，根据伤亡事故的严重程度不同由不同的部门组织调查组。轻伤事故由发生事故的车间负责组织；重伤（1～2 人）事故由企业负责组织；重伤 3 人以上事故，由企业安全主管部门、劳动部门、工会组织及有关部门共同组织；重伤 3 人以上或死亡 1 人以上的伤亡事故，人民检察院要立案侦查；死亡事故由市级劳动部门、企业主管部门、公安部门、工会、监察部门、检察部门共同组织；重大死亡事故由省级主管部门、劳动部门、公安部门、工会、监察及检察部门共同组织；特别重大死亡事故由国务院负责组织。

事故调查后，调查组有责任向调查委托单位及有关部门提供事故调查报告。

3. 事故处理

事故处理是在事故调查报告基础上，本着"四不放过"的原则进行组织。"四不放过"即事故原因没查清不放过，责任者没有得到处理不放过，领导和职工没有受到教育不放过，防范措施没有落实不放过。

因忽视安全生产、违章作业、玩忽职守，或者发现事故隐患、危害情况而不采取措施以致造成伤亡事故的，由企业主管部门或者按照国家规定，对企业负责人和直接责任人员给予批评教育、行政处分、经济处罚；构成犯罪的，由司法机关依法追究刑事责任。

对在伤亡事故发生后隐瞒不报、谎报、故意迟延不报、故意破坏事故现场，或者无正当理由，拒绝接受调查以及拒绝提供有关情况和资料的，对单位负责人和直接责任人，给予行政处分，严重者追究刑事责任。在调查、处理事故中玩忽职守、徇私舞弊或打击报复者，也要给予处分或追究刑事责任。

事故调查组提出的事故处理意见和防范措施建议，由发生事故的企业及其主管部门负责处理。按照规定，伤亡事故处理工作应当在 90 天内结案，特殊情况不得超过 180 天。结案权限为：轻、重伤事故由企业负责调查处理结案；死亡事故由市级劳动部门批准结案；重大死亡事故由省级劳动部门批准结案。

第三节　事故应急救援

安全是指客观事物的危险程度能够为人们普遍接受的状态，即危险源得以控制，而不存在导致人身伤害和财产损失的状态。当化工生产过程的危险源失控时，就有可能发生中毒、爆炸和着火事故，一旦发生重大事故，往往造成惨重的生命、财产损失和环境破坏。由于人为、技术、管理缺欠、环境因素等原因，使事故不可能完全避免的时候，建立事故应急救援体系，组织及时有效的应急救援行动,已成为抵御事故风险、降低危害后果的关键甚至是唯一手段。

一、事故应急救援的基本原则和任务

1. 基本原则

预防为主,统一指挥;分级负责,区域为主;单位自救和社会救援相结合。

2. 基本任务

事故应急救援的总目标是通过有效的应急救援行动,尽可能地降低事故的后果,包括人员伤亡、财产损失和环境破坏等。事故应急救援的基本任务包括下述几个方面。

① 立即组织营救受害人员,组织撤离或者采取其他措施保护危害区域内的其他人员;

② 迅速控制事态,并对事故造成的危害进行检测、监测,测定事故的危害区域、危害性质及危害程度;

③ 消除危害后果,做好现场恢复;

④ 查清事故原因,评估危害程度。

由于事故应急救援具有突发性、复杂性和后果易猝变激化放大的特点,因此,为尽可降低重大事故的后果及影响,减少重大事故所导致的损失,要求应急救援行动必须做到迅速、准确和有效。

二、事故应急管理的过程

应急管理是一个动态的过程,包括预防、准备、响应和恢复4个阶段。事故应急响应程序如图8-1所示。

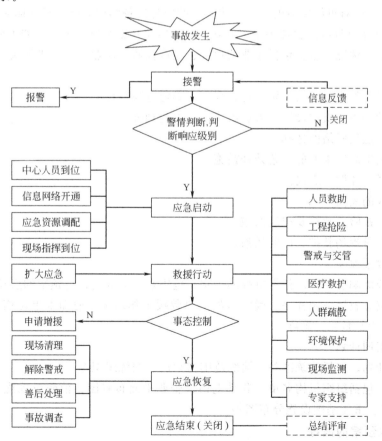

图 8-1 事故应急响应程序

第四节　事故应急救援预案

事故应急救援方案是指事先预测危险源、危险目标可能发生事故的类别、危害程度，充分考虑现有物质、人员及危险源的具体条件，使事故发生时能及时、有效地统筹指导事故应急救援行动。

一、事故应急救援预案的作用

事故应急预案在应急体系中起着关键作用，它是针对可能发生的重大事故及其影响和后果的严重程度，为应急准备和应急响应的各个方面所预先做出的详细安排，是开展及时、有序和有效事故应急救援工作的行动指南。事故应急预案在应急救援中的重要作用包括以下几点。

① 应急预案明确了应急救援的范围和体系，使应急准备和应急管理不再是无据可依、无章可循，尤其是培训和演习工作的开展；

② 制订应急预案有利于做出及时的应急响应，降低事故的危害程度；

③ 事故应急预案成为各类突发重大事故的应急基础；

④ 当发生超过应急能力的重大事故时，便于与上级应急部门的协调；

⑤ 有利于提高风险防范意识。

二、事故应急救援预案的内容

应急预案是针对可能发生的重大事故所需的应急准备和应急响应行动而制订的指导性文件，《危险化学品事故应急救援预案编制导则》规定了预案编制的内容，如下所述。

① 企业基本情况。主要包括企业的地址、经济性质、从业人数、隶属关系、主要产品、产量等内容。

② 根据可能发生的事故类别、危害程度，确定危险目标。

③ 应急救援组织机构设置、人员组成和职责的划分。

④ 报警、通信联络的选择。

⑤ 事故发生后应采取的工艺处理措施。

⑥ 人员紧急疏散、撤离。

⑦ 危险区的隔离。

⑧ 检测、抢险、救援及控制措施。

⑨ 受伤人员现场救护、医院救治。

⑩ 应急救援保障。

⑪ 预案分级响应条件。依据事故的类别、危害程度的级别设定预案的启动条件。

⑫ 事故应急救援关闭程序。确定事故应急救援工作结束，通知本单位相关部门、周边社区及人员，事故危险已解除。

⑬ 应急培训计划。

⑭ 演练计划。包括演练准备、演练范围与频次、演练组织等。

⑮ 附件。包括组织机构名单、联系电话、企业平面布置图、消防设施配置图、周边地区单位、住宅、重要基础设施分布图等。

三、应急预案的演练

应急预案的演练是检验、评价和保持应急能力的一个重要手段。其重要作用突出体现在：可在事故真正发生前暴露预案和程序的缺陷，发现应急资源的不足，改善各应急部门、机构、人员之间的协调，增强员工应对突发重大事故救援的信心和应急意识，提高应急人员的熟练程度和技术水平，进一步明确各自的岗位与职责，提高各级预案之间的协调性，提高整体应急反应能力。

可采用不同规模的应急演练方法对应急预案的完整性和周密性进行评估，如桌面演练、功能演练和全面演练等。全面综合性应急演练的过程可划分为演练准备、演练实施和演练总结3个阶段，各阶段的基本任务如图8-2所示。

应急演练结束后应对演练的效果作出评价，并提交演练报告，详细说明演练过程中发现的不足项、整改项和改进项等问

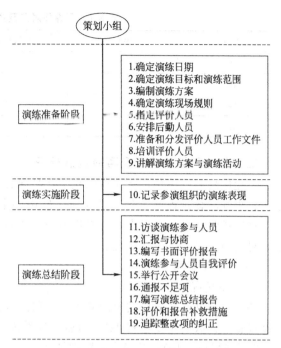

图8-2 应急演练实施的基本过程

题。不足项应在规定的时间内予以纠正；整改项应在下次演练前予以纠正；改进项不会对人员安全产生严重影响，可视情况予以改进。

第五节 事故应急救援预案实例

为贯彻《中华人民共和国安全生产法》、《工业企业煤气安全规程》等相关法律、法规，确保设施的安全运行及国家财产和职工生命财产的安全，根据企业实际，特制订本预案。

一、企业基本情况

1. 单位名称

×××焦化厂

2. 产品名称

产品有：焦炭、煤气、纯苯、甲苯、二甲苯、工业萘、粗酚、洗油、脱酚油、蒽油、煤焦油、中温沥青。主要危险化学品原料为硫酸、纯碱、烧碱。

3. 企业地理位置及气象、水文等自然条件

（1）地理位置和地理环境

（2）气象、水文及其他自然条件

极端最高温度、极端最低温度、风向、降水量、日照、相对湿度、积雪深度、冻土深度。

4. 厂区周围情况

主要单位和居民区分布情况见表8-1。

表 8-1　厂界外居民及主要单位分布情况

方位	序号	单位及居民区名称	距离	人数
东	1			
西	2			
南	3			
北	4			

二、危险目标的确定及事故应急处理

焦化厂现有三座焦炉及相应的化工产品回收、焦油、粗苯精制、生物脱酚装置。在炼焦生产、煤气净化过程回收化工产品时，使用一定量和生产出有毒、易燃、易爆的危险化学品。这些危险化学品如遇失控、操作不当、泄漏等，会引起爆炸、火灾、中毒和重大环境污染，对周边环境存在一定风险。

（一）备煤车间

1. 基本情况

备煤车间共有核子秤放射源 6 个，放射源（铯-137）的射线穿透物料层后，被 γ 射线探测器接收。在放射角度左右 42°、前后 8°区域内有被辐射的危险。

2. 危险目标的确定及潜在危险性评估

（1）危险目标：核子秤放射源。

应急防护范围：配煤室。

应急监测对象：放射区域环境。

监测项目：放射源上下、左右、前后各点。

（2）潜在危险性评价：放射源导致事故发生的途径，一是操作人员长时间在放射角度内停留；二是防护设施失去保护作用，导致放射源泄漏。

3. 放射源的防护

a. 操作岗位人员认真巡检放射源防护装置，发现异常，立即报告车间、厂调度室（应急救援指挥部）。

b. 操作、检修人员认真执行核子秤放射源规定。

c. 进入配煤室外来人员必须进行登记，严禁闲杂人员进入。

d. 维修人员在检修核子秤时，须将铅罐小车推至放射孔处，待检修完毕，再将其推至一边。

e. 禁止在核子秤探测器附近长时间停留。

f. 备好核子秤放射源防护衣及防护帽、眼镜、手套。

g. 严禁岗位人员用水冲刷放射源及相关设施。如果发生放射源大剂量非正常工作区泄漏，岗位人员立即撤离到安全地带，并立即报告车间、厂调度室（应急救援指挥部）。

4. 应急预案

a. 当发现放射源泄漏时，最早发现者应立即切断事故源，立即报告车间、厂调度室。

b. 车间或厂调度室接到报告后，应迅速通知有关部门，紧急行动查清泄漏原因，报告应急救援指挥部，启动应急救援处置程序，通知救援队迅速赶赴事故现场。

c. 车间应迅速查明泄漏点，最大程度降低事故危害，组织自救。

d. 监测人员到达现场后，应迅速对事故现场的污染情况进行监测分析，将监测情况报告应急救援指挥部，并对污染情况作出评估。

e. 当事故得到控制,应尽快实现生产自救。由事故调查组负责写出事故分析报告,上报应急救援指挥部。

(二) 炼焦车间

1. 危险目标的确定

炼焦车间现有焦炉三座,年产焦炉煤气3.6亿立方米。其中,2号焦炉使用焦炉煤气加热,1号、3号使用高炉煤气加热。焦炉煤气无色、有臭味,着火点为600℃,爆炸极限为6%~30%,含有6%的一氧化碳,易燃易爆有毒性。高炉煤气中一氧化碳的含量为26%~30%,毒性大,遇明火燃烧爆炸。荒煤气为炼焦车间主要化工品之一,每小时发生量为44500m^3,爆炸极限为12%~45%,遇热、明火易燃烧爆炸。另外含有焦油气和一定量的CO、NH_3、H_2S,具有一定的毒性。

根据车间生产、工艺使用化学危险品的种类和危险性质、危险等级以及可能发生的事故特点,确定焦炉地下室、蓄热走廊、炉顶、煤气管道为危险目标。

2. 潜在危险性评估

经过对车间工艺、管路、设备等环节进行研究,预测了事故发生的各种状况。

(1) 煤气

卫生标准:30mg/m^3。

(2) 接触后症状

吸入后中毒出现流涕、喷嚏、咽喉痛、呛咳、胸闷、呕吐、心悸、无力等症状,呼吸困难,严重时可以窒息,有时可出现昏厥,甚至死亡;眼睛接触后出现刺激症状,如流泪、畏光等。

(3) 现场急救措施

a. 在尽可能发生煤气中毒的地方,如感到头疼、头晕等不适,应立即脱离现场,到空气新鲜的地方休息。

b. 发现室内有人煤气中毒,应迅速加强通风,并立即关闭煤气阀门。

c. 如发现较重患者,应快速将其移到空气新鲜处,去医院接受进一步治疗。

3. 预防中毒

a. 凡产生焦炉煤气、荒煤气的生产过程,使用高炉煤气的生产过程,要尽量密闭,局部安装通风装置。

b. 管道、阀门、水封等设备要定期检查维修防止泄漏。

c. 加强煤气回收净化,降低毒性气体含量。

d. 加强个人防护,如戴上口罩、面罩、特殊工作服等。

e. 进入高炉煤气区域,应携带便携式CO报警仪。

4. 煤气泄漏应急处理预案

(1) 煤气泄漏危险源

高炉煤气泄漏可能出现的区域主要在蓄热室、煤气管道等处有可能发生,焦炉煤气泄漏可能出现的区域主要在焦炉地下室。

事故原因为焦炉管道年久失修,另外阀门、考克损坏也是造成泄漏事故的原因之一。

(2) 救援措施

a. 现场值班人员最大限度组织自救,并迅速将在机侧平台处进入地下室的煤气主管阀门关闭。

b. 迅速向厂调度室、应急救援指挥部、车间、值班工长汇报事故发生原因。

c. 接到报警后，应迅速查清泄漏原因，通知维修人员、消防人员迅速赶到现场。

d. 救援人员进入现场后，应佩戴好空气呼吸器等防护用品进入事故现场，查明有无中毒人员，以最快的速度将其送离现场，同时用水将泄漏点喷淋降温，排除、隔离现场的易燃、易爆物品。

e. 值班工长发出警报，所有电器设备和照明保持原有状态，一切机动车辆就地熄火，各生产人员坚守岗位。

f. 迅速进行抢险，控制事故避免扩大。当事故得到控制，应尽快实现生产自救，组织抢修队伍，尽快实施，恢复生产。

g. 事故调查组开展调查，查明原因，总结教训，落实"四不放过"原则。

5. 火灾爆炸事故应急处置预案

车间防火防爆重点部位有：三座焦炉地下室主管、焦炉煤气管路、集气管等。

上述部位发生火灾、爆炸事故的可能性大致有：焦炉煤气泄漏，与空气混合至爆炸极限遇明火或其他诱发因素下发生化学性爆炸；电气火灾引发的着火爆炸；放散荒煤气遇明火燃烧爆炸。

应急措施有：

a. 最早发现者应立即向生产调度、车间和值班工长电话报警。

b. 调度在接到通知后，迅速通知消防队和有关部门组织人员赶到现场。

c. 发生着火部位在报警的同时，应迅速组织力量根据不同性质的燃烧采取相应的方法灭火。如煤气着火爆炸，派人以最快的速度将入炉煤气总阀门关闭。如荒煤气着火，应首先将各上升管水封盖盖上、放散管关闭。

d. 消防队在接到报警后应根据煤气性质制订方案，并迅速向公安、消防部门报警。

e. 厂分管人员到达现场后，应就火灾情况作出判断，情况严重时，要作出局部或全部停产的决定。若需全部停产，则应按预案紧急程序实施操作。

f. 治安队到达事故现场后，应迅速设立警戒线，疏散无关人员，疏导交通车辆，引导外援消防车进入事故现场。

g. 及时组织救护伤员，重伤员应及时送往医院抢救。

h. 抢险人员迅速对继续抢修的设备实施修复。

i. 当事故得到控制，事故调查组开展调查，查明原因，总结教训，落实"四不放过"原则。

（三）回收车间

1. 危险目标的确定及潜在危险性评估

焦炉煤气、氨气、苯、煤焦油、芳香烃、液碱、浓氨水。

2. 成立应急指挥系统

a. 一般突发事故由焦化厂生产科、安全环保科、厂办、化产回收车间等组成；

b. 严重突发事故由股份公司生产处、安全环保处、焦化厂等组成。

3. 事故应急报告程序

发生一般突发事故或严重突发事故，操作人员应在15min或5min内报告焦化厂调度室，厂调度室按调度汇报制度向厂长和上级部门报告，并做好记录。

4. 事故应急处理

（1）焦炉煤气泄漏应急处置方案

a. 认真执行巡检制度，鼓风机、管式炉运转中若发生异常，应迅速、准确判断并及时采取应对措施,防止事故扩大。

b. 加强焦炉煤气设备、管道维护,杜绝跑、冒、滴、漏。

c. 煤气泄油管应按时清扫,保持畅通,煤气水封不得抽空或满溢。

d. 备好各类堵漏材料,保证及时处理。

e. 有关场所应配置便携式和固定式报警仪。

f. 岗位一旦发生焦炉煤气泄漏,在岗操作人员首先要带上便携式一氧化碳报警仪,查找泄漏点。如果浓度超过规定值,必须立即撤出现场,戴好空气呼吸器后再进入现场。

g. 在确定泄漏点后,按安全操作规程,立即关闭相应的阀门,防止煤气大量泄漏。

h. 岗位操作人员必须要有高度的责任感,熟练迅速地处理泄漏事件,防止泄漏扩大,造成火灾、爆炸和人身伤害。

i. 在处理煤气泄漏过程中,要注意个人保护,在有风的情况下,尽量站在上风处,如有头昏、恶心时要立即退出现场,到空气新鲜的地方休息。严重者立即送医院治疗。

j. 发生煤气泄漏时,做好戒严工作,严禁明火。

(2) 焦炉煤气发生火灾应急处置方案

a. 严禁负压、正压煤气设备管道的跑、冒、滴、漏,煤气含氧量低于1%。严禁用铁器撞击煤气管道设备。

b. 煤气区域电气、照明设备必须防火防爆,设备绝缘值符合要求。保管好防火用具,不断提高消防意识,熟练掌握各种灭火方法。

c. 做好外来人员的管理,要有专人陪同,按规定做好出入登记。

d. 机前煤气管道着火,立即停鼓风机,同时通知调度室及总调,机后煤气管道设施着火,严禁停车。正压煤气管道若直径小于100mm,可用阀门切断法或管口堵死法灭火,大于100mm的管道通蒸汽或氮气。

e. 发生煤气火灾时,岗位人员应迅速赶到,采取措施防止事故扩大。

f. 若发生较大的火灾事故,及时报厂应急救援指挥部、联络外部119报警台,并作出妥善处理。事故发生后,对造成的污染要妥善处理,写出事故处理报告,提出纠正和预防措施。

(3) 焦炉煤气爆炸应急处置方案

a. 认真巡检,加强焦炉煤气、高炉煤气设备、管道维护,杜绝跑、冒、滴、漏现象。焦炉煤气的含氧量要低于1%。

b. 煤气泄油管应按时清扫,保持畅通,煤气水封不得抽空或满溢。产生焦炉煤气和高炉煤气的场所要尽量密闭,局部安装通风装置。进入其场所,应携带便携式报警仪。

c. 机前煤气管道着火,立即停鼓风机,同时通知调度室及总调,机后煤气管道设施着火,严禁停车。正压煤气管道若直径小于100mm,可用阀门切断法或管口堵死法灭火,大于100mm的管道通蒸汽或氮气。

d. 若发生较大的爆炸事故,应及时报应急救援指挥部、联络外部119报警台,作出妥善处理。

e. 事故发生后,对造成的污染要妥善处理,写出事故处理报告,提出纠正和预防措施。

(4) 苯气爆炸应急处置方案

a. 苯气区域电气、照明设备必须防火防爆,设备绝缘值符合要求。保管好防火用具,不断提高消防意识,熟练掌握各种灭火方法。

b. 苯气的储槽在高温季节要开冷却喷淋水。

c. 做好外来人员的管理，要有专人陪同，按规定做好出入登记。
d. 苯气、氨气若发生爆炸，直接用泡沫灭火器灭火。
e. 若发生较大的爆炸事故，应及时报厂应急救援指挥部、联络外部119报警台，作出妥善处理。

(5) 氨气、苯气中毒应急处置方案

a. 现场产生氨气和苯气的设备尽量密闭，场所要做好通风。
b. 氨气、苯气的储槽在高温季节要开冷却喷淋水。
c. 做好外来人员的管理，要有专人陪同，按规定做好出入登记。
d. 空气中浓度超标时，必须戴防毒面具。
e. 在可能发生中毒的地方，如感到头疼等不适，应立即脱离现场到空气新鲜处休息。若中毒者停止呼吸应进行人工呼吸，或立即拨打应急电话，送往医院做进一步治疗。

(6) 煤焦油、苯类、浓碱、浓氨水泄漏应急处置方案

a. 加强各类相关设备管道的维护，定期更换、检修。根据各类化学品的物化特性，采取相应的防腐措施，延缓设备管道的蚀漏。设备管道定期除锈、刷防腐漆。
b. 配备好堵漏材料，及时采取措施。有情况及时上报车间及调度室，并保护好现场。
c. 若泄漏不很严重，用堵漏材料及时处理，防止泄漏加剧。若泄漏严重，上报机动科、生产科，申请停产检修。
d. 泄漏的化学品能回收的尽量回收，不能回收的妥善处理，降低对环境影响的程度。

(四) 焦油车间

1. 主要有害化学危险品的特性和急救措施

(1) 煤焦油

煤焦油为高芳香度的复杂混合物，为黑色黏稠状液体，相对密度为1.17～1.25，水分≤4%。

急救措施：眼接触，立即用清水冲洗20min；皮肤接触，立即用清水冲洗至皮肤上无黏附物；吸入，立即将中毒者抬至空气清新处；食入，立即就医并用大量水催吐。

(2) 30%氢氧化钠溶液

30%的氢氧化钠为透明溶液，具有腐蚀和刺激作用。

急救措施：眼接触，立即用水冲洗；皮肤接触，立即用水冲洗；吸入，立即将患者移至新鲜空气处，实行人工呼吸；食入，应就医，给饮大量水，但勿催吐。

(3) 沥青

沥青常温下为黑色固体，不溶于水，易溶于有机溶剂；相对密度为1.204；软化点为75～90℃。

急救措施：眼接触，立即用大量水冲洗同时就医；皮肤接触，立即于红肿处擦防护药膏，并用香皂洗涤患处；吸入，立即将患者移至空气清新处，实施人工呼吸；食入，给大量水催吐。

(4) 浓硫酸

浓硫酸为无色油状腐蚀液体，有强烈吸湿性，属中等毒类，对皮肤和黏膜具有很强的腐蚀性。

急救措施：眼接触，宜立即用水冲洗并立即就医；皮肤接触，立即用大量的清水冲洗并就医；吸入，立即将患者移至空气清新处，实施人工呼吸；食入，就医，给大量水，但勿催吐。

(5) 工业萘

工业萘为片状或粉状结晶，白色，有轻微粉红或淡黄色；相对密度为1.145；结晶点≥77.5℃；沸点为217.96℃；闪点为80℃；易升华。

急救措施：眼接触，立即用大量水冲洗；皮肤接触，立即用大量清水冲洗；吸入，将患者移到空气清新处，如果有中毒迹象，应立即就医以防损坏中枢神经；食入，应立即给大量水并催吐。

(6) 蒽油

蒽油纯品为无色，片状结晶，有蓝色荧光，不溶于水，溶于有机溶剂，相对密度为1.25，熔点为218℃，沸点为340℃，闪点为121.1℃。

急救措施：眼接触，立即用大量清水冲洗；皮肤接触，立即用大量清水冲洗；吸入，将患者移至空气清新处，严重者进行人工呼吸；食入，给大量水催吐并就医。

2. 危险目标的确定

工业萘成品库，油库，焦油蒸馏、工业萘蒸馏工段管式炉区，沥青区，洗涤工段槽区、分解器，浓酸、浓碱槽区。

3. 成品油类和原料焦油泄漏事故处置预案

① 最早发现者应迅速向车间或直接向调度室报警。车间或调度室接警后应迅速通知厂应急救援指挥部采取相应救援措施。

② 油库值班人员应尽可能查明泄漏点，最大可能地降低事故程度，组织自救。相关科室和专业救援队伍到现场后，油库人员应尽可能详细地向他们汇报现场情况，为更好地开展救援工作提供支持。

③ 车间组成的临时救援队伍应在第一时间赶到现场并对现场可能影响顺利救援工作的设施进行必要的清理。同时应根据泄漏情况，在保证安全的情况下，及时采取有效措施，在专业救援队伍到来之前把事故的影响降低到最小程度。

④ 如果泄漏物为轻油，应严格保护好现场。进入现场救援的队伍禁止使用金属器具敲击所泄漏管线和设备，避免二次事故的发生。

⑤ 当事故得到控制后，应尽快实现生产自救，组织抢修队伍，确定抢修方案，尽快实施、恢复生产。由厂生产科、环保科、安全科、技术科、机动科等相关科室组成事故调查组开展工作。对事故发生的原因要作详细调查。

4. 爆炸事故应急救援方案

(1) 危险目标的确定

焦油车间的防火、防爆的重点部位有：工业萘成品库、油库、洗涤区、蒸馏槽区、蒸馏管式炉和改质沥青生产区。其中的重点防火、防爆部位为工业萘成品库和油库。

(2) 救援措施

① 最早发现者应立即向车间或厂调度室汇报，车间或调度室接警后应迅速联络外部119台、120急救报警台等专业救援队伍，并及时通知厂应急救援指挥部采取相应救援措施。

② 在报警的同时，焦油车间组成的临时性救援队伍，应迅速组织起来，在最短的时间内到达现场，根据不同性质的燃烧采取相应的手段和灭火器进行灭火。若煤气发生燃烧，应立即关闭阀门切断气源、切断周围一切电源，用灭火器灭火。油类物质发生燃烧时，应迅速用泡沫灭火器灭火。一般可燃物质燃烧，可用泡沫灭火器或消防水龙头灭火。如果为轻油发生燃烧，应用泡沫灭火器灭火并用水冷却火中油槽。

③ 值班人员应在保证安全的情况下，尽可能查清着火的准确部位、着火的油类等情况，

为专业救援队伍的救援节省时间。

④ 专业救援队伍到达现场后，值班人员应详细认真地把现场情况反映给他们，以增加专业救援队伍对现场的了解程度，为安全快捷的救援创造条件。

⑤ 车间临时性救援队伍同时负责现场安全秩序的维持工作，以减少二次事故发生的可能性。车间专业主管人员应在最短的时间内决定局部停料或全部停车。若需全部停车，应按预案紧急程序实施操作。

⑥ 当事故得到控制后，应尽快实现生产自救，组织抢修队伍，确定抢修方案，尽快实施、恢复生产。由厂生产科、环保科、安全科、技术科、机动科等相关科室组成事故调查组开展工作。对事故发生的原因作调查，并写出事故调查报告报主管厂长和有关部门。

⑦ 当以上发生的事故或其他事故发生在夜间或节假日时，由车间值班的专业管理人员负责临时的指挥协调。全车间各岗位的值班人员有义务承担暂时的救援任务，坚守工作岗位。如果发生一般事故，按照预案处理，如果事故严重无法控制，应迅速报厂及车间主要负责人赶到车间进行事故处理。

（五）精苯车间

1. 有害化学危险品特性

苯、甲苯、二甲苯的危险特性、急救措施可见本书第四章内容。

2. 危险目标的确定

成品苯槽区，蒸馏区，管式炉区，洗涤区，酸、碱槽区，汽车、火车装车台。

3. 苯类产品和酸碱泄漏事故处置预案

① 最早发现者应迅速向车间或直接向调度室报警。车间或调度室接警后应迅速通知厂应急救援指挥部采取相应救援措施。

② 值班人员应尽可能查明泄漏点、组织自救、最大限度降低事故程度。

③ 车间组成的临时救援队伍应在第一时间赶到现场并对现场可能影响救援工作的设施进行必要的清理。同时应根据泄漏情况，在保证安全的情况下，及时采取有效措施，在专业救援队伍到来之前把事故的影响降低到最小程度。

④ 进入现场救援的队伍禁止使用金属器具敲击所泄漏管线和设备，避免二次事故的发生。

⑤ 值班人员以及车间的临时性救援队伍在实施救援时应听从统一指挥，做到有条不紊，以免对人员造成不必要的伤害，扩大事故的损失。

⑥ 当事故得到控制后，应尽快实现生产自救，恢复生产。由厂生产科、环保科、安全科、技术科、机动科等相关科室组成事故调查组开展工作。对事故发生的原因作调查，并写出事故调查报告报主管厂长和有关部门。

4. 火灾爆炸事故应急救援方案

① 最早发现者应立即向车间和厂调度室汇报。车间或厂调度室接警后及时通知厂应急救援指挥部采取相应救援措施。

② 成品值班人员必须坚守岗位，接到报警后，立即启动泡沫泵向着火部位输送泡沫液，并立即报警，拉响车间报警器。

③ 化验室人员负责开启车间消防大门，迎接消防车。

④ 当洗涤岗位着火时，洗涤人员根据火势大小利用干粉灭火器或利用消防水带接在就近泡沫口用泡沫灭火；若非洗涤岗位着火，洗涤人员应立即赶到成品岗位协助成品值班人员开启泡沫泵。

⑤ 当蒸馏区着火时，蒸馏人员根据火势大小利用干粉灭火器或利用消防水带接在就近泡沫口用泡沫灭火。

⑥ 当槽区着火时，蒸馏班负责用自备水带在地上消火栓（车间车棚边）取水进行扑救降温；维修班负责用成品水带在地上消火栓（成品操作室墙外）取水进行扑救降温。

⑦ 当泵房等其他区域着火时，岗位、现场人员应立即用干粉灭火器进行扑救，开启蒸气灭火，同时按响报警器，将消防水带接在就近泡沫口用泡沫灭火。

⑧ 若煤气发生燃烧，应立即关闭阀门切断气源、切断周围一切电源，用干粉灭火器灭火。

⑨ 着火目标的值班人员应在保证安全的情况下，尽可能查清着火的准确部位、着火的物类。专业队伍到达事故现场后，岗位人员应向专业救援人员进行详细的汇报，以争取救援时间。

⑩ 当事故得到控制后，应尽快实现生产自救，恢复生产。由厂生产计划科、安全环保科、技术科、机动设备科等相关科室组成事故调查组开展工作。对事故发生的原因作调查，并写出事故调查报告报主管厂长和有关部门。

三、应急救援指挥部的组成、职责和分工

（一）指挥部组成及设置

焦化厂应急救援指挥部领导小组由厂长领导、生产计划科、安全环保科、机动科、技术科、劳动人事科、厂办、保卫科、工会、政工科、各车间、科室组成。厂长任总指挥，分管厂长任副总指挥，一旦有突发性危险事故时，负责指挥应急救援工作的实施、展开、协调、调度，统一行动。指挥部设在厂生产调度室。

（二）应急救援领导小组和指挥部职责

1. 领导小组职责

（1）制订、审查、修订危险化学危险品事故应急救援方案。

（2）组建应急救援过程的医疗救护、消防、抢险、运输、治安、污染防治、通讯、后勤保障等队伍，组织各单位的学习、训练、演习、检查、督促，指导做好危险化学品的应急救援等工作。

2. 指挥部职责

（1）总指挥：负责指挥、协调整个污染事故应急救援工作。

（2）副总指挥：负责事故预警、防护及报警、事故处置的指挥，负责疏散、防护、医疗救护、物质供应、抢险、后勤保障、污染防治等工作的开展，负责事故原因的调查及隐患整改、经验教训总结等工作，负责总指挥不在时的职责。

（3）指挥部成员：协助做好化学危险品的报警、通讯联络、现场通报、事故处置、现场扑救、救援时生产系统的停工调度工作的指挥，协助总指挥、副总指挥开展生产自救、抢险工作的指挥等。

（4）生产计划科：救援人员、劳动力调配、协调、应急救援物质、工器具的供应和保障。

（5）厂办：负责消防、治安、疏散等指挥，联络中毒、受伤人员的急救、救护指挥等，负责现场应急救援人员、中毒人员的生活服务及后勤保障。

（6）安全环保科：负责事故突发现场有毒有害扩散区域内的环境监测、污染防治的指挥。

(7) 劳动人事科：负责日常职工应急救援教育、培训。

(8) 工会：负责事故的调查、经验教训总结、伤亡人员的善后安抚等工作。

(9) 政工科：负责宣传报道工作。

(10) 各车间：负责突发性事故紧急报告、现场紧急救护、人员疏散等工作。

四、事故报警与应急通讯

发生事故报警，无论泄漏程度大小，都要及时用对讲机通知应急预案指挥部办公室和调度室，指挥部办公室和调度室在接到通知后用电话及时通知煤气防护站及厂值班领导。

具体报警电话：×××。

五、应急救援保障

为能在事故发生后，迅速准确、有条不紊地进行事故救援和处置，尽可能减少事故造成的损失，平时应做好应急救援的准备工作，落实岗位责任制和各项制度。

1. 落实应急救援组织队伍

救援指挥部成员和救援人员应按照专业分工，本着专业对口、便于领导、便于指挥、便于集结和开展救援的原则，建立组织，成立队伍、落实人员，根据人员变化调动情况及时进行调整，确保救援队伍的落实。

2. 做好物资器材的准备

按照任务分工，做好物资器材的准备，并定期检验、检查和保养，使其随时处于良好备用状态。对于在用的固定式和便携式报警仪，每半年标定一次，有问题的要及时报修，对于备用的呼吸器、苏生器由岗位每月检查一次，发现问题及时报修。

3. 建立和完善各项制度

(1) 值班制度。由值班领导和厂调度负责24h值班。

(2) 检查制度。对全厂的管道及设备进行"日巡视"，并结合安全生产月度检查对煤气管道设施进行重点检查。

(3) 例会制度。每季度结合安全例会，研究处理应急救援工作存在的问题。

(4) 煤气使用制度。制定《煤气安全使用管理制度》，对煤气阀门实行责任挂牌和锁套管理，填写煤气阀门、挂牌、锁套、钥匙交接班纪录，并建立煤气阀门管理台账。

(5) "五同时"。安全管理、重大事故应急救援工作与安全生产工作以及全厂的各项工作同时计划、布置、检查、总结、评比。

六、培训与演练

1. 对应急救援人员按年度组织培训，对不按规定参加培训的人员按月度重点工作予以考核。

2. 领导小组定期要对应急计划进行检查，检查内容包括职责内容、报警程序、应对措施、通讯方式、防护装备、培训情况等。

3. 每年根据生产情况和工艺变化，组织定期和临时培训及演练。

七、附件

1. 全厂管线、设备平面布置图
2. 消防设施配置图
3. 周边单位、居民区、重要基础设施分布图
4. 事故应急救援指挥机构

复 习 题

1. 我国安全生产的指导方针是什么？

2. 安全生产管理的主要措施有哪些?
3. 化工安全生产主要的法律法规有哪些?
4. 简述安全标志及安全色的规定。
5. 什么是安全生产责任制?
6. 什么是三级安全教育?需进行特殊安全教育的岗位有哪些?
7. 安全检查的种类有哪些?
8. 什么是"四不放过"的原则?
9. 什么是"三不伤害"?
10. 什么是"三同时"制度?
11. 简述事故应急救援的目标、原则及基本任务。
12. 事故应急救援的响应程序有哪些步骤?
13. 事故应急救援预案的定义和作用是什么?
14. 试编写危险化学品的事故应急救援预案。

附 录

附录1 制气车间主要生产场所爆炸和火灾危险区域等级[1]

项目及名称	场所及装置	生产类别	耐火等级	易燃或可燃物质释放源、级别	等级 室内	等级 室外	说明
备煤及焦处理	受煤、煤场(棚)	丙	二	固体可燃物	22区	23区	
	破碎机、粉碎机室	乙	二	煤尘	22区		
	配煤室、煤库、焦炉煤塔顶	丙	二	煤尘	22区		
	胶带通廊、转运站(煤、焦),水煤气独立煤斗室	丙	二	煤尘、焦尘	22区		
	煤、焦试样室、焦台	丙	二	焦尘、固体可燃物	22区	23区	
	筛焦楼、储焦仓	丙	二	焦尘	22区		
	制气主厂房储煤层 封闭建筑且有煤气漏入	乙	二	煤气、二级	2区		包括直立炉、水煤气、发生炉等顶上的储煤层
	制气主厂房储煤层 敞开、半敞开建筑或无煤气漏入	乙	二	煤尘	22区		
焦炉	焦炉地下室、煤气水封室、封闭煤气预热器室	甲	二	煤气、二级	1区		通风不好
	焦炉分烟道走廊、炉端台地层	甲	二	煤气、二级	无		通风良好,可使煤气浓度不超过爆炸下限值的10%
	煤塔底层计器室	甲		煤气、二级	1区		变送器在室外
	炉间台底层	甲	二	煤气、二级	2区		
直立炉	直立炉顶部操作层	甲	二	煤气、二级	1区		
	其他空间其他操作层	甲	二	煤气、二级	2区		
水煤气炉、两段水煤气炉、流化床水煤气	煤气生产厂房	甲	二	煤气、二级	1区		
	煤气排送机间	甲	二	煤气、二级	2区		
	煤气管道排水器间	甲	二	煤气、二级	1区		
	煤气计量器室	甲	二	煤气、二级	1区		
	室外设备	甲	二	煤气、二级		2区	
发生炉、两段发生炉	煤气生产厂房	乙	二	煤气、二级	无		
	煤气排送机间	乙	二	煤气、二级	2区		
	煤气管道排水器间	乙	二	煤气、二级	2区		
	煤气计量器室	乙	二	煤气、二级	2区		
	室外设备			煤气、二级	2区		

[1] 摘自 GB 50028—2006。

续表

项目及名称	场所及装置	生产类别	耐火等级	易燃或可燃物质释放源、级别	等级 室内	等级 室外	说明
重油制气	重油制气排送机房	甲	二	煤气、二级	2区		
	重油泵房	丙	二	重油	21区		
	重油制气室外设备			煤气、二级		2区	
轻油制气	轻油制气排送机室房	甲	二	煤气、二级	2区		天然气该制,可参照执行。当采用LPG为原料时,还必须执行本规范第8章中相应的安全条文
	轻油泵房、轻油中间储罐	甲	二	轻油蒸气、二级	1区	2区	
	轻油制气室外设备			煤气、二级		2区	
缓冲气罐	地上罐体			煤气、二级		2区	
	煤气进出口阀门室				1区		

注:1. 发生炉煤气相对密度大于0.75,其他煤气相对密度均小于0.75。
2. 焦炉为利用可燃气体加热的高温设备,其辅助土建部分的建筑物可化为单元,对其爆炸和火灾危险等级进行划分。
3. 直立炉、水煤气炉等建筑物高度满足不了甲类要求,仍按工艺要求设计。
4. 从释放源向周围辐射爆炸危险区域的界限应按现行国家标准《爆炸和火灾危险环境电力装置设计规范》(GB 50058)执行。

附录2 焦化厂主要生产场所建筑物内火灾危险性分类[1]

类别	备煤	炼焦	煤气净化	粗苯加工	焦油加工	甲醇
甲		焦炉集气管直接式仪表室、侧入式焦炉烟道走廊	焦炉煤气鼓风机室、轻吡啶生产厂房、粗苯产品回流泵房、溶剂泵房(轻苯/粗苯作萃取剂)、苯类产品泵房(分开布置)	油水分离器厂房、精苯蒸馏泵房、精苯、硫酸洗泵房、精苯油库泵房、油槽车清洗泵房、加氢泵房、循环气体压缩机房	吡啶精制泵房、吡啶产品装桶和仓库、吡啶蒸馏真空泵房	压缩厂房、甲醇合成(泵房)、甲醇精馏(泵房)罐区泵房
乙		干熄焦液氨室	氨硫系统尾气洗涤泵房、蒸氨脱硫泵房、硫黄包装设施及硫黄库、硫黄切片机室、硫黄仓库、硫浆离心和过滤及溶硫厂房、硫黄排放冷却厂房、硫泡沫槽和浆液离心机废液浓缩厂房	古马隆树脂馏分蒸馏闪蒸厂房、树脂馏分油洗涤厂房、树脂聚合装置厂房、树脂制片包装厂房	焦油蒸馏泵房(含轻油系)、氨气法硫酸吡啶分解厂房、工业萘蒸馏泵房、萘结晶室、工业萘包装和仓库、酚产品泵房、酚产品装桶和仓库、酚蒸馏真空泵房、萘精制泵房、萘精制包装室、萘洗涤厂房、溶剂蒸馏法蒽精馏泵房、精蒽包装间、精蒽仓库、精蒽油库泵房、蒽醌主厂房、蒽醌包装间及仓库,萘酐冷却成型、萘酐仓库	空分(氧压机)

[1] 摘自 GB 12710—2008。

续表

类别	备煤	炼焦	煤气净化	粗苯加工	焦油加工	甲醇
丙	胶带输送机通廊及转运站、翻车机室、受煤坑、储煤槽、配煤室、成型机室、破碎粉碎机室	焦台、切焦机室、筛焦楼	冷凝泵房、粗苯洗涤泵房、煤气中间冷却油泵房、洗萘油泵房、溶剂泵房（重苯溶剂油作萃取剂）、焦油洗油泵房（分开布置）、含水焦油输送泵房、焦油氨水输送泵房		粗苯结晶、分离室及泵房、粗蒽仓库和装车、连续或馏分脱酚厂房、馏分脱酚泵房、碳酸钠法硫酸吡啶分解厂房、固体沥青烟捕集装置泵房、蒸馏溶剂法蒽精馏泵房、洗油精制泵房、沥青焦油类泵房、改制沥青泵房	
丁	解冻室、煤制样室	焦制样室	硫酸铵干燥燃烧炉及风机房			
戊	推土机库	硫酸铵制造厂房、硫酸铵包装设施仓库、试剂仓库及酸泵房、冷凝鼓风循环水泵房、氨硫洗涤泵房、氨水蒸馏泵房、煤气中间冷却水泵房、黄血盐主厂房及仓库、制酸泵房、硫铵化钠盐类提取厂房、脱硫液洗涤泵房、脱硫液槽及泵房、酸碱泵房、磷铵溶液泵房、烟道气加压机房、制氮机房		固体碱库		

注：1. 焦炉应视为生产装置。
2. 氨硫洗涤泵房是焦炉煤气洗氨和脱除硫化氢（H_2S）装置中的一个泵房，其任务是输送稀氨水或稀碱液等非燃烧液体，故氨硫洗涤泵房的火灾危险为戊类。

附录3　焦化厂室内爆炸危险环境区域划分[1]

车间	区　　域	划分
炼焦	焦炉地下室、机焦两侧烟气走廊(仅侧喷式)、变送器室	1区
	集气管直接式仪表室、炉间台和炉端台底层	2区
煤气净化	煤气鼓风机(或加压机)室、萃取剂为轻苯脱酚溶剂泵房、苯类产品及回流泵房、轻吡啶生产装置的室内部分、精脱硫装置高架脱硫塔(箱)下室内部分	1区
	脱酸蒸氨泵房、氨压缩机房、氨硫系统尾气洗涤泵房、煤气水封室	2区
	硫黄排放冷却室、硫结片室、硫黄包装及仓库	11区

[1] 摘自 GB 12710—2008。

续表

车间	区域	划分
苯精制	蒸馏泵房、硫酸洗涤泵房、加氢泵房、加氢循环气体压缩机房、油库泵房	1区
	古马隆树脂馏分蒸馏闪蒸厂房	2区
	古马隆树脂制片及包装厂房	11区
焦油加工	吡啶精制泵房、吡啶蒸馏真空泵房、吡啶产品装桶和仓库、酚产品装桶间的装桶口	1区
	工业萘蒸馏泵房、单独布置的萘结晶室、酚产品泵房、酚蒸馏真空泵房、萘精制泵房、萘洗涤室、酚产品装桶间和仓库	2区
	萘结片室、萘包装间及仓库(含一起布置的萘结晶室)、精蒽包装间及仓库、萘酐主厂房、蒽醌包装间及仓库、萘酐冷却成型室及仓库	11区
甲醇	压缩厂房、甲醇合成(泵房)、甲醇精馏(泵房)、罐区(泵房)	2区

附录4　工作场所有害因素职业接触限值[1]

单位：mg/m³

物质名称	最高容许浓度	时间加权平均容许浓度	短时间接触容许浓度
氨		20	30
苯(皮)		6	10
苯乙烯(皮)		50	100
吡啶		4	10
二甲苯		50	100
二甲胺		5	10
二硫化碳(皮)		5	10
二氧化氮		5	10
二氧化硫		5	10
二氧化碳		9000	18000
二聚环戊二烯	—	25	
环己醇(皮)		100	200
环己酮(皮)		50	100
甲醇(皮)		25	50
甲苯(皮)		50	100
苯酚(皮)		10	
甲酚(皮)		10	25
甲醛	0.5		
间苯二酚		20	40
焦炉逸散物(按苯溶物计)		0.1	0.3
联苯		1.5	3.75
邻苯二甲酸酐	1		
硫化氢	10		
硫酸二甲酯(皮)		0.5	1.5
煤焦油沥青挥发物(按苯溶物计)		0.2	0.6
萘		50	75
2-萘酚		0.25	0.5
尿素		5	10
氰化氢(按CN计)(皮)	1		
液化石油气		1000	1500

[1] 摘自 GBZ 2—2007。

续表

物质名称	最高容许浓度	时间加权平均容许浓度	短时间接触容许浓度
一氧化氮		15	30
一甲胺		5	10
一氧化碳		20	30
乙苯		100	150
乙二醇		20	40
乙酐		16	32
乙酸甲酯		100	200
异丙醇		12	24
茚		50	100
活性炭粉尘(总尘)		5	10
聚丙烯粉尘(总尘)		5	10
聚乙烯粉尘(总尘)		5	10
煤尘(含有10%以下游离二氧化硅)			
总尘		4	6
呼尘		2.5	3.5
石墨粉尘			
总尘		4	6
呼尘		2	3
碳纤维粉尘		3	6
炭黑粉尘		4	8
其他粉尘		8	10

注：1. 表中最高容许浓度是工作地点空气中有害物质浓度不应超过的数值，工作地点是指工人在生产过程中观察和操作经常或定时停留的地点，如整个车间均为工作地点。

2. 有"(皮)"标记者是指毒物除呼吸道吸收外，尚易经皮肤吸收。

附录5 常用安全生产法律法规

1. 中华人民共和国安全生产法（2002年11月1日起施行）
2. 中华人民共和国消防法（2008年10月28日修订）
3. 中华人民共和国职业病防治法（2002年5月1日起施行）
4. 中华人民共和国劳动法（1995年1月1日起施行）
5. 工业企业煤气安全规程（GB 6222—2005）
6. 焦化安全规程（GB 12710—2008）
7. 粉尘防爆安全规程（GB 15577—2007）
8. 氢气使用安全技术规程（GB 4962—2008）
9. 建筑设计防火规范（GB 50016—2006）
10. 城镇燃气设计规范（GB 50028—2006）
11. 石油化工企业设计防火规范（GB 50160—2008）
12. 储罐区防火堤设计规范（GB 50351—2005）
13. 建筑灭火器配置设计规范（GB 50140—2005）
14. 消防安全标志（GB 13495—1992）
15. 消防安全标志设置要求（GB 15630—1995）
16. 爆炸和火灾危险环境电力装置设计规范（GB 50058—1992）
17. 爆炸性气体环境用电气设备 第1部分：通用要求（GB 3836.1—2000）

18. 用电安全导则（GB/T 13869—2008）
19. 剩余电流动作保护装置的安装和运行（GB 13955—2005）
20. 防止静电事故通用导则（GB 12158—2006）
21. 化工企业静电接地设计规程（HG/T 20675—1990）
22. 石油与石油设施雷电安全规范（GB 15599—2009）
23. 建筑物防雷设计规范（GB 50057—2010）
24. 工业企业设计卫生标准（GBZ 1—2010）
25. 化工企业安全卫生设计规定（HG 20571—1995）
26. 生产过程安全卫生要求总则（GB/T 12801—2008）
27. 生产设备安全卫生设计总则（GB 5083—1999）
28. 职业安全卫生术语（GB/T 15236—2008）
29. 职业病危害因素分类目录（卫法监发［2002］63 号令）
30. 工作场所有害因素职业接触限值（GBZ 2.1—2007 化学有害因素；GBZ 2.2—2007 物理因素）
31. 职业性接触毒物危害程度分级（GBZ 230—2010）
32. 有毒作业分级（GB 12331—1990）
33. 生产性粉尘作业危害程度分级检测规程（LD 84—1995）
34. 作业场所环境气体检测报警仪 通用技术要求（GB 12358—2006）
35. 工业企业噪声控制设计规范（GBJ 87—1985）
36. 噪声作业分级（LD 80—1995）
37. 高温作业分级（GB/T 4200—2008）
38. 建筑采光设计标准（GB/T 50033—2001）
39. 建筑照明设计规范（GB 50034—2004）
40. 个体防护装备选用规范（GB/T 11651—2008）
41. 劳动防护用品监督管理规定（国家安全生产监督管理总局令 第 1 号）
42. 工业企业总平面设计规范（GB 50187—1993）
43. 化工企业总图运输设计规范（GB 50489—2009）
44. 特种设备安全监察条例（国务院令第 549 号，2009 年 1 月颁布）
45. 压力容器安全技术监察规程（劳锅字［1990］8 号，质技监局锅发［1999］154 号）
46. 蒸汽锅炉安全技术监察规程（劳部发［1996］276 号）
47. 有机热载体炉安全技术监察规程（劳部发［1993］356 号）
48. 气瓶安全监察规程（质技监局锅发［2000］250 号）
49. 压力管道安全管理与监察规定（劳部发［1996］140 号）
50. 压力容器中化学介质毒性危害和爆炸危险程度分类（HG 20660—2000）
51. 危险化学品安全管理条例（国务院令第 344 号，2002 年 1 月 26 日颁布）
52. 常用化学危险物品贮存通则（GB 15630—1995）
53. 危险化学品事故应急救援预案编制导则（安监管危化字［2004］43 号）
54. 危险化学品重大危险源辨识（GB 18218—2009）
55. 特种设备重大危险辨识（DB 12382—2008）
56. 生产经营单位安全培训规定（国家安全生产监督管理总局令第 3 号）
57. 生产安全事故报告和调查处理条例（国务院令第 493 号）
58. 企业职工伤亡事故报告和处理规定（国务院令第 75 号）

59. 企业职工伤亡事故分类标准（UDC 658.382，GB 6441—86）
60. 化工企业安全管理制度（化劳字第 247 号）
61. 化学工业部安全生产禁令（化学工业部令第 10 号）
62. 化工企业厂区作业安全规程（HG 23011～23018—1999）
63. 缺氧危险作业安全规程（GB 8958—2006）
64. 安全色（GB 2893—2008）
65. 安全标志及其使用导则（GB 2894—2008）
66. 工业管道的基本识别色、识别符号和安全标识（GB 7231—2003）
67. 固定式钢梯及平台安全要求　第 1 部分：钢直梯（GB 4053.1—2009）；第 2 部分：钢斜梯（GB 4053.2—2009）；第 3 部分：工业防护栏杆及钢平台（GB 4053.3—2009）

附录 6　安全防护设施

正压空气呼吸器

氧气呼吸器

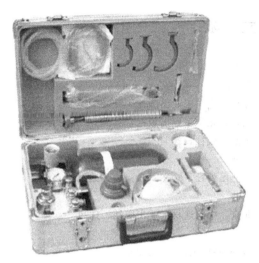
自动苏生器

一氧化碳报警仪

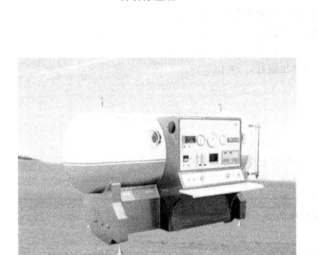
高压氧舱

可燃气体测爆仪

参 考 文 献

[1] 许文. 化工安全工程概论. 北京：化学工业出版社，2002.
[2] 刘景良. 化工安全技术. 北京：化学工业出版社，2003.
[3] 周忠元，陈桂琴. 化工安全技术与管理. 第2版. 北京：化学工业出版社，2002.
[4] 宋建池，范秀山，王训道. 化工厂系统安全工程. 北京：化学工业出版社，2004.
[5] 朱宝轩，刘向东. 化工安全技术基础. 北京：化学工业出版社，2004.
[6] 关荇伊. 化工安全技术. 北京：高等教育出版社，2006.
[7] 叶明生，胡晓琨. 化工设备安全技术. 北京：化学工业出版社，2008.
[8] 彭世尼. 燃气安全技术. 重庆：重庆大学出版社，2005.
[9] 魏萍，程振南. 煤气作业人员安全技术培训教材. 北京：中国建材工业出版社，1999.
[10] 孔庆泰. 煤气. 武汉：武汉工业大学出版社，1993.
[11] 黄政强，林亚芒. 城镇燃气安全技术与管理. 海口：南海出版公司，2000.
[12] 张东普. 职业卫生与职业病危害控制. 北京：化学工业出版社，2004.
[13] 李英. 职业危害程度分级检测技术. 北京：化学工业出版社，2002.
[14] 赵良省. 噪声与振动控制技术. 北京：化学工业出版社，2004.
[15] 聂幼平，崔慧峰. 个人防护装备基础知识. 北京：化学工业出版社，2004.
[16] 房广才. 一氧化碳中毒. 北京：军事医学科学出版社，2001.
[17] 自给式空气呼吸器(GB 16556—1996).
[18] 焦化安全规程（GB 12710—2008）.
[19] 工业企业煤气安全规程（GB 6222—2005）.
[20] 城镇燃气设计规范（GB 50028—2006）.
[21] 工作场所有害因素职业接触限值（GBZ 2.1—2007 化学有害因素）.
[22] 王光. 煤气区域作业环境一氧化碳监测报警系统. 劳动保护科学技术，1997，17(6)：41～42.
[23] 胡汉武. 焦炉煤气泄漏、着火的处理对策. 工业安全与环保，2002，28(5)：37～39.
[24] 王水明. 煤气管道带气抽堵盲板、开孔接管中的安全技术. 中国安全生产科学技术，2006，2(3)：112～114.
[25] 应宝华. 煤气管道不动火、不停产带压堵漏新技术. 冶金动力，2004，(5)：18～19.
[26] 胡福静. 可燃物质的自燃点与燃点关系探讨. 中国职业安全卫生管理体系认证，2001，21(2)：54～55.